TECHNIQUES TRADITIONNELLES DE CONSERVATION DE L'EAU ET DES SOLS EN AFRIQUE

Les auteurs

Chris Reij est géographe au Centre for Development Cooperation Services, Vrije Universiteit, à Amsterdam. Il a travaillé dans de nombreux pays d'Afrique et d'Asie dans le domaine de la conservation des sols.

Ian Scoones est biologiste spécialisé dans des questions d'agronomie et d'environnement et a acquis une expérience principalement en Afrique australe. Actuellement, il est enseignant-chercheur à l'Institute of Development Studies de l'Université du Sussex.

Camilla Toulmin est économiste. Elle a surtout travaillé en Afrique de l'Ouest sahélienne sur des questions institutionnelles, de propriété foncière et sur les systèmes agro-pastoraux. Elle est actuellement directeur du Programme régions arides de l'International Institute for Environment and Development.

Couverture : Technique traditionnelle du *tassa* (culture en cuvettes) au Niger (photo Ch. Reij).

ISBN : 2-86537-696-7

SOUS LA DIRECTION DE

Chris Reij, Ian Scoones et Camilla Toulmin

Techniques traditionnelles de conservation de l'eau et des sols en Afrique

Éditions KARTHALA
22-24, boulevard Arago
75013 Paris

CDCS
De Boelelaan 1115
1081 HV Amsterdam

CTA
Postbus 380
6700 AJ Wageningen

LE CENTRE TECHNIQUE DE COOPÉRATION AGRICOLE ET RURALE (ACP/UE)

Le Centre technique de coopération agricole et rurale (CTA) a été créé en 1983 dans le cadre de la Convention de Lomé entre l'Union européenne et les États du groupe ACP (Afrique, Caraïbes, Pacifique).

Le CTA a pour mission de développer et de fournir des services qui améliorent l'accès des pays ACP à l'information pour le développement agricole et rural, et de renforcer les capacités de ces pays à produire, acquérir, échanger et exploiter l'information dans ce domaine. Les programmes du CTA sont articulés sur trois axes principaux : le renforcement des capacités des pays ACP en information, l'encouragement des échanges entre les partenaires du Centre, et la fourniture d'informations sur demande.

CTA, Postbus 380, 6700 AJ Wageningen, Pays-Bas

Remerciements

Ce livre est le produit de l'enthousiasme d'une centaine de chercheurs africains qui ont rédigé 27 études sur les méthodes traditionnelles de conservation de l'eau et des sols (CES) dans 14 pays d'Afrique. A l'origine, l'objectif du projet « Méthodes traditionnelles de conservation des sols en Afrique » était de réaliser une vingtaine d'études de cas mais devant le grand nombre de réponses favorables des chercheurs africains, nous avons décidé d'en augmenter le nombre. Sans le dévouement, l'intérêt et le travail des chercheurs africains, ce projet n'aurait pas pu arriver à son terme.

Ce projet a été financé généreusement par le programme sur l'Environnement de la Direction générale pour la coopération internationale du ministère des Affaires étrangères des Pays-Bas. Nous sommes particulièrement reconnaissants pour les encouragements sans faille de Henri Jorritsma et Marjolijn van Deelen pour ce projet et leur compréhension lors des complications survenues dans la gestion d'un projet avec un grand nombre de partenaires.

Un grand merci est dû tout spécialement à Ben Haagsma, précédemment au CDCS, qui fut membre du groupe de réflexion au démarrage du projet jusqu'en février 1995 où il a changé de travail. Son engagement dans la gestion du projet nous a beaucoup manqué par la suite.

Nous voudrions remercier Kebede Tato, Hans-Joachim Krüger et l'équipe du projet de recherche en conservation des sols qui a organisé le séminaire à Addis-Abeba en juin 1994, lequel a rendu possible de fructueux échanges d'idées et d'expériences au début du travail de terrain. Ce fut l'un des grands moments de ce projet.

Le support administratif a été assuré avec compétence par Lia de Groot (CDCS) et Nicole Kenton (IIED). Michiel Knoop (CDCS) a rempli la tâche délicate d'envoyer les fonds pour la recherche dans tous les coins d'Afrique, ce qui s'est révélé souvent très compliqué.

Toutes les cartes ont été dessinées par Alie van der Wal (CDCS). Pierre Martin a résumé et rendu accessible un dossier de plus de 200 pages sur le Niger qui est à la base du chapitre 6. La version anglaise a été traduite en français par Éric Roose, Bernadette et Georges de Noni. Nous leur sommes très reconnaissants d'avoir accepté de le faire en si peu de temps. Leur traduction a été finalisée par R.M. Rochette.

Enfin, nous avons appris avec une immense tristesse le décès du Dr Kevin Phillips-Howard dans un accident de voiture en octobre 1995. Comme chef du département de géographie de l'Université du Transkei, il fut l'un des participants très enthousiastes du projet et travailla personnellement à deux études de cas. Sa gentillesse et son dévouement restent dans la mémoire de tous ceux qui l'ont approché. Nous venons d'apprendre ces derniers jours le décès d'Anderson Lema de Tanzanie qui a réalisé un énorme travail de recherche et va nous manquer beaucoup.

Chris Reij*, Ian Scoones** et Camilla Toulmin***

* Centre for Development Cooperation Services, Vrije Universiteit, Amsterdam.
** Institute of Development Studies, Brighton.
*** International Institute for Environment and Development, Londres.

Avant-propos

Ce livre met en évidence l'importance des méthodes traditionnelles de conservation de l'eau et des sols en Afrique et montre clairement que nombre de ces méthodes sont encore appliquées et le sont même de plus en plus, alors que les ouvrages modernes sont souvent mal construits et mal entretenus. Au cours des dernières décennies, les organisations de développement ont fait d'importants investissements dans les mesures de conservation de l'eau et des sols, en Afrique et ailleurs, dans le but d'enrayer la dégradation de l'environnement. Mais trop souvent les résultats ont été médiocres et la dégradation des sols persiste dans de nombreuses régions. Ce livre présente les choix à faire sous un jour nouveau, il offre des idées originales et ouvre de nouvelles perspectives. L'étude qui a servi de base à l'ouvrage a été financée par le Programme Environnement de la Direction générale de la coopération internationale du ministère néerlandaise des Affaires étrangères.

Loin d'être un reflet de l'opinion des experts occidentaux sur ce qui doit être fait dans ce domaine en Afrique, ce livre est le résultat de recherches faites par 30 équipes de chercheurs africains au service d'universités, de ministères et d'ONG qui ont redécouvert le savoir-faire traditionnel des paysans à travers tout le continent. Les chercheurs ont bénéficié du soutien du Centre des services de coopération au développement de l'Université libre d'Amsterdam et de l'Institut de l'environnement et du développement à Londres.

Les études de cas fournissent non seulement un certain nombre d'informations techniques mais elles permettent également de tirer des enseignements politiques. En premier lieu, les profanes croient souvent que l'agriculture africaine est statique et incapable de changer. Cette idée est largement inspirée par les pénuries alimentaires catastrophiques que connaissent certains pays africains confrontés à la sécheresse ou à la guerre, ou au deux. Ce livre permet de corriger cette impression générale en montrant clairement que, souvent, les paysans africains peuvent produire leur nourriture en innovant et en s'adaptant constamment aux circonstances.

En second lieu, le livre montre que les techniques traditionnelles de conservation de l'eau et des sols peuvent apporter une contribution au développement durable en Afrique ; elles ont longtemps été ignorées, voire ridiculisées mais il est évident aujourd'hui qu'elles ont un rôle à jouer. Ce qui me plaît dans ce livre, c'est qu'il ne prend pas position de façon trop radicale : il ne glorifie pas aveuglément les techniques traditionnelles de conservation de l'eau et des sols mais il plaide en faveur d'une union optimale entre les connaissances traditionnelles et le savoir-faire moderne.

En troisième lieu, la plupart des études de cas évoquées dans le livre ont été faites dans les régions arides et semi-arides d'Afrique. Dans certains cas (Niger, Burkina Faso et Mali), les paysans ont obtenu des résultats spectaculaires dans la réhabilitation de terres fortement dégradées. Au Niger et au Burkina Faso, en particulier, les paysans ont adopté spontanément, dans certaines régions, des méthodes traditionnelles améliorées de conservation et ils les ont développées sur une très grande échelle. Cela démontre que la Convention des Nations unies sur la lutte contre la désertification, à laquelle j'attache une grande importance, peut parfaitement s'ancrer dans des expériences locales réussies. Une fois de plus, ce genre de preuves vient contrebalancer les scénarios les plus pessimistes pour les pays semi-arides d'Afrique.

En quatrième lieu, nous avons trop longtemps ignoré le savoir local, non seulement pour ce qui est de la conservation de l'eau et des sols, mais aussi dans le domaine agricole en général et dans le secteur de la santé. Je crois qu'il est essentiel de s'efforcer plus systématiquement d'étudier et d'utiliser les méthodes locales traditionnelles. Parallèlement, la réaffirmation du rôle du savoir traditionnel africain est culturellement importante, parce qu'elle démythifie le rôle de la science moderne ainsi que celui des experts occidentaux et permet aux Africains d'être fiers de leur propre héritage culturel.

Enfin, lorsque les conditions macro-économiques et politiques ne sont pas favorables au changement agricole, un nombre croissant de paysans adoptent des technologies de conservation de l'eau et des sols simples et rentables, notamment lorsqu'ils sont confrontés à une grave dégradation de l'environnement et que leurs possibilités de choix sont limitées. Soit ils investissent dans une meilleure gestion des terres, soit ils sont forcés d'émigrer. Le principal défi, à l'heure actuelle, est de créer un cadre macro-économique et politique qui incite les utilisateurs des terres à investir dans des méthodes améliorées de gestion des ressources. C'est là *l'un des principaux objectifs de la Convention des Nations unies sur la lutte contre la désertification et donc une raison majeure de soutenir les activités déployées en faveur de l'application de la Convention.*

Ce livre intéressera aussi bien les décideurs que les chercheurs et les hommes de terrain concernés par le soutien au développement durable en Afrique et dans le reste du monde.

Jan Pronk
La Haye,
juillet 1996

1

Gestion des terres

Pratiques locales de conservation de l'eau et des sols en Afrique

Ian SCOONES, Chris REIJ et Camilla TOULMIN

L'érosion des sols est très souvent perçue comme un problème majeur en Afrique subsaharienne. Les rapports des gouvernements nationaux et des organismes de coopération ont maintes fois souligné que la dégradation des sols est un défi majeur pour le développement mais l'histoire des efforts de conservation de l'eau et des sols (CES) en Afrique est très variée. Dès les débuts de la colonisation et jusqu'à nos jours, de multiples tentatives ont été entreprises pour introduire des mesures très diverses de CES mais la plupart se sont soldées par un échec. Ce chapitre offre une vue d'ensemble et pose la question de savoir pourquoi il en est ainsi ; il se demande s'il existe d'autres voies, particulièrement celles qui reposeraient sur des traditions locales pour la gestion des sols et de l'eau. Cette vue d'ensemble s'appuie sur une large gamme de cas étudiés et présentés dans ce livre pour poser les questions suivantes : quelles sont les caractéristiques clés des systèmes de CES gérés localement ? Quelles sont les conditions à remplir pour faciliter leur adoption et leur expansion ? Comment les approches pour le développement peuvent-elles être plus efficaces pour promouvoir le processus de développement des techniques de CES au niveau local ?

L'érosion des sols en Afrique : mythes et réalités

L'un des constats essentiels qui ressort de l'analyse des politiques actuelles et des opérations de développement dans toute l'Afrique est le fait que l'érosion des sols constitue un problème majeur. Les stratégies globales telles que la Convention des Nations unies sur la lutte contre la désertification (CCD) ou les plans d'action nationale sur l'environnement et les documents de projets sont remplis de déclarations qui invitent à combattre l'érosion des sols (encadré 1.1).

1.1. Le pouvoir des statistiques, la nécessité de l'action : choix de quelques citations

« Une proportion affolante du Proche-Orient et de l'Afrique au nord de l'équateur, soit 87 %, est soumise à une érosion accélérée » (FAO, 1983 : 4).

« Chaque année, 75 milliards de tonnes métriques de sols sont déplacées par l'érosion éolienne et hydrique » (Pimentel *et al.,* 1995 : 1117).

« 50 % de la surface terrestre sont affectés par des processus anthropiques de dégradation des sols... On estime qu'il y a environ 6 à 7 millions d'hectares de terres agricoles qui sont rendues improductives chaque année par l'érosion... La dégradation des terres est largement répandue dans les régions sèches du globe : elle affecte 5,5 millions d'hectares soit près de 70 % de leur superficie et conduit à une perte de production qui est estimée à 42 milliards de dollars US » (IUCN/UNEP/WWF, 1991 : 110).

« La désertification affecte environ un sixième de la population mondiale, 70 % de l'ensemble des terres sèches, ce qui représente 3,6 milliards d'hectares et un quart de la superficie totale des terres mondiales » (UN, 1992).

« Environ 5 à 10 millions d'hectares deviennent chaque année inutilisables à cause de leur forte dégradation. Si cette tendance s'accentue, 1,4 à 2,8 % des surfaces agricoles, pastorales et forestières existantes seront perdues annuellement vers les années 2020 (IFPRI, 1995 : 10-11). »

Ces affirmations sont fondées sur des sources diverses qui vont de « l'empirisme sans fondement » aux mesures scientifiques. Les études les plus significatives sont celles qui se sont déroulées au cours des 50 dernières années et qui mesurent le degré de perte de sol résultant de différentes pratiques agricoles et de gestion du bétail. Ces études utilisent en majorité des mesures réalisées sur des parcelles témoins qui sont ensuite extrapolées pour pouvoir estimer la perte totale de terre par hectare. Il n'y a pas de problème avec de telles mesures quand elles sont en parfait accord avec l'échelle à laquelle elles se réfèrent mais, bien trop souvent, on ne prend pas en compte la relation d'échelle et les chiffres sont extrapolés à partir d'une minuscule parcelle jusqu'à des échelles de plus en plus grandes. Les conclusions qui sont tirées de telles extrapolations sont très peu significatives (Stocking, 1993). Des études en nombre croissant montrent aujourd'hui que les estimations de perte de sol qui sont produites ainsi ne correspondent pas, par exemple, à ce qui se passe au niveau des rivières ou du site d'un barrage d'un même bassin versant (Walling, 1988). Il reste que le sol « perdu » doit aller quelque part : or, les études montrent qu'une grande partie du sol « perdu » est redistribuée à l'intérieur du paysage agricole et non définitivement perdu (Bojo et Cassells, 1995). L'encadré 1.2. fournit quelques exemples d'études significatives dont les données découlent d'estimations à l'échelle de la parcelle et qui ont été extrapolées au niveau national ou même au niveau mondial, avec parfois des coûts estimés en dollars.

Ces chiffres préoccupants constituent un message puissant adressé aux dirigeants politiques : le désastre est imminent et il est urgent de faire quelque chose (Blaikie, 1985). Tous les efforts importants réalisés en matière de conservation des sols au cours de ce siècle ont trouvé ainsi leur justification, depuis les campagnes coloniales pour introduire les billons selon les courbes de niveau en Rhodésie méridionale (actuellement le Zimbabwe) et au Kenya, jusqu'aux travaux de conservation mécanique à grande échelle au Burkina Faso dans les années 60 et au Niger dans les années 70-90.

La perception de l'urgence qui pousse à une action immédiate donne souvent une grande impulsion au développement des débats. Rien n'a plus de poids pour faire bouger les gens que l'image d'une ravine profonde. Le scénario représentant la fin des temps émet un message politique fort. Le discours de l'apocalypse malthusien, précipité par l'effondrement de l'environnement, est une force extrêmement puissante pour faire avancer le calendrier des interventions extérieures. Ces « récits de développement » (Roe, 1991, 1995) fournissent une histoire simple mais apparemment convaincante qui mène à l'action. Ainsi Allan Hoben (1995 : 1008) explique :

> « Les politiques sur l'environnement, qui ont été promues par les régimes coloniaux et plus tard par les organismes donateurs, reposent sur

des paradigmes aux racines historiques et culturelles qui décrivent le problème et prescrivent en même temps des solutions. Une grande partie de ceux-ci puisent leurs racines dans une histoire qui nous raconte comment étaient les premiers temps quand la population vivait en harmonie avec la nature, comment l'action de l'homme est venue altérer cette harmonie et quelles seraient les calamités dont les hommes et la nature auraient à pâtir si une action spectaculaire n'était pas prise rapidement. »

1.2. Les données de perte de sol : réalités et fictions

Les estimations sur l'érosion des sols dans les aires communales du Zimbabwe, fondées sur des expériences qui se sont déroulées dans les années 1950 (Hudson, 1957), ont été de l'ordre de 50 à 75 t/ha/an (Elwell, 1985). Le coût financier représenté par la perte en éléments nutritifs due à l'érosion des sols, a été évalué à 2,5 milliards de dollars (valeur de 1985) pour l'ensemble du pays (Stocking, 1986).

En appliquant au Mali des taux de perte en sol identiques à ceux qui ont été trouvés sur les parcelles expérimentales du Burkina Faso voisin, la perte de revenus nets capitalisés des différents types de culture a été estimée entre 7 et 26 dollars par hectare et par an, en fonction de leur sensibilité à l'érosion (Bishop et Allen, 1989).

On évalue la perte annuelle de sol en Éthiopie entre 1,5 et 3 milliards de tonnes dont 50 % concernent des terres cultivées où la perte de sol peut atteindre 296 tonnes/ha/an sur les pentes escarpées (FAO, 1986 ; SCRP, 1987).

En Afrique du Sud, 300 à 400 millions de tonnes de sol sont perdus chaque année, ce qui correspond à 10 tonnes per capita par année (Huntley *et al.,* 1989).

Si on associe les coûts correspondant au site lui-même et hors du site, le coût total de l'érosion agricole aux États-Unis est d'environ 44 milliards de dollars US par an (Pimentel *et al.,* 1995 : 1121).

Sur les 75 x 10^9 de terres qui sont érodées dans le monde entier chaque année, les deux tiers environ proviennent des terres agricoles. …cette perte massive en sol coûte environ 400 milliards de dollars US par an, ou plus de 70 dollars par personne par an (Pimentel *et al.,* 1995 : 1121).

L'existence de ces « récits de crises » peut avoir des implications politiques par lesquelles on justifie les interventions extérieures et la prise de contrôle sur les ressources parce que « quelque chose doit être fait rapidement » ; ainsi, Emery Roe (1995 : 1066) démontre :

« Les récits de crises sont les principales méthodes par lesquelles les experts du développement et les institutions pour lesquelles ils travaillent réclament le droit de gérer la terre et les ressources dont ils ne sont pas propriétaires. En s'intéressant à et en générant des histoires de crises, les experts techniciens et les gestionnaires revendiquent des droits parce qu'ils se disent "dépositaires d'enjeux" au sujet de la terre et des ressources qui sont menacées. »

Il est certainement vrai que l'érosion des sols fait chuter la production agricole dans de nombreuses régions mais cette crise n'est pas aussi redoutable que bien des commentateurs le disent. En effet, en faisant de la perte de sol la question primordiale, ils éclipsent d'autres formes de contraintes pour la production telles que la disponibilité de l'eau pour les cultures, la teneur des sols en éléments nutritifs, la disponibilité de la main-d'œuvre, la promotion de la vente sur les marchés, etc. En fait, l'urgence n'est pas de faire des études générales mais d'avoir un débat élaboré sur la nature de l'érosion, ses implications et ses conséquences (Stocking, 1996).

Des solutions types à des problèmes types : l'approche conventionnelle en CES

L'alarme donnée sur les conséquences potentiellement désastreuses de l'érosion des sols a été le point de départ d'une longue série d'interventions extérieures en faveur des mesures de CES en Afrique et ailleurs (Hudson, 1987, 1991 ; Hurni et Kebede Tato, 1992 ; Pretty et Shah, 1994). L'expérience du Dust Bowl aux États-Unis s'est révélée très significative de la pensée politique qui a dominé à partir des années 30 (Anderson, 1984 ; Beinart, 1984). Le problème de l'érosion s'est conjugué à celui de la sécheresse en Afrique méridionale ; ainsi, la Commission de la sécheresse de l'Afrique du Sud déclarait sur un ton apocalyptique :

> « D'immenses secteurs du pays ont été entièrement ou partiellement dénudés de leur végétation d'origine, ce qui a eu pour conséquence de provoquer l'assèchement ou la disparition de certaines rivières, "vleis" et points d'eau qui avaient été décrits par d'anciens voyageurs... dont l'aboutissement logique est le grand désert sud-africain où l'homme ne peut plus vivre » (Anon, 1925 : 771).

La perspective de tels désastres affligeant les colonies récemment formées inquiéta de nombreux administrateurs et politiciens. Certains établirent des parallèles avec l'effondrement des civilisations antérieures et des articles alarmistes furent publiés comme celui de Lowdermilk (1935) sur « l'érosion des sols et la civilisation ». Dans les colonies britanniques, on a chargé rapidement les techniciens agricoles de rechercher des solutions ; les compétences nord-américaines et européennes ont été sollicitées pour résoudre ce problème ainsi que celles de l'expérience acquise en Inde (Grove, 1995). Le résultat fut l'élaboration d'une série d'interventions focalisées sur la conservation mécanique des sols : diguettes de terre, billonnage, labour en courbes de niveau, etc. De grands programmes de conservation des sols ont été lancés dans certaines régions de l'Afrique, celles dont les régimes coloniaux étaient forts et avaient besoin de s'assurer que les demandes en terre exprimées par les agriculteurs africains n'allaient pas compromettre le développement engagé à grande échelle avec les Européens qui possédaient de véritables entreprises commerciales. Par exemple, dans le district de Machakos au Kenya, un programme de construction de terrasses a été imposé à la population pendant les années 50 et a abouti à la construction annuelle de près de 5 000 km de nouvelles terrasses (Tiffen *et al.,* 1994 ; Mortimore et Tiffen, 1995). Un schéma similaire s'est déroulé dans une grande partie de l'Afrique méridionale dans le but essentiel de construire des diguettes selon les courbes de niveau (Showers, 1989). En Rhodésie du Sud (devenue Zimbabwe), les autorités coloniales ont imposé la construction de plus de 7 000 km de diguettes au cours de la période 1929-1938 ; cette action s'est poursuivie au cours des deux décennies suivantes et, en 1957, plus de 200 000 ha de terres communales étaient ainsi aménagées (Whitlow, 1988). Des politiques identiques ont été suivies au Malawi où 118 000 km de diguettes ont été construites entre 1945 et 1960 (Stocking, 1985) et en Zambie où de vastes aménagements de billons selon les courbes de niveau ont été réalisés dans la province orientale au cours des années 40 et 50 (Mukanda et Mwiinga, 1993). Par contre, aucun programme important de conservation de l'eau et des sols n'a été entrepris dans les colonies françaises de l'Afrique de l'Ouest à l'exception d'un projet pilote au Burkina Faso à la fin des années 50 (Reij, 1983).

A la fin des années 40, de nouvelles inquiétudes sur l'environnement ont influencé le développement de la pensée coloniale : la fertilité des sols a décliné, le surpâturage et la déforestation se sont ajoutés à la liste des fléaux affligeant la terre agricole et pastorale africaine. Cette vue plus globale des problèmes posés par l'environnement a entraîné une approche plus large de la gestion de la terre qui allait bien au-delà des techniques individuelles de CES. Dans les années 50, commence une période de planification de l'exploitation de la terre fondée sur une série de principes de gestion durable des terres. Au Kenya, le plan élaboré par Swynnerton affichait des perspectives ambitieuses dans le but de transformer l'environnement dégradé des campagnes du Kenya. La loi sur « la terre agricole autochtone » en Rhodésie du Sud et les plans pour « l'amélioration » en Afrique du Sud ont également offert une mirifique série de solutions englobant la réorganisation de l'exploitation du sol en fonction des principes de conservation, la construction des banquettes selon les courbes de niveau liées aux systèmes de drainage des champs et l'adoption d'un modèle agricole mixte.

Dans bien des cas, les mesures de gestion durable des terres furent rejetées par la population locale. Les agriculteurs éprouvaient le sentiment que le fait de leur imposer un modèle particulier d'exploitation de la terre réduisait l'efficacité de leurs propres pratiques de gestion agricole. En Rhodésie du Sud, les hommes politiques de l'époque coloniale avaient interdit la mise en culture des marécages traditionnels et des terrasses alluviales, limitant ainsi les stratégies auxquelles la population avait recours pour survivre lors des années sèches ; ils ont imposé la réduction du nombre de bovins en arguant que ceux-ci compromettent les chances de survie de la population lors des grandes sécheresses ; ils ont également obligé la population à construire un modèle type de billons pour conserver le sol et drainer l'eau à l'extérieur des champs, ce qui avait bien souvent des effets désastreux sur la productivité (Scoones *et al.*, 1996 ; Wilson, 1988). Dans ces conditions, il n'est pas surprenant que, à l'époque coloniale, les mesures de conservation des sols et de gestion durable des terres aient été rejetées et que, dans de nombreux pays, elles soient devenues le premier motif de l'opposition nationaliste des campagnes et que la protestation politique se soit traduite par leur destruction générale.

Cependant, dans certaines régions, la gamme des techniques et des pratiques de gestion offerte par l'approche de la gestion durable des terres était largement adoptée par les agriculteurs soucieux d'investir pour transformer leur agriculture. Le cas bien décrit des différentes zones du district de Machakos au Kenya en est un bon exemple : ici, l'accroissement des densités de population et la raréfaction des terres qui en est résulté se sont conjugués à l'amélioration de l'accès au marché grandissant de Nairobi ; la possibilité de pouvoir être informés par les réseaux informels et la multiplication des conseils formels ont incité les agriculteurs à s'engager à fond dans l'expérimentation d'une série de mesures de conservation ; dans la seconde moitié des années 60, le paysage agricole a été complètement transformé par un investissement volontaire et colossal en travaux de conservation qui visaient d'abord à faire chuter l'érosion mais aussi à réhabiliter l'environnement et redresser la productivité agricole (Tiffen *et al.,* 1994). On peut trouver un autre exemple de transformation réussie au Swaziland où environ 112 000 km de bandes enherbées ont été construites entre 1949 et 1960 ; cette action a pu être réalisée parce que le roi swazi a obligé tous les agriculteurs à introduire des bandes antiérosives sur leurs champs par décret royal ; ces bandes demeurent un trait essentiel de l'agriculture swazi bien que les projets de conservation des sols financés par l'USAID dans les années 70 aient tenté de les discréditer et aient entrepris de les détruire (Osunade, dans cet ouvrage).

Au cours des années 60 et 70, tous les efforts de développement ont été centrés sur l'urgence de moderniser et de transformer une agriculture considérée comme très en retard et dont il fallait augmenter les rendements et la productivité. On a alors argumenté que les techniques de CES pouvaient jouer un grand rôle pour parvenir à ces fins et on a dressé de grands plans. Les planificateurs chargés du développement, qui se sont inspirés des exemples du Sud des États-Unis et du Néguev en Israël, ont nourri de grands projets pour transformer les terres arides de l'Afrique en oasis verdoyantes. De gros budgets de développement ont été associés à l'acquisition de machines sophistiquées et de matériel divers allant des théodolites aux bulldozers. Tout semblait réalisable. A travers toute l'Afrique, de grandes zones de projets se transformèrent en laboratoire expérimental pour des ingénieurs aux vues ambitieuses.

Les résultats de ces entreprises sont maintenant bien connus. Par exemple, dans le Nord-Nigeria, les tentatives pour encourager l'agriculture irriguée autour du lac Tchad ont très vite échoué et furent suivies par des changements notables de l'environnement (Kolawole, dans ce volume). De même, au Burkina Faso, le projet GERES a utilisé des engins pour déplacer la terre afin de construire un réseau dense de diguettes mais, deux ans et demi après son démarrage en 1962, le projet fut abandonné parce que les paysans n'entretenaient pas les diguettes. Les solutions des ingénieurs n'ont pas apporté de réponse à une modernisation rapide de l'agriculture ; elles ont imposé d'autres contraintes responsables d'une transformation désastreuse. La révolution verte africaine, semblable à celle qui s'est produite à partir des années 60 dans les rizières asiatiques, n'était qu'un rêve.

Les experts en développement ne s'en trouvèrent pas découragés pour autant et donnèrent une nouvelle impulsion à l'action. De même que la sécheresse des années 20 en Afrique du Sud avait provoqué des ondes de choc dans l'administration coloniale britannique, la sécheresse de 1972-1973 au Sahel a tiré la sonnette d'alarme dans la communauté internationale engagée dans l'aide au développement. Ces dernières années, les images médiatiques les plus frappantes ont montré une population dépouillée et affamée en train de se débattre pour survivre dans des milieux visiblement très dégradés et dénudés de l'Afrique sèche. Ces images ont été à la une des journaux et des écrans de télévisions du monde entier. Cette période a coïncidé avec le développement de l'intérêt public pour les questions environnementales en Europe et en Amérique du Nord. La crise pétrolière du début des années 70 a donné naissance à une nouvelle vague d'inquiétude sur l'environnement. Des ouvrages ont permis de proposer les paramètres nécessaires au débat sur l'effondrement probable de l'écosystème global : *Limits to Growth* (Meadows *et al.,* 1972) du Club de Rome, *Population Bomb* de Paul Ehrlich (1968) et celui des écologistes *Blueprint for survival* (1971). Les futurologues ont prédit un effondrement sans retour de l'environnement, une idée qui se trouva renforcée par les files d'attente pour obtenir de l'essence en Europe et par les images de la famine provenant d'Afrique (North, 1995).

Pendant cette période, le terme « désertification » fit son apparition dans le vocabulaire international sur le développement. De nombreuses années auparavant, ce terme avait été largement utilisé par Aubreville durant la période d'engouement en faveur de l'environnement des années 30 et 40 (par exemple Aubreville, 1949). Cependant, ce terme a ressurgi dans les années 70 par suite de l'inquiétude grandissante au sujet des liens entre la dégradation de l'environnement et la famine. Sur le plan politique, ce vent d'inquiétude a culminé à la conférence des Nations unies sur la désertification qui s'est tenue à Nairobi en 1977 (UNCOD, 1977) ; à cette occasion, des représentants venus du monde entier ont élaboré un plan global pour combattre la désertification. La tonalité militaire de mots clés employés dans de nombreux documents officiels comme « combat », « vaincre », « force tactique », etc., visait à insister sur l'urgence de la tâche à accomplir. Des statistiques furent publiées à profusion pour illustrer l'ampleur du problème. Dans le cadre d'un exercice curieux, orchestré par le Programme des Nations unies pour l'environnement (PNUE), des questionnaires furent envoyés aux fonctionnaires des ministères de tous les pays, les incitant à produire des estimations sur les superficies affectées, à des degrés divers, par la désertification, en fonction d'une échelle allant de très forte à nulle (PNUE, 1984). Ces « données » furent ensuite reportées sur des cartes officielles et on a établi des statistiques de base alarmantes pour illustrer la gravité du « problème » (Oldeman *et al.,* 1990 ; encadré 1.1). Ceci illustre bien les intérêts politiques qui ont fait que, malgré l'absence totale de fiabilité des données utilisées, ces informations ont reçu le statut de faits et ont servi de justifications à des investissements internationaux destinés à la protection de l'environnement en Afrique au cours de la décennie qui a suivi (Swift, 1996). Puis, dans les années 70 et 80, les projets « antidésertification » se répandirent en Afrique avec les mesures de CES pour objectif principal.

Pour la plupart, ces projets ressemblaient étrangement aux toutes premières interventions coloniales entreprises à grande échelle. Par exemple, en Éthiopie, après la sécheresse dévastatrice du milieu des années 80, le régime de Derg a lancé un grand programme de CES dans les hautes terres avec l'appui des fonds et de l'aide alimentaire de la coopération internationale. Le programme s'est fondé sur l'étude sur la récupération des hautes terres (FAO, 1986) et sur la gamme ordinaire des mesures de conservation des sols. L'étude prédisait que, en 2010, 7 % des hautes terres seraient des roches à nu, 11 % auraient des sols d'une profondeur inférieure à 10 cm et plus de 76 000 km^2 seraient incapables de supporter le poids de l'agriculture. Ces conclusions étaient dramatiques. On a programmé une série type d'interventions (Hurni, 1986) mises en œuvre à grande échelle durant la seconde moitié des années 80. L'arrivée massive de projets d'aide alimentaire et de développement pour parer aux effets désastreux de la grande sécheresse de 1984 a coïncidé avec la volonté du régime de Derg d'exercer son contrôle sur les zones rurales. Environ 20 millions de dollars US furent distribués chaque année entre 1980 et 1990 en programmes « food for work » (Cheatle, 1993 : 224). D'un certain point de vue, les résultats furent impressionnants : des milliers de kilomètres de banquettes et de terrasses ont été réalisés, une multitude de versants de collines ont été mises en défens, l'agriculture sur les pentes raides a été abandonnée et des millions d'arbres ont été plantés (IUCN, 1990). Mais d'un autre côté, on constate que les coûts ont été très élevés, que le manque de concertation avec la population dans la planification et la mise en œuvre de ces plans a souvent entraîné une médiocre participation à leur exécution et à leur entretien ; de plus, dans certaines zones, le fait d'imposer des mesures s'est soldé par la destruction des mesures de CES déjà existantes et leur remplacement par des ouvrages moins adaptés au milieu local. En outre, l'accent mis sur l'érosion des sols comme nœud du problème a également conduit à minimiser l'importance des difficultés majeures auxquelles la population rurale était confrontée ; sans entrer dans ce débat, on peut estimer que les mesures de conservation avaient peu de chance d'être largement adoptées sans l'aide de subventions conséquentes et même sans la coercition observée dans certains cas (Dessalegn, 1994).

La même histoire s'est répétée dans de nombreuses régions de l'Afrique à des échelles variées et à des degrés différents (Hudson, 1991). L'idée que la conservation des sols n'était pas la seule réponse se généralisa à la fin des années 80. Les parallèles qu'on pouvait établir avec la période coloniale étaient frappants. En effet, les mêmes termes revenaient.

A la place de la conservation des sols, on exposa un concept plus large de « gestion durable des terres » (cf. Hudson et Cheatle, 1993 ; Shaxson *et al.*, 1989). Ce type d'approche montrait la nécessité de mettre en rapport une large gamme de techniques avec les problèmes environnementaux spécifiques auxquels les petits agriculteurs étaient confrontés.

La population d'abord : approches participatives de la conservation de l'eau et des sols

La seule différence importante qui existe entre le plaidoyer actuel en faveur des mesures de conservation de l'eau et des sols et de gestion durable des terres et celui des précurseurs de l'époque coloniale réside dans l'insistance actuelle pour faire participer la population. Les leçons tirées de l'expérience des années 60-70 ont également appris aux planificateurs et aux politiciens que les projets imposés ne peuvent fonctionner correctement à long terme.

Les défenseurs d'une approche de développement plus participative ont plaidé avec force en faveur de « la population d'abord » (Chambers, 1983). La participation est devenue à la fois pratiquement nécessaire et politiquement opportune avec l'émergence des tendances plus nettes à la démocratisation, à la décentralisation et au désengagement de l'État.

Est apparu un nouveau style d'intervention dans la gestion des ressources naturelles, fondé sur la gestion holistique des ressources au niveau du village et sur un processus participatif de la population dans l'élaboration et l'exécution de la planification. L'approche de la gestion de terroirs, fortement encouragée par les donateurs en Afrique de l'Ouest sahélienne, illustre parfaitement bien ce nouveau style (encadré 1.3).

Cette approche est maintenant largement approuvée et elle est l'objet d'un large consensus sur les interventions du développement depuis les années 90. Les organismes donateurs et les gouvernements nationaux ont adopté, au moins au niveau du discours, le vocabulaire de la participation et de la gestion durable des terres. Ce consensus se reflète à tous les niveaux, depuis les projets et plans destinés aux villages jusqu'aux stratégies nationales sur l'environnement et aux programmes servant de base à des conventions mondiales. En 1992, le Sommet de la Terre, à Rio, a réussi à placer les inquiétudes sur l'environnement au niveau de la politique mondiale, et ce pour la première fois depuis le début des années 70. La stratégie définie pour le siècle à venir par l'agenda 21 est pleine de déclarations optimistes affirmant que la participation de la population est la voie à suivre pour obtenir une gestion efficace des terres (UN, 1992). Contrairement aux plans de lutte contre la désertification mis en œuvre à l'échelle nationale ou mondiale dans les années 80, la Convention sur la lutte contre la désertification de 1994 insiste aussi sur la nécessité de promouvoir au niveau local des méthodes dont l'objectif est d'abord d'encourager la participation de la population plutôt que de rechercher des solutions techniques capables de résoudre le problème de dégradation sensible de l'environnement (Toulmin, 1994).

1.3. Gestion de terroirs : une perspective de progrès ou une voie sans issue ?

Au Sahel, ces dix dernières années ont été marquées par la multiplication des projets dits de « gestion de terroirs » (GT). En théorie, l'approche GT implique une série d'étapes :

– un diagnostic fondé sur la participation de la population locale pour identifier les problèmes de dégradation des ressources,

– l'élection d'un comité, au niveau du village, responsable pour les décisions à prendre à propos de la gestion des ressources,

– la délimitation territoriale du village,

– la préparation d'un plan de gestion, spécifiant les différentes zones et les différents types d'utilisation auxquelles on les destinera,

– la mise en œuvre, l'encadrement et l'évaluation des activités.

L'approche peut alors débuter : elle repose sur un engagement des dirigeants politiques locaux et sur le diagnostic des problèmes à résoudre. En pratique, les projets GT ont eu des difficultés pour répondre aux questions suivantes : comment inclure les utilisateurs de ressources qui sont mobiles (par exemple les pasteurs) dans les structures chargées de diriger l'action ? comment prendre en compte la diversité de la société rurale, pauvres et riches, femmes et hommes, familles autochtones et nouveaux migrants, chacun avec ses propres intérêts et ses propres attentes ? comment soutenir le transfert réel du pouvoir des mains des gouvernements dans celles des communautés locales afin qu'elles puissent contrôler l'accès à la terre, à l'eau et à la végétation. Le doute existe aussi sur l'efficacité de la mise en place de nouvelles structures dans les villages pour gérer les ressources lorsque les institutions locales existantes ne sont plus capables de réaliser ce travail.

L'approche GT est une option beaucoup plus prometteuse que les tentatives faites pour promouvoir le développement rural, surtout en ce qui concerne le Sahel qui est vraiment très sec et prédisposé à des risques. Mais on ne réalisera cette espérance que si les gouvernements transfèrent vraiment leur pouvoir de décision à la population.

(Toulmin 1993 ; Painter, 1993 ; Lewis, 1995)

L'évolution vers des modes de planification au niveau local, la reconnaissance des techniques locales et le constat admis qu'il y a des limites aux solutions techniques possibles pour résoudre les problèmes complexes de gestion de la terre vont dans la bonne direction.

Mais des questions importantes commencent à émerger de l'expérience acquise par cette nouvelle génération de projets. Premièrement, le fossé qui sépare la théorie de la pratique d'une réelle participation des paysans est profond et de nombreux projets sont tout simplement un moyen permettant d'imposer à nouveau des solutions techniques. Certes, il est possible qu'un plus grand nombre de paysans adoptent les mesures vulgarisées que lors de l'exécution des grands projets élaborés par les techniciens des années 60 et 70 (agroforesterie, gestion de la forêt, systèmes de conservation des sols et de collecte de l'eau à petite échelle, etc.). Mais on peut se demander ce qu'il en restera après la suppression des aides et subventions.

Deuxièmement, le discours populiste bien enveloppé de la participation de la communauté peut masquer des conflits sous-jacents, des intérêts divergents et des coûts imprévus. Ainsi, le Projet agro-forestier du Yatenga au Burkina Faso (Ouédraogo *et al.,* dans cet ouvrage), aujourd'hui bien connu, a été une réussite totale à un certain niveau : on a construit partout des cordons de pierre avec ou sans le soutien du projet, des zones dégradées ont été réhabilitées, la production a augmenté, on a formé des comités villageois pour gérer la méthode et on a réduit le volume des subventions provenant de l'extérieur. Mais ce succès apparent cache une vérité bien différente : les bénéfices et les coûts ont été distribués de manière inégale, une minorité ayant profité de la majeure partie des bénéfices et les coûts de la main-d'œuvre féminine ayant augmenté de manière significative (Atampugre, 1994 ; Gubbels, 1994 ; David, 1995). Peter Gubbels (1994 : 241) remarque :

> « Le mot d'ordre "les agriculteurs d'abord" est percutant et séduisant, mais il n'est pas très évident de le mettre en pratique. Il faudrait pour cela définir clairement quelle est la catégorie d'agriculteurs qui tirera le meilleur profit du projet. Ne pas décider signifie obligatoirement que l'élite locale sera la première servie. En effet, pour permettre d'atteindre les buts fixés, comme la promotion de la confiance en soi, l'organisation paysanne et la gestion de l'environnement d'une communauté, l'intervention extérieure doit souvent harmoniser son action avec celle des pouvoirs locaux pour aboutir à des solutions équitables. »

Les caractéristiques des techniques endogènes de CES

Avant de décrire certaines des caractéristiques clés des pratiques locales de CES, il est important de définir ce que nous entendons par « techniques endogènes de CES ». Il y a eu de nombreux débats, ces dernières années, au sujet de l'importance de ce qu'on a appelé « la connaissance technique endogène » dans le processus de développement des techniques (Richards, 1985 ; Warren, 1991). Mais, qu'est-ce qui est « endogène » et qu'est-ce qui est « technologie » ? Les deux termes sont controversés et difficiles à définir. Dans le cadre de ce livre, les techniques endogènes se réfèrent aux pratiques locales par opposition à celles qui sont imposées par des agents venus de l'extérieur. Cependant, de nombreuses pratiques, considérées comme endogènes de nos jours, peuvent avoir eu une origine externe. Par exemple, la construction des cordons de pierre sur les hautes terres d'Harerge en Éthiopie trouvent probablement ses origines en Arabie d'où elles ont été importées par des marchands qui fréquentaient cette région au cours du Moyen Age (Asrat *et al.,* chap. 20). De même, on peut retrouver l'origine des mesures de CES utilisées dans les rizières de la région de Shinyanga en Tanzanie dans l'interaction entre la population locale et les migrants asiatiques qui travaillaient dans cette zone dans les années 50 (Shaka *et al.,* chap. 15).

En effet, de nombreuses techniques endogènes décrites dans les chapitres qui suivent trouvent leur origine ailleurs que dans le milieu car, bien souvent, elles ont été introduites par des migrants qui sont passés ou qui se sont installés dans ce milieu ou bien elles ont été apprises au cours de voyages à l'extérieur et adaptées, en particulier lors des interventions imposées durant l'époque coloniale. Dans cet ouvrage, nous ne sommes pas intéressés par une notion statique de la connaissance et des techniques endogènes apparemment figées dans le temps et ne représentant qu'un moment de l'histoire. Au contraire, ce qui nous intéresse, c'est la dynamique des changements techniques, c'est de savoir comment les innovations ont été adoptées et transformées, comment les technologies ont évolué par des adaptations continuelles et comment les pratiques actuelles sont le résultat de réponses successives à une série de pressions au cours du temps.

Cette interprétation dynamique de la CES endogène nous ouvre les portes sur de nombreuses perspectives technologiques. Les techniques de CES ne sont pas uniquement des ouvrages strictement définis à partir de paramètres choisis par les techniciens ; elles représentent l'ensemble des pratiques qui concourent à la gestion des sols et de l'eau sur le plan agricole, y compris l'agroforesterie et les pratiques agronomiques et culturales (Reij, 1991). Toute analyse technologique doit en conséquence s'accompagner de la compréhension sociale et économique du rôle de la technique, de sa logique et du but poursuivi par son utilisation. Les techniques résultent de situations particulières nées dans des circonstances sociales et historiques qui font que des populations différentes ont des attitudes et des engagements contrastés ; ces situations évoluent continuellement et se modifient sous l'effet des influences dynamiques de leurs origines et de leur persistance. Par exemple, au Zimbabwe, on a imposé un modèle type de billons en courbe de niveau pendant l'époque coloniale ; selon les techniciens les plus compétents, il avait pour fonction de conserver le sol en drainant l'eau hors des champs grâce à des chemins d'eau, mais cette technique n'était pas du tout adaptée aux besoins des agriculteurs de cette zone très sèche si bien que les paysans ont transformé peu à peu la fonction des billons en courbe de niveau pour qu'ils servent non plus à conserver les sols mais à collecter l'eau ; ce changement s'est accompagné de l'adoption de la technique du billon double et du creusement de cuvettes destinées à assurer l'humidité du milieu (Hagmann et Murwirwa, dans cet ouvrage). Ces modifications ont fortement déplu aux techniciens qui les ont considérées comme une rupture du plan technique de départ ; par contre, les billons selon les courbes de niveau sont maintenant utiles pour les agriculteurs alors qu'ils ne l'étaient pas avant.

La plupart des pratiques locales de CES ont donc des objectifs qui correspondent à leurs multiples fonctions (Reij, 1991 ; IFAD, 1992). La conservation des sols et la collecte des eaux peuvent avoir des priorités différentes selon la moyenne pluviométrique de la zone, les types de sol et la localisation du site dans le paysage. Par exemple, dans les régions humides, le lessivage des éléments nutritifs du sol et l'érosion en nappe peuvent être un sérieux problème pour la production agricole et les mesures de conservation des sols prennent dans ce cas une extrême importance. En Sierra Leone, par exemple, les agriculteurs investissent dans des pratiques complexes de gestion des sols de leurs jardins autour de Freetown afin d'améliorer leurs cultures à forte valeur marchande dont la production est destinée à la vente sur les marchés. De même, en pays bamiléké, au Cameroun, on pratique le jardinage intensif (Tchawa, chap. 28). Par contre, dans des régions plus sèches comme les Red Sea Hills ou le Darfour au Soudan, l'eau est le principal facteur limitant de la production agricole et les techniques sont donc destinées à intercepter l'eau et à la répandre sur les sites agricoles clés (Yagoub, chap. 3 ; El Sammani, chap. 2). Ce rapport entre la gestion des éléments nutritifs contenus dans les sols et celle de l'humidité est essentiel pour comprendre la dynamique actuelle de production dans les milieux de savane de l'Afrique (Frost *et al.,* 1986). Le tableau 1.1. illustre ce rapport et montre bien comment différentes techniques sont adaptées à différents milieux.

Tableau 1.1

Gestion des agro-systèmes et leurs implications pour la CES : exemples pris à partir des cas étudiés

éléments nutritifs du sol disponibles --->

--------------------- Humidité disponible dans le sol --------------->	
Sec/riche en éléments nutritifs Collecte et épandage de l'eau (ex : oueds du Soudan, plaines d'inondation dans le Nord-Nigeria)	*Humide/riche en éléments nutritifs* Conservation de l'humidité (ex : jardins en zone humide au Sierra Leone et au Cameroun)
Sec/pauvre en éléments nutritifs Collecte de l'eau et des sédiments (ex : sols sableux des zones sèches en Tanzanie et au Zimbabwe)	*Humide/pauvre en éléments nutritifs* Gestion de la fertilité et collecte des sédiments (ex : hautes terres d'Éthiopie, nord de la Zambie)

Les technologies doivent aussi s'adapter aux changements environnementaux qui peuvent correspondre à des modifications climatiques ou à des variations morphologiques locales. Par exemple, dans la Zambie septentrionale, des changements dans l'écoulement des rivières et la création d'un lac ont offert de nouvelles possibilités de subsistance qui ont entraîné des adaptations des pratiques agricoles caractérisées par l'apparition de nouvelles cultures et de nouvelles techniques (Sikana et Mwambazi, chap. 13). De même, dans le Nord-Nigeria, le système de culture traditionnel *firki*, qui associe l'agriculture des terres sèches et celle des terres humides est capable de répondre aux cycles climatiques sec et humide ainsi qu'à l'extension et à la rétraction de la surface du lac Tchad. Ces exemples contrastent très nettement avec les interventions passées qui visaient à pallier les inconvénients de conditions définies comme moyennes et stables (Kolawole, dans cet ouvrage). Dans le Sahel où l'eau est une contrainte majeure, les projets se sont focalisés sur le contrôle de l'érosion des sols et ont continué dans la même voie au cours des années 80 malgré la persistance de la sécheresse ; or, on constate que toutes les techniques qui ont été rapidement adoptées sont des techniques de collecte de l'eau (Ouédraogo *et al.,* chap. 9 ; Hassan, chap. 6).

Les types de techniques de CES varient aussi à l'intérieur des unités géographiques. Généralement, au point le plus bas du versant, on trouve des bas-fonds où l'eau et le sol s'accumulent : ces zones portent divers types d'îlots irrigués ou d'oasis dans un ensemble de terres sèches (Scoones, 1991) ; on peut citer les exemples des oueds du Soudan, des *mbuga* de Tanzanie, des *dambo* du Zimbabwe et de Zambie et les rives du lac Tchad au Nigeria (voir plusieurs chapitres de cet ouvrage). Ces zones sont très précieuses dans les terres arides, car elles disposent de ressources essentielles au sein de paysages souvent très dénudés. Le potentiel de production de ces basses terres est souvent très élevé bien que leurs exigences de travail soient plus fortes que celles des terres de culture sèche. Pour ces basses terres et sous certaines conditions, il semble intéressant d'investir dans des mesures complexes de CES afin de garantir une forte humidité du sol et une teneur élevée en éléments nutritifs et de gérer les variations saisonnières des inondations et de la sécheresse pour élever au maximum la production. C'est pour cette raison que ces sites tendent à disposer des techniques de CES les plus élaborées. Ainsi, dans la région de Shinyanga en Tanzanie, les agriculteurs ont investi dans des systèmes de diguettes aménagées dans les rizières des *mbuga* alors qu'ils font peu d'investissements de CES dans leurs champs d'altitude et dans leurs aires de pâturage (Shaka *et al.,* chap. 15). De même, lorsque les hautes terres cessent de procurer des revenus, par suite de la raréfaction des pluies ou de la dégradation écologique, les basses terres deviennent de plus en plus attractives. Par exemple, dans les vallées de Tanzanie méridionale, on pratique de plus en plus une forme élaborée de culture sur des plates-formes surélevées qui contribuent à sécuriser l'autosubsistance et les revenus des agriculteurs locaux (Lema, chap. 17).

Contrairement aux techniques conventionnelles de CES qui sont décrites dans des manuels techniques et des livrets de vulgarisation avec des dimensions et des plans précis, les techniques locales de CES sont très flexibles (Critchley *et al.,* 1994). La flexibilité est importante car la topographie des champs varie fortement d'un lieu à l'autre. A l'intérieur d'un même champ, la répartition du sol change également, ce qui exige de nouveaux objectifs pour répondre à de nouvelles conditions. Le cas de la Zambie septentrionale illustre bien cette situation et montre que l'« ethnotechnologie » est beaucoup plus le résultat d'une « faculté d'adaptation » qu'une réponse éternelle à un problème technique (Sikana et Mwambazi, chap. 13 ; Richards, 1989). En Éthiopie, les cordons de pierres traditionnels sont construits étage par étage et prennent leurs formes et leurs dimensions définitives progressivement, au cours de nombreuses années ; cette pratique offre aux paysans la possibilité de les expérimenter et de les modifier si cela est nécessaire ; cette souplesse n'est pas possible quand on opte une fois pour toutes pour un unique plan de construction. Les cordons de pierres peuvent être enlevés et reconstruits dans une autre partie du champ, l'espacement peut varier en fonction des conditions spécifiques de la parcelle et d'une considérable diversité de configurations : on peut trouver des hauteurs, des longueurs et des largeurs différentes dans chaque site. Ce ne sont donc pas des structures permanentes et un grand nombre d'entre elles restent au même endroit entre 5 et 10 ans avant de subir des modifications, lorsque la forme d'inclinaison du champ, la composition du sol et les modèles de drainage changent par suite d'un processus incessant d'érosion et de dépôt provoqué par l'activité agricole (Kruger *et al.*, chap. 22).

Les mesures locales de CES tendent donc à étaler les besoins en main-d'œuvre pour leur construction et leur entretien. Cette tendance contraste avec la plupart des techniques introduites qui requièrent des investissements plus importants en main-d'œuvre lors de leur construction, souvent concentrée sur une saison unique. La division sexuelle du travail est fréquente, les hommes étant impliqués le plus souvent dans des activités distinctes et limitées dans le temps comme, par exemple, la construction, tandis que les femmes s'occupent de l'entretien des ouvrages.

Cette division peut donner lieu à des conflits lorsque les hommes s'adonnent à la construction (probablement l'activité la plus subventionnée par les projets de développement), tandis que les femmes ne sont pas prêtes à investir leur temps dans des tâches d'entretien à long terme. Ainsi, dans le nord du Ghana, la division sexuelle du travail est manifeste, ce qui induit des différences importantes dans la manière dont les hommes et les femmes perçoivent les stratégies de CES (Millar, chap. 14). La division sexuelle du travail agricole évolue en fonction de la valeur attribuée aux différentes unités agro-écologiques. Par exemple, dans le sud de la Tanzanie, les hommes s'adonnent de plus en plus au maraîchage dans les basses terres, activité qui était à l'origine réservée aux femmes (Lema, chap. 17). Ceci peut entraîner des changements dans la pratique du maraîchage comme l'adoption de nouvelles technologies et l'apparition d'autres besoins de main-d'œuvre.

Ceci dit, dans les régions caractérisées par un fort taux d'émigration masculine, comme par exemple dans le sud du Malawi, les femmes doivent prendre en charge le travail dans tous les domaines ; dans ces régions, l'insuffisance de main-d'œuvre est l'une des raisons majeures qui expliquent la faible attention accordée aux ouvrages de CES dans les petites propriétés agricoles (Mangisoni et Phiri, chap. 25). Autrefois, la possibilité de mobiliser un groupe de travail pour des tâches communautaires était un moyen efficace pour compenser la pénurie de main-d'œuvre de la petite propriété familiale, en particulier pour les activités de construction ; cependant, plusieurs études de cas rapportent que ces pratiques sont sur le déclin à l'instar des réseaux de relations sociales dont elles sont l'un des éléments (voir Igbokwe, chap. 7 ; Mbegu, chap. 16).

Les conditions de réussite

Quelles sont les conditions de réussite des systèmes de CES ? Les études de cas présentées dans cet ouvrage illustrent une grande diversité de situations, allant des zones arides faiblement peuplées aux zones humides à forte densité de population et des zones bien équipées et jouissant d'un bon accès aux marchés aux zones marginalisées et éloignées des centres urbains, reliées par un réseau routier médiocre et vouées à l'agriculture de subsistance. De plus, les cas étudiés diffèrent beaucoup par l'historique des interventions externes, par l'accès à l'information sur de nouvelles technologies et par l'impact des législations.

Le tableau 1.2. résume les caractéristiques principales de ces études de cas portant sur leur localisation, sur les groupes ethniques et leurs langues, sur les précipitations, les densités de population et les types de culture ; ces données sont croisées avec les pratiques de CES observées dans chaque site. Les chapitres suivants présentent chacune de ces études de cas, en commençant par celles des zones arides puis celles des zones semi-arides, subhumides et humides. Le choix de ce gradient croissant allant des milieux secs jusqu'aux milieux humides de l'Afrique permet de mettre en lumière quelques différences importantes dans les pratiques de CES ; elles portent sur l'importance relative de l'eau par rapport aux possibilités d'amélioration des rendements et de conservation des sols, sur la productivité intrinsèque de l'agriculture et sur les intrants qu'il faut investir dans la production, sur les niveaux de densité de population et disponibilité en main-d'œuvre, sur les différents types existants de tenure des sols, etc.

Tableau 1.2

Caractéristiques des études de cas, des zones sèches aux zones humides

Pays	Région	Pluviométrie (mm)	Densité de population (h/km²)	Groupes ethno-linguistiques	Cultures principales	Techniques de CES
Soudan (Ch. 2)	Red Sea Hills	25-150	1-10	Beja	Sorgho, mil	Digues
Maroc (Ch. 4)	Montagnes du Haut Atlas	45-340	1-10	Mgouna	Orge, blé, maïs	Terrasses
Soudan (Ch. 3)	Darfour central	100-400	10	Four, Zaghawa	Sorgho	Diguettes en terre
Maroc (Ch. 5)	Montagnes du Rif	350-450	10-20	Berbère	Blé, orge, arbres fruitiers, kif	Banquettes, cordons de pierre, gradins et terrasses
Niger (Ch. 6)	Tahoua	350-450	22	Haoussa	Mil, sorgho	Tassa (cuvettes)
Nigeria (Ch. 11)	État du Bornou	250-500	37	Kanouri	Sorgho	Diguettes en terre
Mali (Ch. 7)	Djenné	275-600	28	Bambara	Mil, sorgho	Zaï (cuvettes)
Mali (Ch. 8)	Plateau dogon	500	25-80	Dogon	Mil, sorgho, légumes	Micro-bassins, zaï, cordons de pierre
Zimbabwe (Ch. 12)	Districts de Chivi et Zaka	400-600	45-60	Shona	Maïs, mil, sorgho	Modification tracé des billons
Burkina Faso (Ch. 9)	Yatenga	400-600	20-130	Mossi	Mil, sorgho	Zaï (cuvettes), cordons de pierre
Burkina Faso (Ch. 10)	Plateau central	400-800	40-100+	Mossi	Mil, sorgho	Paillage, cordons de pierre en courbe de niveau
Zambie (Ch. 13)	Province du Nord	650-850	10+	divers	Manioc, maïs	Butte et modification des pratiques agricoles
Tanzanie (Ch. 15)	District de Maswa	600-900	50-70	Wasukuma	Riz, coton, maïs, patates douces	Diguettes en terre
Ghana (Ch. 14)	Upper East Region	800-900	204	Frafra	Sorgho, mil, arachide	Cordons de pierre

Tableau 1.2 (suite)

Caractéristiques des études de cas, des zones sèches aux zones humides

Pays	**Région**	**Pluviométrie (mm)**	**Densité de population (h/km²)**	**Groupes ethno-linguistiques**	**Cultures principales**	**Techniques de CES**
Tanzanie (Ch. 16)	Région Rukwa	900-1000	30	Wafipa	Maïs, mil, haricots	Buttes
Cameroun (Ch. 24)	Montagnes de Mandara	400-1200	40-100	Mafa, Mandara	Sorgho, mil	Terrasse, murets de pierre, cordons de pierre
Malawi (Ch. 25)	Région du Sud	500-1300	220-292	Lomwe, Yao, Chewa, Sena	Maïs, sorgho	Barrières de végétation billons, paillage
Swaziland (Ch. 19)	Terres de l'État	400-1500	30-65	Swazi	Maïs	Bandes enherbées
Éthiopie (Ch. 20)	Harerge	700-1100	230-410	Oromo	Sorgho, khât, café	Cordons de pierre diguettes en terres
Éthiopie (Ch. 21)	Shewa du Nord	1350	70-200	Amhara	Orge, blé, légumineuses	Fossés de drainage
Afrique du Sud (Ch. 23)	Transkei	750-1400	84	Xhosa	Maïs	Adaptation fossés ados en courbe de niveau
Tanzanie (Ch. 17)	District de Njombe	900-1600	30	Wabena	Mil, maïs, haricots, pommes de terre	Agriculture vinyungu (sur plates-formes)
Tanzanie (Ch. 18)	District de Mbinga	900-2000	35-120	Matengo	Café, maïs, haricots	Culture de cuvettes
Nigeria (Ch. 26)	Plateau Jos	1000-1500	70-280	Berom, Haoussa	Légumes, blé, maïs	Bassins d'irrigation
Nigeria (Ch. 27)	Enugu	1600-2000	335	Igbo	Igname, maïs, macabo, légumes	Terrasses
Cameroun (Ch. 28	Plateau bamiléké	≥ 3600	50-275	Bamiléké	Maïs, manioc igname	Billonnage, haies vives

Il n'est pas facile d'analyser l'influence des interactions qui conditionnent la réussite ou l'échec de pratiques particulières de CES dans des conditions précises de lieu et de temps. En général, plusieurs facteurs se combinent durant les périodes de crise, de telle sorte qu'il est toujours nécessaire de faire appel à l'histoire pour expliquer quelques éléments simples du développement technologique (voir Chaker *et al.,* chap. 5, Slingerland et Masdewel, chap. 10). Cependant, les études de cas mettent en lumière de nombreux thèmes qui sont analysés ci-après.

– Les densités de population

Les cas étudiés montrent une large fourchette de densités démographiques allant de moins de un habitant au km^2 dans les Red Sea Hills du Soudan à plus de 300 h/km^2 dans le sud-est du Nigeria. Comme l'ont fait remarquer Ester Boserup (1965) et quelques autres depuis (voir Turner *et al.,* 1993 ; Tiffen *et al.,* 1994), les densités de population ont des effets importants sur les processus d'intensification de l'agriculture : quand la densité de population devient très forte, la surface de la parcelle agricole diminue et la terre devient une contrainte de la production plus importante que la main-d'œuvre. Par exemple, dans le Transkei en Afrique du Sud, la combinaison de fortes densités de population dues à l'impact des lois ségrégationnistes et de la sécheresse ont conduit la population à s'investir dans une activité intensive de jardinage en pratiquant l'irrigation à très petite échelle (Phillips-Howard et Oche, chap. 3). De même, au Burkina Faso, dans la région du Yatenga, la combinaison de la sécheresse et de fortes densités de population a conduit à la pratique du *zaï,* culture dans de petites cuvettes (Ouédraogo et Kaboré, chap. 9).

L'accès à la terre et à la main-d'œuvre peut être très différencié au niveau de la communauté villageoise et donner naissance à différentes dynamiques d'intensification. De même, au sein de la propriété familiale, les hommes et les femmes peuvent contrôler différents types de parcelles agricoles qu'ils travaillent selon des modes spécifiques différents ; généralement, les parcelles des femmes sont petites et leurs possibilités de mise en valeur de la terre sont plus prometteuses. Par exemple, au Zimbabwe, les femmes ont accès à de petits jardins tandis que les hommes ont le contrôle des principaux champs ; dans ce cas, les femmes ont opté pour une série de pratiques de gestion de la terre et de l'eau adaptées aux sites des jardins, ce qui leur demande un travail intensif mais leur procure des bénéfices élevés (Hagmann et Murwirwa, chap. 12).

Naturellement, bien d'autres facteurs peuvent se combiner pour favoriser les processus d'intensification, mais force est de constater que l'augmentation des densités de population est l'une des conditions de base qui favorisent le développement des mesures de CES. Cet argument nous ramène à l'analyse de Malthus, maintes fois citée, qui prédit que l'accroissement de la population conduira inévitablement à une pénurie d'aliments, entraînant la dégradation de l'environnement, de l'effondrement de la production agricole et enfin le manque d'aliments ou une migration forcée.

Quels sont les critères qui mettent en évidence ces différents scénarios dans les études de cas ? Il est vrai qu'on trouve les aménagements de CES les plus élaborés dans les zones aux densités de population les plus élevées ; il en est ainsi sur les hautes terres d'Éthiopie où on trouve une gamme étendue de mesures de CES (Kruger *et al.,* chap. 22). Inversement, le niveau d'investissement en travail dans les ouvrages de dispersion des eaux est beaucoup plus bas dans des zones de faible densité de population comme au Soudan et dans le Nord du Nigeria (Sammani, chap. 2 ; Kolawole, chap. 11). Dans les régions où la population augmente comme les zones communautaires du Zimbabwe et certaines régions de Tanzanie, on observe une tendance au développement des pratiques de CES (Hagmann et Murwirwa ; Lema, dans cet ouvrage).

A l'inverse, dans les régions où l'émigration a entraîné une certaine diminution de la population rurale et, plus particulièrement, des hommes qui s'étaient fortement engagés dans des réalisations de CES, on a constaté une baisse de l'effort accordé aux pratiques de CES ; c'est le cas dans les monts Mandara au Cameroun ou dans le Sud-Malawi (Mangisoni et Phiri, chap. 25). Cependant, dans certaines zones, les gains apportés par les agriculteurs migrants ont servi à embaucher de la main-d'œuvre pour construire et entretenir des ouvrages de CES (Chaker *et al.,* chap. 5). Dans d'autres régions, comme celle du Haut Atlas au Maroc (Hamza *et al.,* chap. 4), les structures de CES continues à être entretenues parce que la valeur sociale attribuée par les migrants à la terre agricole reste élevée même si sa fonction productive a décliné.

Cependant, la densité de population ne suffit pas à tout expliquer. On observe aussi des cas où une densité élevée de population se combine avec un engagement volontairement faible dans la CES, comme c'est le cas dans les anciens bantoustans d'Afrique du Sud (Phillips-Howard et Oche, chap. 23), ou bien dans des régions de densité relativement faible qui présentent des mesures de CES très développées (par exemple Yagoub, chap. 3 ; Sammani, chap. 2). En conséquence, les paragraphes suivants sont consacrés à l'analyse d'une série d'autres facteurs qui influencent également les conditions de réussite des mesures de CES.

– Investissement et accès au capital

L'absence de marchés de capitaux et, en particulier, le manque de possibilités de crédit officiel est très souvent souligné comme une contrainte sérieuse à l'investissement dans de nouvelles technologies. Cependant, les cas étudiés dans cet ouvrage ne mettent pas l'accent sur le crédit comme étant une contrainte majeure. Les bénéfices incertains provenant des investissements réalisés sur la terre en région sèche, en particulier ceux concernant les mesures de conservation, signifient que le crédit officiel ne donne pas les résultats attendus. Dans certains cas, les mesures de CES à petite échelle n'exigent pas d'investissement en capital important et il n'y a donc pas besoin d'engager de grosses sommes d'argent sauf parfois pour payer la main-d'œuvre. Dans plusieurs régions sèches d'Afrique, les revenus non agricoles constituent un substitut majeur au crédit (Reardon *et al.,* 1994), mais la décision d'investir ces revenus dans les techniques agricoles dépend de l'évaluation de la rentabilité espérée et des risques encourus. Les agriculteurs des montagnes du Rif central, dans le nord du Maroc, se sont engagés dans la construction de terrasses parce que cela leur permet de faire pousser une culture de rente (marijuana ou kif) qui produit des bénéfices substantiels par hectare plus élevés que les cultures alimentaires ; 200 000 personnes environ sont dépendantes du kif dans le Rif central où l'on constate une accélération du taux de croissance démographique (Chaker *et al.,* chap. 5). La popularité croissante d'un certain nombre de techniques traditionnelles de CES à faible coût au Sahel est non seulement due au fait qu'elles sont simples mais aussi qu'elles produisent des bénéfices rapides par rapport au travail investi (Hassan, chap. 6 ; Ouédraogo et Kaboré chap. 9).

– Les bénéfices produits par l'investissement en CES

Il est très difficile d'estimer les bénéfices dus aux mesures de CES mais il existe quelques évaluations globales. La conclusion générale des travaux réalisés en Amérique centrale peut s'appliquer aux situations africaines :

> « A l'exception des cultures de rente plantées sur des sols fragiles, les structures mécaniques d'un coût élevé ne sont pas adaptées... les mesures conservatoires sont particulièrement rentables lorsqu'elles sont bon marché et simples ou lorsqu'elles permettent aux agriculteurs d'adapter des pratiques existantes » (Lutz *et al.,* 1994 : 289).

Les études comparables sont peu nombreuses en Afrique et, trop souvent, on conclut automatiquement au bilan positif de la CES sans prendre en considération de façon précise les coûts et les bénéfices. Les quelques études réalisées à grande échelle sur les travaux mécaniques de conservation des sols montrent dans la majorité des cas que les effets sont négatifs. Par exemple, Herweg (1992) a trouvé que les mesures de conservation des sols recommandées pour les hautes terres d'Éthiopie avaient un impact négatif sur les revenus des petites exploitations agricoles. De même, Bojo (1991) a constaté qu'un projet important d'amélioration de l'agriculture par des mesures de CES avait dégagé un solde nettement négatif par rapport aux ressources investies même si l'on a pu répertorier des bénéfices pour la population. A l'inverse, les mesures de CES de faible coût mises en place par les agriculteurs peuvent permettre une augmentation significative de la production, surtout lorsque les techniques de culture pluviale augmentent les rendements des culture et les protègent contre la sécheresse dans les régions semi-arides ou dans les zones dont les terres initialement nues sont réhabilitées (Wedum *et al.,* chap. 7). Au Niger, la réhabilitation de terres dégradées est devenue si attractive que les paysans et les négociants achètent des terres fortement dégradées afin de les réhabiliter (Hassan, chap. 6).

Certains organismes qui proposent des programmes de CES soutiennent que le calcul des profits immédiats n'est pas utile car ces pratiques conservatoires ont surtout un impact à long terme, ce qui, selon eux, justifie l'appel aux subventions extérieures, et ont pour but d'assurer un meilleur avenir aux générations futures et de compenser les coûts élevés des effets de l'érosion. Cependant, compte tenu des restrictions qui frappent les budgets nationaux et de la diminution des aides attribuées à l'Afrique, l'efficacité des investissements, même dans le court terme, reste une priorité majeure pour les planificateurs, comme elle l'est depuis toujours aux yeux des agriculteurs. Les quelques cas où les subventions pourraient être justifiées correspondent à des exemples où des divergences profondes sont apparues entre les coûts privés et publics et les bénéfices, ainsi qu'aux cas où la dégradation a d'importants effets négatifs allant bien au-delà du seul secteur agricole (Lutz *et al.,* 1994) ; cependant, même dans ces cas, la plus grande prudence s'impose envers les séductions des subventions.

L'expérience montre que les subventions peuvent changer le comportement des agriculteurs et les encourager à investir. Mais cet effet n'est pas durable et, dès que la subvention est supprimée, les paysans se tournent vers des stratégies plus rentables. Cette situation s'est maintes fois répétée dans l'histoire de la CES en Afrique où, en fonction de changements dans leurs motivations, des agriculteurs abandonnent les mesures de CES qu'ils avaient réalisées précédemment dans un contexte différent pour mettre en œuvre des techniques existantes plus appropriées. Par exemple, dans le Nord du Nigeria, l'échec du projet d'irrigation du lac Tchad a provoqué une rapide reprise de la culture *firki-mouskouari* sur une très large zone (Kolawole, chap. 12). De la même façon en Éthiopie, suite à la chute du régime Derg et au changement d'orientation des projets d'aide alimentaire, de nombreux paysans ont soit abandonné, soit au moins transformé les ouvrages de CES installés pendant la période du Derg. Inversement, on a souvent observé une reprise importante des pratiques de fertilisation organique dans les pays qui ont supprimé les subventions destinées aux engrais après l'adoption de programmes d'ajustement structurel (Mbegu, chap. 16).

– Marchés et infrastructures

Les agriculteurs seront plus motivés pour investir dans l'intensification si la valeur de la production augmente, mais, lorsque les infrastructures et l'accès aux marchés sont déficients, les motivations ne peuvent pas croître aussi vite que la pression démographique. Ceci a pour effet de limiter les innovations spontanées ainsi que l'extension des pratiques de CES. Inversement, lorsque l'accès aux marchés urbains à forte demande est facilité par un bon réseau routier et des prix de transport compétitifs, la valeur de la récolte augmente et stimule les investissements qui permettront des bénéfices à long terme.

Les institutions politiques jouent aussi un rôle essentiel car elle contrôlent à la fois le fonctionnement des marchés et l'investissement public en faveur des infrastructures rurales. Autrefois, l'intervention étatique dans la production et les marchés agricoles a souvent limité les opportunités. Par exemple, en Tanzanie, les bas prix payés aux producteurs, la médiocre organisation du marché et le soutien limité fourni par les services ont découragé les paysans de cultiver du coton. Inversement, le riz, dont le cours n'était pas régulé par l'État, offrait des bénéfices plus intéressants, et les agriculteurs se sont tournés vers cette culture, en changeant totalement leur système de production agricole au profit de l'agriculture irriguée qui a demandé de nouvelles techniques et des investissements pour la CES (Shaka *et al.*, chap. 15).

Dans plusieurs pays d'Afrique, les politiques d'ajustement structurel ont conduit à la libéralisation des marchés, à l'abolition des monopoles commerciaux d'État et à l'encouragement des cultures d'exportation par des incitations de prix. Ces mesures ont eu des effets mitigés sur les motivations pour investir dans les mesures de CES ; dans certains cas, ces réformes agricoles ont provoqué la montée des prix des récoltes, augmentant ainsi les motivations des agriculteurs pour persévérer dans la production agricole ; dans d'autres cas, les réformes ont bénéficié aux cultures nouvelles, provoqué des changements dans les modes de culture et suscité de nouvelles demandes de mesures de CES.

Les effets de la libéralisation du marché et de l'amélioration des prix au producteur sur les motivations concernant la gestion et la conservation des sols en Afrique font l'objet de deux points de vue contradictoires (Barrett, 1991 ; Barbier, 1991). Certains observateurs pensent que les réformes agricoles favorables à une augmentation des prix des cultures encouragent plus à investir dans la production agricole et dans la CES ; selon cette option, l'augmentation des prix au producteur encourage un plus fort engagement dans la conservation des sols parce que les agriculteurs espèrent des revenus plus élevés de leurs terres dans l'immédiat et dans l'avenir (Repetto, 1988). D'autres pensent que des prix plus élevés aux producteurs vont favoriser un épuisement rapide des sols car les agriculteurs ne chercheront que le profit immédiat et n'investiront pas forcément dans la conservation des sols et de leur fertilité (Lipton, 1987).

La réaction des agriculteurs face à l'augmentation des prix dépend probablement de plusieurs facteurs. Lorsque la terre fournit une nourriture abondante ou lorsque l'agriculteur peut facilement se lancer dans une autre activité économique, son intérêt pour le maintien de la fertilité des sols à long terme est limité et l'augmentation des prix agricoles conduira probablement à un épuisement rapide des éléments nutritifs du sol. Par exemple, les cultivateurs de la confrérie des mourides au Sénégal épuisent très rapidement les sols avec la culture de l'arachide, en grande partie parce qu'ils savent qu'ils peuvent abandonner les terres « fatiguées » et défricher de nouvelles terres ailleurs. Les petits paysans, étroitement cantonnés dans des zones très limitées, n'ont pas la possibilité et le pouvoir de déplacer leurs champs ailleurs ; aussi, ils sont beaucoup plus intéressés par l'augmentation des prix aux producteurs qui les incite à investir dans la conservation des sols. La manière dont les agriculteurs vont changer leurs pratiques de CES, en réaction à la hausse des prix dépendra de leur volonté d'investir à court terme ou à long terme. Elle dépendra aussi de leur confiance dans la rentabilité de ces investissements, ainsi que du degré de sécurité foncière.

La libéralisation des prix agricoles et les dévaluations monétaires ont aussi conduit à des changements dans les modèles agricoles. Cependant, rien ne permet de dire si les cultures d'exportation sont à associer à une agriculture intensive plutôt qu'à une gestion conservatrice des sols. L'ajustement structurel et la libéralisation des marchés agricoles ont également contribué à l'augmentation des prix des engrais déclenchée par les dévaluations et la suppression des subventions. En général, les engrais chimiques peuvent être considérés comme un substitut à l'investissement de travail dans les mesures de CES. Le renchérissement des engrais conduit probablement à une réduction de leur utilisation par les agriculteurs qui, pour limiter au minimum les pertes, décident quelquefois d'investir dans les travaux de gestion et de conservation des sols pour prévenir l'érosion de leurs éléments nutritifs. On peut également supposer que l'investissement en CES augmentera si les engrais chimiques deviennent très rares. Ainsi, sur le plateau de Jos dans l'État d'Enugu au Nigeria, l'ajustement structurel et le déclin des revenus tirés du pétrole ont eu pour conséquences la réduction de l'offre de travail non agricole et une augmentation des investissements dans la CES et dans l'irrigation des petites propriétés (Igbokwe, chap. 27 ; Phillips-Howard, chap. 26). Les effets de la libéralisation dépendent aussi des niveaux de l'investissement public pour soutenir les changements apportés par les lois. Les bénéfices de la réforme structurelle sont à peine ressentis dans les zones dépourvues de routes, et dont les paysans sont maintenus dans un état de pauvreté, et dans celles où le transport est limité et coûteux ; en effet, si on réduit les subventions pour la commercialisation de la production agricole (par exemple par des interventions para-étatiques sur les prix), les populations de ces zones risquent d'avoir à supporter une baisse de leurs revenus et une diminution des incitations à investir dans la CES.

– Sécurité et droits de propriété

L'investissement dans la CES dépendra de la volonté des agriculteurs de fournir dès la première année un effort de travail pour augmenter la production (en particulier dans les régions semi-arides) ou quelques fois à long terme pour ceux qui, par exemple, choisissent des pratiques d'agroforesterie. Ainsi les agriculteurs doivent se sentir sûrs de pouvoir profiter des bénéfices produits par leurs investissements. Mais l'insécurité peut se manifester de différentes manières.

De nombreuses parties de l'Afrique sont affectées par des conflits et des guerres qui provoquent des interruptions importantes des modes de vie et des systèmes de production ruraux. Parmi les cas étudiés, il y a des conflits permanents en Sierra Leone, au Soudan occidental et dans certaines régions de l'Afrique centrale, avec d'importants mouvements de réfugiés vers les pays et les villes proches. Il est évident que dans de telles conditions les gens ne sont pas prêts à investir dans la CES car ils ne sont pas sûrs de vivre plusieurs mois au même endroit. Cependant, les guerres et les pillages ont parfois été à l'origine d'une croissance des investissements de CES lorsque les populations se sont réfugiées dans des zones marginalisées (Igbokwe pour le Nigeria, chap. 27 ; Kassogué *et al.* pour le plateau dogon au Mali, chap. 8)

L'insécurité peut aussi venir de la maladresse des actions de développement ; par exemple, les populations qui vivent dans la crainte d'un déplacement ne réaliseront pas de leur propre initiative des mesures de CES. L'histoire de la CES en Afrique est malheureusement caractérisée par des exemples d'intervention externe qui ont déstabilisé les initiatives locales. Plusieurs cas étudiés illustrent comment, pendant et après l'époque coloniale, des mesures conçues par des experts ont désorganisé les pratiques locales, souvent en remplaçant les mesures utilisées localement depuis longtemps par les agriculteurs. Par exemple, au Zimbabwe, depuis le début du siècle, une série de décisions de politique agricole a provoqué l'abandon presque complet des pratiques locales (Hagmann et Murwirwa, chap. 12). De même en Éthiopie, l'extension des mesures de conservation des sols, soutenue par des programmes d'aide alimentaire, a souvent entraîné la suppression des pratiques locales et leur remplacement par des techniques conventionnelles de CES (Million, chap. 21 ; Asrat *et al.,* chap. 20 ; Kruger *et al.,* chap. 22). Dans ces circonstances, la confiance et la volonté des paysans s'étiolent malheureusement lorsqu'il s'agit d'investir non pas en fonction de leurs propres pratiques mais en appliquant de nouvelles méthodes développées par des approches de CES fortement interventionnistes.

L'insécurité liée à la tenure de la terre est un autre facteur important qui contribue à réduire la volonté des agriculteurs de s'investir dans la gestion de leur environnement. Certains affirment que les agriculteurs contribueront de façon significative à la CES si le statut privé de la terre est établi. Quelques-uns des cas étudiés fournissent des arguments pour étayer cette thèse : par exemple, au Malawi, la plupart des investissements très importants destinés à la CES ont été faits par des exploitations privées et des plantations privées de thé (Mangisoni et Phiri, chap. 25). Néanmoins, les raisons qui expliquent ce phénomène ne tiennent pas seulement au système de tenure des deux types d'exploitation. Le fait d'avoir négligé le secteur des petites propriétés a conduit les paysans à travailler sous contrat de courte durée dans les plantations étatiques de thé et dans les grandes exploitations privées, privant ainsi leurs propres terres de leur force de travail. Dans ces économies à deux niveaux, qu'on retrouve partout en Afrique du Sud (Phillips-Howard et Oche, chap. 23) et au Zimbabwe (Hagmann et Murwirwa, chap. 12), les inégalités qui perdurent dans la distribution de la terre ont dégradé la capacité des agriculteurs à investir dans leur propre terre.

L'introduction de nouvelles technologies peut provoquer des transformations dans le régime de la propriété comme dans la valeur de la terre. Par exemple, au Soudan occidental, l'introduction des fossés ados et des banquettes de terre construits mécaniquement, a donné l'occasion aux négociants et aux hommes d'affaire d'introduire des cultures de rente et de provoquer ainsi la privatisation effective des oueds dont les terres ont atteint une valeur élevée (Yagoub, chap. 3). Le système traditionnel flexible, régulé par les chefs des communautés et des tribus, était ainsi usurpé et les agriculteurs qui se référaient au système traditionnel *tera* (pl. : *tru*) ont été déstabilisés. Inversement, dans les Red Sea Hills et dans d'autres parties du Soudan, l'accès aux ressources en terre et en eau est étroitement régulé par la tribu Beja qui s'oppose à l'appropriation excessive des terres par des étrangers et des élites (El Sammani, chap. 2).

Dans certaines régions, les mesures de CES ont été développées sur des terres communautaires gérées et contrôlées par des groupes. Dans cette situation, l'application effective des droits liés à la propriété commune est essentielle pour réussir la gestion des ressources. L'une des conditions de base du succès est l'existence d'organisations locales dont les membres partagent les mêmes objectifs de gestion des ressources naturelles. Ces organisations doivent pouvoir s'accorder sur un ensemble de règles d'usage, excluant d'autres utilisateurs et prévoyant des sanctions effectives contre les personnes qui se situent hors du système. Les groupes homogènes, relativement petits et régis par une direction forte, sont les plus efficaces, particulièrement lorsqu'ils gèrent des ressources qui semblent rentables et faciles à protéger grâce à des coûts relativement faibles (Ostrom, 1990 ; Bromley et Cernea, 1989 ; Bromley, 1992). Plusieurs exemples de gestion de la propriété commune incluant des mesures de CES sont analysés dans ce volume : par exemple, des actions individuelles ou villageoises ont permis une réhabilitation réussie de milliers d'hectares de terres dégradées au Sahel (Hassan, chap. 6) ; un autre exemple montre que le processus d'investissement dans la CES a été accéléré par l'affirmation et les progrès des droits des villageois de gérer leurs terres et de contrôler l'accès aux ressources (Ouédraogo *et al.,* chap. 9).

En général, il n'y a pas de preuve évidente permettant d'affirmer que la gestion des terres est plus importante dans les zones de tenure avec titres de propriété que dans les zones où elle est soumise aux droits d'usage coutumiers. En fait, il ne semble pas qu'il y ait de nécessité urgente à substituer le système *de jure* au régime de tenure *de facto* aussi longtemps que, dans celui-ci, les droits individuels d'exploitation seront garantis par le moyen du droit coutumier (voir Place et Hazell, 1993).

– Accès à l'information et aux techniques

Les choix en matière de CES évoluent en fonction des changements dans l'information et la technologie. Dans plusieurs des sites étudiés, l'utilisation de la traction bovine pour le labour a suscité contradictoirement un développement important et une dépendance croissante vis-à-vis de la culture attelée. Dans plusieurs régions, ce changement a provoqué une baisse des investissements dans les techniques de billonnage et de buttage et a engendré de nouveaux défis pour la CES (Lema, chap. 17). Cependant, dans d'autres régions, le nombre d'animaux de trait disponibles par famille diminue à cause de changements environnementaux dus à la sécheresse ou à des fléaux, à l'accroissement de la pression démographique ou à des interventions externes (Mbegu, chap. 16 ; Ostberg, 1986). Dans d'autres cas, comme celui des hautes terres du Matengo en Tanzanie, le labour avec des bœufs n'est pas possible à cause des pentes trop fortes et les méthodes traditionnelles de culture se sont maintenues (Temu *et al.,* chap. 18).

Partout ailleurs, les nouvelles formes de technologies de conservation qui émergent combinent des pratiques existantes et des innovations introduites. Par exemple, au Zimbabwe les agriculteurs associent les systèmes de semis dans des cuvettes d'origine locale au billonnage cloisonné et ils ont adapté les systèmes *fanya-juu* introduits par des agents de vulgarisation (Hagmann et Murwirwa, chap. 12). De la même façon, des agriculteurs en Tanzanie ont recherché des techniques de buttage qui permettent de réduire les besoins en main-d'œuvre et qui soient compatibles avec le labour attelé (Mbegu, chap. 16). Au Maroc oriental, les techniques de CES développées dans les montagnes sont transférées et adaptées par les agriculteurs qui migrent vers les plaines ouvertes par l'irrigation à la production des cultures de rente, des fruits et des légumes (Chaker, chap. 5). La combinaison souple de l'ancien et du neuf, inspirée à la fois par des sources étrangères et par les connaissances et les pratiques locales, ouvre une perspective importante de succès. Cependant, il existe aussi quelques pratiques traditionnelles qui sont sans intérêt aujourd'hui ; il n'y a donc aucune raison à recourir à ces techniques endogènes si elles ne sont plus fonctionnelles depuis longtemps ; dans ces cas, les agriculteurs abandonneront les techniques endogènes de la même façon qu'ils rejettent les propositions extérieures qui ne sont pas adaptées. Plus que la technique ou la technologie pour elle-même, c'est le processus par lequel elle est développée qui est important. Construire sur la base des traditions plutôt que remplacer l'existant est la clé du succès.

Construire sur la base des traditions : l'appui à la CES endogène

Dans toute l'Afrique, les agriculteurs ont toujours compris les changements concernant leur environnement local et contrôlé les problèmes auxquels ils étaient confrontés. Pour survivre et prospérer, ils avaient besoin de concevoir, de sélectionner et d'adapter des technologies. Ils ont exercé cette compétence avec succès dans le cadre sécurisant de réseaux de relations sociales et d'institutions locales. L'intervention externe a introduit une autre dimension dans ce processus. La dernière section de ce chapitre traite de la question suivante : comment une intervention externe peut-elle s'appuyer sur des traditions locales et faciliter l'innovation technologique des agriculteurs ?

Comme on l'a déjà souligné, la distinction entre les technologies locales et introduites est souvent artificielle. De nombreuses technologies identifiées comme endogènes ont en réalité été introduites et, de fait, presque toutes les techniques introduites ont été adaptées par les agriculteurs et sont devenues traditionnelles. En effet, c'est la fluidité du processus du changement technologique qui est le trait le plus frappant. Ceci dit, les problèmes surgissent lorsque les technologies introduites sont imposées, ce qui réduit les possibilités locales d'adaptation et d'adoption. Plusieurs exemples concordants ont été signalés et d'autres encore sont analysés dans les chapitres qui suivent. Pour le planificateur de développement et l'administrateur de projet, la technologie « conventionnelle » a un grand attrait : un diagnostic simple et sommaire du problème sur une vaste zone permet d'envisager l'application d'une solution standard ; les procédures administratives nécessaires à l'action sont prévisibles, les besoins en équipements et en main-d'œuvre et leurs coûts peuvent être facilement calculés, les objectifs physiques à atteindre, les schémas de mise en œuvre et la méthodologie de suivi/évaluation sont assez faciles à établir. La culture bureaucratique des services de l'État, des projets de développement et des bailleurs de fonds favorise le déroulement de ce type de processus par les projets de développement et les donateurs. Les stimulants, pour les individus et les organisations, sont conçus de façon à pouvoir atteindre les objectifs suivants : distribuer les fonds, délivrer une aide alimentaire et développer le projet. Les projets imposant ce type de logique interne ont été exécutés en grand nombre et continuent à l'être.

En Afrique, l'aide alimentaire a été l'une des principales forces motrices de ce type de projet de CES. Dans les régions qui souffrent d'un déficit alimentaire chronique, les actions mécanisées de CES sont apparues comme le moyen idéal pour la mise en place de nombreux projets d'aide alimentaire et de travail salarié qui sont des éléments appréciés des programmes de sécurité alimentaire et d'emploi. Il semblait qu'il suffisait de fixer quelques contours simples, de donner aux paysans des pelles et des pioches et que tous pourraient en tirer des bénéfices : l'aide alimentaire serait fournie, les déficits alimentaires baisseraient et les conditions d'un investissement à long terme dans l'environnement seraient créées. En fait, l'expérience des dernières décennies a prouvé que ce n'est pas exactement le cas.

Par exemple, en Éthiopie, l'investissement massif dans des diguettes construites selon les courbes de niveau et avec l'appui de programmes « food for work » a conduit à des réalisations impressionnantes d'ouvrages ; mais ceux-ci ont fortement déplu à la population locale et lorsque le régime Derg est tombé en 1991, beaucoup furent détruits en signe de protestation (Dessalegn, 1994) ; actuellement, le contrôle des zones rurales est moins autoritaire et beaucoup de paysans ont repris et réadapté leurs ouvrages pour retenir une terre précieuse, pour s'assurer qu'elle n'abrite pas de rongeurs ou autres prédateurs et pour orienter les apports d'eau et de sol vers les directions désirées.

Le tableau 1.3. montre que la CES imposée par des campagnes à grande échelle est incompatible avec l'utilisation de technologies endogènes. Des différences importantes existent au niveau des objectifs, des caractéristiques de conception et de construction et des demandes en main-d'œuvre. Pourtant, une technologie d'origine externe n'est pas forcément inappropriée ; en effet, la plupart des systèmes endogènes sont basés sur les principes des courbes de niveau, de construction de terrasses, banquettes ou cordons de pierres et d'autres méthodes introduites. Le plus important est la manière dont la technologie est introduite : les grands programmes d'aide alimentaire visant à mobiliser une main-d'œuvre abondante pour des tâches simples à réaliser rapidement relèvent d'une approche fondamentalement incompatible avec les pratiques endogènes de CES.

Tableau 1.3

Caractéristiques des techniques de CES locales et externes

Caractéristiques	Techniques externes	Techniques locales
Conçu par	Ingénieurs et planificateurs	Agriculteurs locaux
Conçu pour	Conservation des sols	Multiple, selon les lieux et les nécessités (incluant collecte des eaux de ruissellement, dispersion des eaux, conservation des sols)
Conception	Standardisées selon le type de terrain	Souple, adaptée aux micro-variations locales
Construction	En une seule fois	Progressive (selon les disponibilités en main-d'œuvre familiale
Besoins en main-d'œuvre	Élevés	Variable, en général faible
Revenus	Investissement à long terme sur l'environnement	Revenus immédiats
Cadre du projet	Grande échelle, approche de campagne, utilisation aide alimentaire et emploi rémunéré en argent, projets de haute intensité de main-d'œuvre, etc.	Soutien à long terme des innovations locales, recherche participative et échanges interpaysannes

Le processus participatif basé sur les pratiques locales et l'autodiffusion

L'approche participative du développement rural est à première vue plus modeste que l'approche à grande échelle illustrée ci-dessus par les projets « food for work » ; mais elle s'avère beaucoup plus ambitieuse dans la mesure où il s'agit de « réformer un professionnalisme ordinaire ». Robert Chambers (1994 : XV) remarque :

« Les changements doivent aboutir à un nouveau professionnalisme. Il n'y a pas de rejet des connaissances scientifiques modernes, des stations et des laboratoires de recherche et des méthodes scientifiques. Ces connaissances et institutions restent importantes, elles ont leur propre légitimité et auront toujours leur place. Il s'agit plutôt d'élargir et d'équilibrer l'approche en donnant une importance nouvelle à l'analyse des réalités propres concernant les populations pauvres. Ces thèmes et ces points de vue sont aujourd'hui adoptés par les agronomes et les vulgarisateurs qui ouvrent ainsi une nouvelle série d'expériences et de pistes de travail. »

Certains chapitres de cet ouvrage décrivent des approches participatives qui sont à l'origine du développement des mesures de CES. Ces approches établissent un pont entre les acquis endogènes et externes, avec des résultats hybrides souvent intéressants, donnant lieu à des innovations d'origine multiple. L'encadré 1.4 décrit le processus participatif qui a été suivi dans le projet analysé par Hagmann et Murwirwa (chap. 12). Dans ce cas, les agriculteurs ont adopté une technologie d'irrigation à faible coût pour leurs jardins en reprenant le tracé des billons mis au point localement par un agriculteur et en expérimentant ensuite des technologies de billonnage proposées par des stations de recherche.

1.4. Processus de développement et de diffusion d'une approche participative au Zimbabwe (voir Hagmann et Murwirwa, chap. 12)

1) Sensibiliser, établir la confiance, développer la solidarité de groupe, utiliser les techniques pour l'éducation des adultes de « Training for Transformation of Development Education » (DELTA), basées sur l'approche de Paulo Freire.

2) Faire un diagnostic des problèmes, explorer différentes situations et perspectives en fonction des divers groupes sociaux (hommes, femmes, enfants, riches, pauvres, vieux, jeunes), utiliser un ensemble de techniques participatives déjà expérimentées en milieu rural.

3) Analyser différentes options par des visites auprès d'autres agriculteurs et dans des stations de recherche.

4) Tester différentes idées, d'abord à une petite échelle ; suivre des agriculteurs et examiner les résultats et les réactions dans le cadre de réunions et de visites de terrain.

5) Échanger des idées entre agriculteurs par le moyen de réseaux informels et de contacts et par des visites, des ateliers, etc.

Les expériences de ce type de processus se développent en Afrique au fur et à mesure que les limites du transfert technologique de l'approche conventionnelle sont atteintes. L'adoption d'un tel processus est en train de se produire dans un grand nombre de lieux et ce livre en donne des exemples ; ainsi, Sikana et Mwambazi (chap. 13) décrivent la recherche participative entreprise par l'institution nationale de recherche agricole de Zambie ; des accords entre des groupes d'agriculteurs, des ONG et le gouvernement sont décrits au Burkina Faso et au Mali (Kassogué *et al.*, chap. 8 ; Wedum *et al.*, chap 7).

Les conditions de la réussite sont multiples et dépendent de plusieurs facteurs : une politique efficace concernant l'environnement, un cadre institutionnel performant, possibilités d'accès à toute une série de méthodes et d'approches dont celles de la participation de la population, modification des pratiques des chercheurs et des artisans du développement (Pretty et Chambers, 1994). Les chercheurs et les artisans du développement doivent acquérir de nouvelles compétences, de nouvelles attitudes et de nouveaux comportements (Chambers *et al.,* 1989 ; Chambers, 1993) ; ils doivent chercher à faciliter le travail, à rassembler, à catalyser et à négocier plutôt qu'à planifier, à diriger et à contraindre. On doit insister beaucoup plus sur le processus par lequel les technologies apparaissent, s'adaptent et se diffusent que sur leurs performances techniques. Plutôt que de diviser les responsabilités entre les chercheurs, les vulgarisateurs et les agriculteurs, il est nécessaire de conjuguer les rôles et d'unir les activités. Ce sont des changements profonds qui doivent être apportés au modèle conventionnel de type linéaire du développement technologique. On sait déjà par de nombreuses études de cas que ces changements sont porteurs de succès. Ainsi, le passage d'une intervention extérieure toute-puissante à un rôle plus secondaire s'est opéré en ce qui concerne la conception, la planification et l'exécution et les coûts ont également baissé nettement, surtout après un effort de formation et d'appui aux capacités d'action des communautés (Shah, 1994).

Une participation réussie entraîne donc des bouleversements essentiels, certainement au niveau des attitudes et des comportements des professionnels mais plus sûrement au niveau des rapports de force qui s'instaurent entre les différents acteurs du développement (Scoones et Thompson, 1994). Ce sont des défis pour les organismes de développement qui souhaitent mettre en œuvre une approche participative de la CES et, plus généralement, de la gestion des ressources naturelles.

Conclusion

Contribuer à une gestion plus efficace de l'environnement en Afrique est un défi majeur. Trois remarques ressortent de notre première analyse des actions locales de conservation de l'eau et des sols et des capacités locales à préserver le sol dans l'avenir.

Premièrement, nous devons nous méfier des idées simples pour traiter un « problème » complexe. On dépense beaucoup d'énergie à la conception et l'élaboration de « solutions », mais on accorde peu de temps à la compréhension du problème. Nous devons nous demander d'où vient la définition d'un problème : quelles sont les données qui sont utilisées pour décrire le problème ? quelles sont les preuves sur lesquelles on s'est appuyé et quelles sont les questions qui ont été omises ? quels sont les intérêts politiques identifiés par la description d'une situation ? Plus on réfléchira sur les propositions qui sont faites par les différents acteurs du processus de développement, plus on pourra trouver des solutions positives.

Deuxièmement, nous devons reconnaître que les techniques n'existent pas uniquement sur le plan technique mais font aussi partie d'un contexte à la fois social et économique. Une technique doit être souple et flexible pour pouvoir s'accorder avec les besoins de la population, avec les conditions locales de l'environnement et avec les facteurs économiques. Des prescriptions et des conceptions trop rigides conduisent à l'échec.

Troisièmement, les approches participatives ne sont pas simples bien qu'elles soient très souhaitables. Le fait de vouloir privilégier à tous prix « la gestion par la communauté » peut masquer d'importantes différences entre les hommes et les femmes, entre les jeunes et les vieux, entre les riches et les pauvres. Toute intervention affecte inévitablement l'équilibre d'intérêts existant entre les individus, entre les groupes et entre ceux qui gagnent et ceux qui perdent. La prise en compte de ces aspects est essentielle pour pouvoir estimer les conséquences politiques de l'activité de développement. Il s'agit donc de reconnaître l'existence des conflits au lieu de les ignorer et d'encourager la mise en œuvre d'un processus de dialogue et de choix entre tous les acteurs chargés de la planification et de l'exécution du développement.

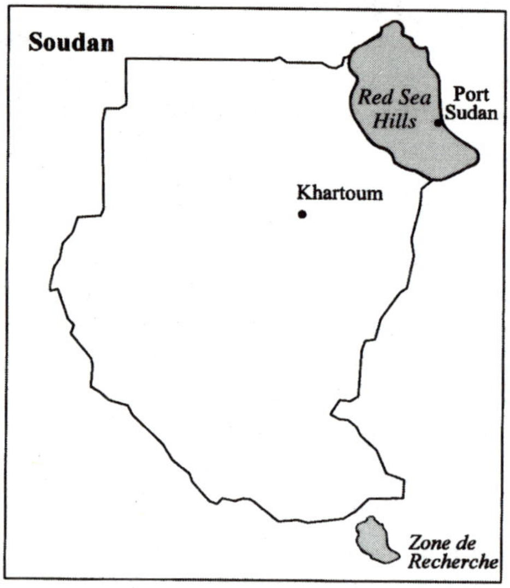
Soudan
Red Sea
Hills
Port
Sudan
Khartoum
Zone de
Recherche

2

Valorisation d'un savoir local

La collecte des eaux dans les Red Sea Hills au nord-est du Soudan

Mohamed Osman EL SAMMANI
Sayed Mohamed Ahmed DABLOUD

Certaines méthodes de conservation de l'eau et des sols (CES) sont utilisées depuis des siècles dans les Red Sea Hills au Soudan. Les puits creusés manuellement et les digues en terre fournissent l'eau pour l'alimentation et l'agriculture qui ont permis aux agriculteurs et aux éleveurs d'exploiter le potentiel agricole limité de la région. Ce chapitre souligne l'importance persistante des techniques endogènes de culture pluviale dans une région qui serait incapable, sans elles, de supporter le poids d'une présence humaine.

Présentation de la région et de sa population

Les Red Sea Hills occupent la partie nord-est du Soudan bordée à l'est par la mer Rouge. D'une superficie totale de 219 920 km^2, cette région est dominée par des montagnes, des collines ou des terres ondulées parsemées de vallées relativement étroites et qui sont localement connues sous le nom d'oueds (ou *khor*). Le bord occidental de la grande vallée du Rift forme un escarpement élevé, composé de vieux granites, et s'étire du nord au sud sur près de 20 à 40 km à partir de la côte. Cet escarpement s'abaisse brusquement en direction de la mer et s'ouvre sur de vastes plaines deltaïques.

Le couvert végétal naturel se limite aux terres basses de la bande côtière et des lits des oueds. Les versants des montagnes et des collines sont dénudées à cause de la faible pluviométrie, du ruissellement rapide et du manque de sol. Ainsi, les seules plantes qui subsistent dans un milieu aussi aride sont des plantes de types désertique et subdésertique. Les espèces forestières qui dominent dans l'arrière-pays, lorsque l'on s'éloigne de la plaine côtière, sont le *samer* (*Acacia tortilis*) et le *sayal* (*Acacia raddiana*). La densité des arbres est en général plus forte sur les bons sols des rives des oueds et des dépressions bien drainées. Les arbres sont une ressource vitale pour ceux qui vivent dans ce milieu inhospitalier : ils fournissent à la fois de l'ombre, du fourrage pour le bétail et du combustible pour les besoins domestiques ; ils protègent les systèmes d'oueds contre l'érosion que provoqueraient des crues subites.

La population rurale des Red Sea Hills est composée de quatre grands groupes ethniques, les Beja, les Beni Amer, les Rashaida et les Fellata, ainsi que quelques réfugiés qui sont arrivés là récemment, principalement d'Érythrée. Les Beja forment le groupe social dominant de la région, à la fois par le nombre et par l'antériorité de sa présence dans la région. Ils dépendent de la transhumance du bétail sauf dans les deltas du Gash et du Tokar où l'agriculture irriguée est pratiquée sur les terres basses et plates de la frange côtière.

La transhumance du bétail

Les animaux jouent un rôle important dans cette zone aride parce qu'ils fournissent à la fois de la nourriture, de l'argent et un certain statut social dans la communauté. Ils sont aussi les mieux adaptés aux conditions d'exploitation de la région. Les bovins ne peuvent pas survivre dans les conditions arides des Red Sea Hills et ne se trouvent que dans les riches terres irriguées des deltas du Gash et du Tokar où le couvert végétal est plus dense. Par contre, les chèvres s'accommodent du faible potentiel végétal et sont des producteurs essentiels de lait et de beurre, les deux principaux produits qui, avec le sorgho, satisfont les besoins alimentaires de la population ; la plupart des familles beja entretiennent une dizaine de chèvres et quelques foyers élèvent aussi des moutons et des chameaux.

Les pasteurs pratiquent la transhumance avec leurs familles qui se déplacent à partir des villages le long du cours des oueds. Les tribus sont habituellement propriétaires des grands pâturages, chacune ayant des droits sur un secteur spécifique. La plupart du temps, chaque groupe ethnique possède un territoire qui inclut un système d'oueds et la présence de puits qui ont été creusés pour l'approvisionnement en eau. A l'intérieur de ces ensembles, chaque cellule familiale jouit de droits identiques sur les pâturages. Une partie de la famille, le plus souvent des hommes, se déplacent avec leur bétail de leur lieu d'habitation permanente vers des campements saisonniers où l'herbe pousse plus facilement. La vaine pâture est autorisée aux environs des oueds aux étrangers du lieu et à certaines périodes de l'année, mais les groupes qui sont ainsi traditionnellement admis à entrer dans le pâturage n'ont pas le droit de creuser des puits. Les Beja sont conscients de l'importance des arbres pour l'équilibre hydrologique global de la région : le ramassage du bois mort est autorisé mais la coupe des arbres vivants est interdite. L'accès au pâturage communautaire est donc strictement réglementé par chaque groupe ethnique et contrôlé par tous les membres des familles qui composent le groupe.

Les puits creusés manuellement

Les peuplements permanents que l'on rencontre le long des oueds se caractérisent par la présence de puits creusés manuellement. Ceux-ci sont situés près des habitations et la plupart d'entre eux sont utilisés depuis des temps immémoriaux pour satisfaire les besoins de la population en eau domestique.

> « Il y a 5 puits permanents dans le lit du khor qui permettent un bon approvisionnement en eau. L'un des puits a près de 17 m de profondeur avec une hauteur d'eau d'environ 5,5 m. Le fait que la population locale puisse afficher une telle opiniâtreté pour creuser des puits semblables me surprenait beaucoup mais le guide ainsi que la police m'informèrent alors qu'ils avaient été construits par les anciens avec des masses en pierre » (Colchester, 1929, p. 6).

Les puits creusés manuellement sont localisés de manière éparse, en fonction des nappes phréatiques des oueds et de quelques deltas où il y a un ruissellement de surface. Dans les tribus, les spécialistes qui déterminent les sites appropriés au creusement de puits sont guidés par leur expérience ; cependant, la plupart du temps c'est autour des pâturages ou près des zones de peuplement qu'on choisit de les réaliser. Une fois le choix du site déterminé, les puits sont creusés par les membres de la communauté en utilisant des outils locaux pour des profondeurs variant de 3 à 15 m et un diamètre d'environ 1,5 m dans la plupart des cas. Le revêtement dépend des ressources naturelles disponibles telles que les pierres, les briques, le bois ou des branches d'arbres ou d'arbustes entremêlées.

La durée de la présence d'eau dans les puits dépend de la nature de la nappe phréatique, de l'exploitation plus ou moins permanente que l'on en fait et de la richesse de la ressource hydrologique, certaines nappes pouvant être peu profondes et temporaires. La salinité de l'eau est le problème majeur, en particulier pour les puits qui sont localisés près de la mer et dont l'eau n'est consommable que par les animaux. Il est indispensable que les nappes soient réalimentées chaque année par les eaux de ruissellement de surface pour recharger les puits et pour réduire les taux de salinité de leur eau. Sans les puits, il n'y aurait pas de foyers permanents de peuplement.

L'agriculture des Beja

Les Beja ont intégré l'agriculture dans leur mode de vie pastoral en pratiquant la culture du sorgho et du mil en petites parcelles sur les plaines qui bordent les oueds. En conséquence, la répartition de la population le long du cours des oueds n'est pas seulement déterminée par l'accès aux pâturages et aux puits pour la fourniture de l'eau domestique mais aussi par la disponibilité des terres agricoles, par l'existence de marchés et par l'accessibilité des transports routiers. Les terres argilo-limoneuses sont localisées sur les rives des oueds et sont aujourd'hui les sols les plus recherchés pour les cultures car leur capacité de rétention de l'eau est élevée et ils sont faciles à cultiver.

La géomorphologie des oueds reste le facteur essentiel pour désigner les sites favorables à l'agriculture ; elle détermine la disponibilité des terres qui seront mises en culture ainsi que la période et l'intensité des crues. Les inondations se produisent pendant les deux saisons pluvieuses, la période hivernale d'octobre à février et la période estivale de juillet à octobre. Les pluies d'hiver sont vitales pour la croissance des plantes. Les Beja sèment une variété tardive de sorgho qui exige normalement quatre mois pour arriver à maturité ; la surface ensemencée dépend de l'intensité des inondations et de la superficie inondé.

L'existence des deux saisons pluvieuses est garantie de fait mais le total des précipitations est, lui, très aléatoire, particulièrement dans le nord et l'est où de nombreuses zones doivent supporter plusieurs années sans pluie. Cette région souffre régulièrement de sécheresse généralisée, telle que celle qui a sévi en 1984 durant laquelle les eaux firent défaut dans presque tous les systèmes d'oueds et dont les précipitations furent très déficitaires. Il est très difficile d'évaluer l'impact de variations aussi brutales sur l'agriculture, mais il est généralement admis que, sur une période de cinq années, il y a seulement deux bonnes années agricoles.

Les aménagements hydrauliques

La manière la plus évidente de contrôler les eaux qui coulent dans les oueds consiste à construire des barrages de dérivation pour diriger les eaux vers les champs de chaque côté du lit des oueds. Le problème qui se pose alors est que les oueds peuvent changer radicalement leur cours comme on s'en est rendu compte dans les années 50 quand un barrage fut construit à El Garad ; quinze ans après cette construction, l'oued s'est déplacé en laissant derrière lui un barrage sans objet et situé à une distance considérable du cours actuel. Les barrages ne suffisent pas pour faire face aux crues subites qui ont lieu pendant la saison des pluies ; les Beja ont donc opté pour le développement d'une gamme de techniques de CES plus large et plus efficace que les barrages pour capter l'écoulement de surface à partir des oueds.

Une technologie locale, simple et bien adaptée

Les techniques appliquées sont simples, fondées sur des technologies locales transmises de génération en génération et utilisant tous les types de matériels disponibles. La méthode la plus fréquente est la construction de digues en terre en travers des lits des oueds ; elles suffisent pour que les eaux des ravins soient déviées et qu'elles se répandent dans les champs situés plus loin.

Chaque digue est différente car elle est construite en fonction de la forme du ravin et de l'intensité des eaux qui s'y écoulent. On a construit des digues qui ont la forme de grands arcs de cercle dans des lits d'oueds qui ne sont pas trop escarpés ou trop profonds et où l'eau coule dans différents chenaux. L'eau est captée à l'intérieur de chaque arc de cercle qui est ensuite semé avec du sorgho. Ces digues sont basses, d'une hauteur n'excédant pas 1 mètre, mais un ensemble de digues peut entourer jusqu'à 200 feddans (un peu plus de 80 hectares). On construit aussi des digues latérales ainsi qu'une grande variété de digues transversales de modèles très divers ; elles courent le long des rives des oueds pour concentrer les eaux de crues sur les terres cultivées ; souvent, les digues transversales et latérales sont combinées pour optimiser l'utilisation du ruissellement de surface à partir des oueds.

Figure 2.1

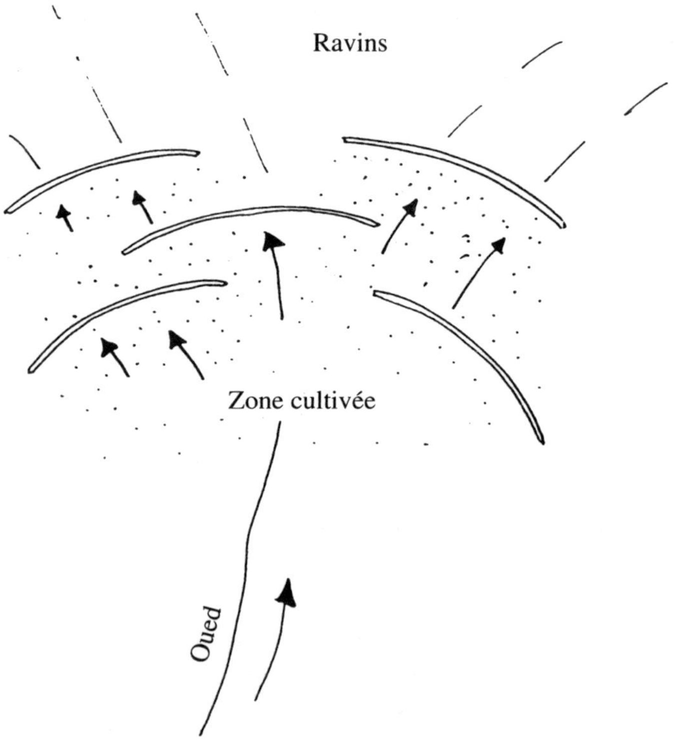

Système de digues basses en arcs de cercle

A côté de ces ouvrages de première importance, les agriculteurs beja élèvent différentes petites structures sur leurs parcelles (voir figure 2.1). Il est possible d'améliorer l'infiltration de l'eau par un aplanissement des terres et par le travail du sol ; dans cette hypothèse, les sols profitent à la fois des aménagements de CES, du dépôt de sédiments, de l'aplanissement des surfaces et de la destruction des croûtes ; l'apport régulier de matières organiques peut améliorer leur texture.

Les besoins de main-d'œuvre

Dans l'ensemble, il n'y a pas de contradiction entre les besoins de main-d'œuvre de l'agriculture et ceux de l'élevage car les troupeaux sont de petite taille et ne demandent qu'une surveillance légère pendant la saison des pluies, période qui exige une gestion minimale du bétail. Le système de production agricole est en harmonie avec le système social des Beja.

Les contraintes de travail pour la construction et l'entretien des ouvrages de CES varient considérablement d'un site à l'autre ; ceci s'explique par des différences dans les superficies exploitables et dans le volume du travail qu'elles entraînent. Les travaux essentiels sont habituellement exécutés de manière communautaire sous le contrôle du cheikh. Sur les terres qui appartiennent à des particuliers, les membres de la famille au sens large travaille sous la supervision du chef de famille.

Dans chaque cas, la terre est creusée au moyen de bêches, de pelles, de haches et de paniers, et les digues et les banquettes sont végétalisées afin de stabiliser les ouvrages ; de plus, des pierres et, à l'occasion, des sacs plastiques remplis de sable sont placés pour renforcer la stabilité des digues.

La plus grande partie de l'entretien de ces ouvrages est effectuée avant que la saison des pluies ne commence mais, quand elle est installée, les eaux des crues ouvrent fréquemment des brèches dans les digues et inondent les champs ; il faut alors réparer.

L'organisation sociale

Les communautés agricoles beja sont de petite taille, avec des propriétés foncières inférieures à 1,2 ha environ ; elles sont souvent occupées de manière saisonnière sauf si elles sont équipées d'un puits qui permet une occupation permanente.

Le fait essentiel pour les pratiques de CES des Beja est que l'agriculture est une activité communautaire, qu'elle soit pratiquée par un sous-groupe de la tribu ou par une famille plus large. Même ceux qui ne possèdent pas de terre mais qui sont associés d'une manière ou d'une autre au groupe ont un droit d'accès à la terre cultivable garanti par le versement d'un tribut au propriétaire. Dans ce contexte, la différenciation fondée sur la richesse ou sur le droit de propriété ne joue aucun rôle dans l'acquisition de la terre dans la région des Red Sea Hills. La solidarité du groupe et le droit établi font que tout adulte mâle, membre d'une famille, a la possibilité de pratiquer l'agriculture s'il le souhaite ; en cas d'absence, les chefs de famille sont remplacés par des parents pour cultiver à leur place.

Les femmes ont des rôles spécifiques dans la vie de la famille comme la fabrication du lait, du beurre, du fromage, etc., aller chercher de l'eau au puits ou dans l'oued, ramasser le bois de chauffage et soigner les petits animaux domestiques lorsqu'ils sont malades ; en général, elles ont une position inférieure à celle des hommes qui les dominent complètement et elles ne sont pas impliquées dans l'agriculture ou dans la construction des ouvrages de CES.

Les vallées des oueds constituent évidemment les ressources en terre et en eau les plus aptes au développement dans la région des Red Sea Hills. Il n'est donc pas surprenant que les gouvernements aient cherché constamment à les valoriser pour améliorer la vie des communautés locales en mettant en œuvre des programmes dont certains ont connu une plus grande réussite que d'autres. Leurs objectifs sont multiples : améliorer l'approvisionnement en eau, accroître la production de sorgho et créer des centres pour faciliter l'accès des populations aux services.

L'un des programmes les plus remarquables lancés par le gouvernement dans cette zone est celui de la conservation des sols, de l'utilisation des sols et de la gestion de l'eau (SCLUWPA). Ce programme d'État a débuté en 1986 et vise à promouvoir les techniques de CES dans l'ensemble des Red Sea Hills ; il a d'abord commencé dans les zones où ces pratiques étaient bien ancrées pour les étendre à des zones nouvelles, avec une priorité accordée à la production de sorgho destinée à la consommation familiale mais aussi à la vente. La finalité de ce programme est en fait d'accroître le savoir que la population doit acquérir dans le domaine de la CES ; sa réussite dépend entièrement de la participation des communautés à son exécution.

Dès le démarrage de l'action du SCLUWPA en 1986, on a observé une augmentation notable, d'une part, des superficies récupérées pour l'agriculture et des fournitures de machines, de matériels agricoles et d'intrants nécessaires pour leur mise en valeur et, d'autre part, du nombre des familles pratiquant l'agriculture et de femmes participant aux programmes de développement agricole. Le programme intitulé « Femmes dans l'agriculture de subsistance » a pour but d'intégrer les femmes et d'améliorer leurs capacités en matière de techniques de récupération des sols, de gestion de l'eau et de pratiques agricoles.

Sur le plan technique, l'amélioration des conceptions techniques associée à l'utilisation de machines et à la fourniture d'outils ont augmenté la capacité des ouvrages de CES et facilité la participation communautaire à la récupération des terres et à l'entretien des ouvrages de conservation ; les digues et les banquettes en terre ont amélioré l'efficacité des pratiques actuelles de CES.

Les activités locales de CES se développent rapidement dans la région des Red Sea Hills. Ce chapitre démontre clairement que les méthodes locales de conservation de l'eau sont fondamentales pour l'agriculture dans ce milieu aride car elles sont les plus aptes à fournir de l'eau pour irriguer les cultures en utilisant une technologie simple et du matériel localement disponible. Le système agricole utilisé actuellement est intégré par de multiples aspects au mode de vie des Beja, à la fois aux plans écologique et économique.

Il est possible d'anticiper et d'envisager l'extension des aires cultivées, l'amélioration des techniques et une implication croissante des communautés agricoles dans de nouvelles techniques de conservation de l'eau et des sols.

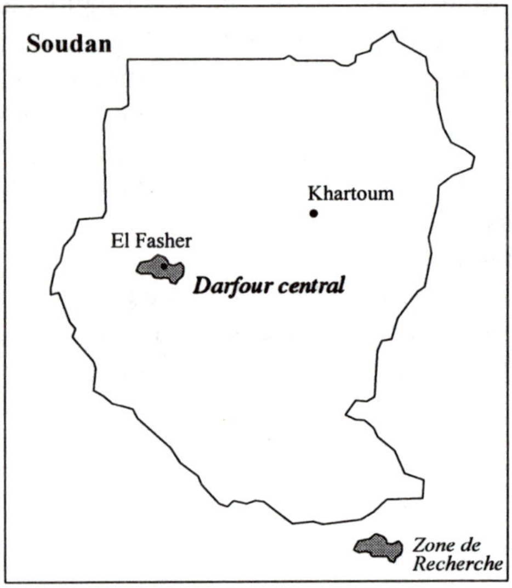
Soudan
Khartoum
El Fasher
Darfour central
Zone de
Recherche

3

Sécheresse et changements

Progrès des techniques de collecte des eaux dans le Darfour central au Soudan

Yagoub Abdalla MOHAMED

Le Darfour central est l'une des régions du Soudan les plus affectées par la sécheresse. La sécheresse des années 1983-1985 a eu d'importantes répercussions sur les conditions démographiques et socio-économiques de cette région. Une grande partie de la population a émigré à cause de la famine et des conséquences sur l'environnement de la désertification et de la sécheresse. Ce phénomène s'est accompagné de conflits entre tribus, de l'extension des bidonvilles et de modifications dans les conditions d'exploitation du bétail et de la production agricole. Durant cette période, de nombreuses personnes ont perdu plus de la moitié de leur bovins ainsi que des moutons, des chèvres et des chameaux.

Ce chapitre s'intéresse à la province d'El Fasher, région qui a reçu un important flux de population en provenance d'autres zones du Soudan accablées par la sécheresse. Pour faire face à la baisse importante des ressources agricoles due à la rareté des pluies, la technique locale de valorisation des oueds par la collecte de l'eau s'est répandue dans toute la région.

Présentation de la région et de sa population

Le Darfour central est situé sur les marges septentrionales de la zone de convergence intertropicale. C'est pourquoi la majeure partie de cette région est touchée par un déficit en eau même pendant la saison des pluies de juillet à septembre au cours de laquelle tombent plus de 80 % du total des pluies. En juin, le mois le plus chaud, les températures montent régulièrement au-dessus de 45°C et en janvier, le mois le plus froid, les températures sont voisines de 18°C.

Avant la sécheresse de 1983, El Fasher avait une population de 283 855 habitants (recensement de 1983). En 1993, la population comptait 582 090 habitants dont environ 362 090 étaient des sédentaires et le reste des migrants qui se déplaçaient avec leur bétail à la recherche de pâturages et de terres de culture.

Cette rapide croissance de la population s'est traduite par une pression importante sur les ressources naturelles de la région. Les ethnies autochtones combinaient traditionnellement les cultures et l'élevage alors que les nouveaux migrants de la tribu Zaghawa associaient le pastoralisme à une très faible activité agricole.

La répartition en quantité et en intensité des pluies utiles pour l'agriculture dépend des conditions topographiques de la région. Les pentes orientales du Jebel Murra, bien drainées par des oueds et des ravins, forment le bassin versant de trois oueds (Wadi Kutum, Wadi El Kej et Wadi Abu Hamra) qui sont les affluents du Wadi El Ku, la principale rivière de la région.

Les plaines d'inondation des trois affluents et les rivages de la rivière Wadi El Ku sont riches en dépôts d'alluvions limoneuses à argilo-sableuses. Les dépôts fréquents de sédiments modifient le cours des oueds, constituant ainsi des plaines d'inondation propices à l'agriculture. Ces plaines sont cultivées lorsque les eaux de l'oued se retirent ce qui permet d'utiliser la plupart des techniques de culture traditionnelle et d'irrigation sur des terres fertiles qui présentent de bonnes qualités de rétention de l'eau.

Les plaines argileuses, qu'on trouve surtout dans les zones situées entre les oueds, sont attribuées à l'action du ruissellement en nappe. Elles occupent de larges surfaces bien qu'elles soient localement recouvertes de sable ou entaillées par des ravines. Les argiles gonflantes sont caractérisées par une faible perméabilité et une forte salinité et ne sont pas beaucoup utilisées pour l'agriculture sauf durant les années bien arrosées.

Des dunes de sable couvrent la partie orientale de Wadi El Ku. Ces dépôts sont consolidés et stabilisés par la végétation, en particulier par l'*Acacia senegal* qui donne la gomme arabique. Ces sables sont relativement poreux et composés de grains grossiers qui absorbent toutes les eaux de pluies et les emmagasinent jusqu'à épuisement suite à la croissance des plantes ou à l'évaporation. Les terrains sableux sont utilisés pour la culture extensive du mil et du sésame. Cependant, dans les zones où l'élevage et les cultures ont réduit la croissance des arbres, on voit augmenter les signes de désertification et de mobilisation des sables.

Afin de minimiser les risques liés à l'agriculture, de nombreux agriculteurs pratiquaient la culture itinérante à la fois sur les sols sableux et les alluvions argileuses. Les sols sableux étaient utilisés pour la culture du mil, du sésame et de l'arachide qui étaient les bases principales d'une polyculture servant à subvenir aux besoins de la famille ; par ailleurs les sols argileux étaient cultivés à l'aide de techniques de collecte de l'eau pour faire pousser du sorgho, des légumes et parfois des cultures de rente comme le tabac.

Les méthodes traditionnelles de conservation

La méthode traditionnelle de conservation de l'eau du Darfour central comprend la collecte des eaux de ruissellement par la construction de petites diguettes en terre appelés *tru* (*tera* au singulier). Les origines de cette technique résident probablement dans le jardinage familial ou *jubraka,* un jardin privatif tenu par les femmes qui faisaient pousser des cultures à croissance rapide et des légumes comme le gombo, les potirons et les concombres. Quand la taille des villages a augmenté ainsi que le nombre de bêtes laissées à la maison, les femmes commencèrent à étendre la pratique du *jubraka* à l'extérieur des limites de la maison. Dès lors, elles entreprirent sur de petites surfaces aménagées avec des *tru* de produire les mêmes plantes pendant que l'agriculture familiale tirait profit des sols sableux pour ses besoins de subsistance.

Récemment, considérant que l'agriculture sur les sols sableux était devenue aléatoires et incapable de subvenir aux besoins familiaux, la production agricole de base devait prendre une autre orientation pour trouver d'autres sources d'eau et accroître l'humidité des sols. La culture traditionnelle basée sur l'utilisation des *tru* répondait à cette question.

Comment fonctionnent les tru ?

Les diguettes stoppent ou piègent l'écoulement en nappe qui s'est formé après les orages sur des surfaces représentant deux à trois fois celle des parties cultivées. En 1964, on a assisté à la première tentative locale de construire une digue plus grande à travers le cours du Wadi El Ku : le résultat fut une très bonne récolte de sorgho pour les agriculteurs. Ceci prouvait aux villageois qui habitaient dans la zone très sèche que l'unique source d'eau qui pouvait être utilisée de manière assez sûre était l'eau de ruissellement. C'est pourquoi de nombreux agriculteurs ont commencé à pratiquer la culture sur les sols argileux au moyen des *tru.*

Figure 3.1

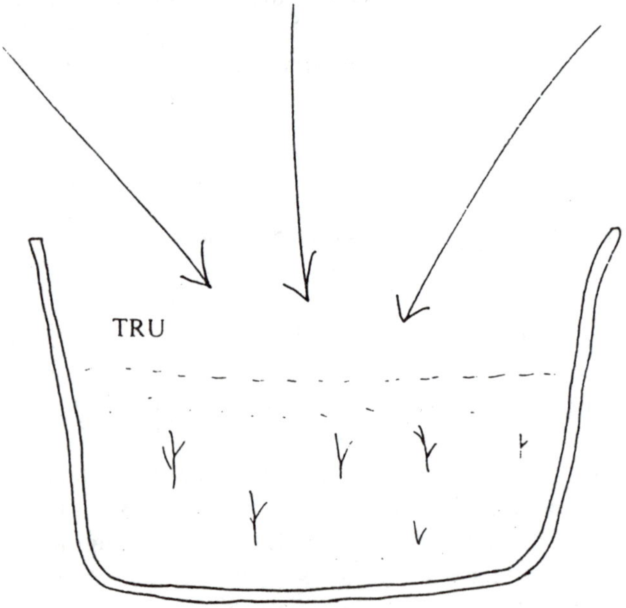

Diguette de terre

Fonctionnement du système des *tru*

Le schéma technique des *tru* est simple. Une diguette de terre en forme de U est construite à travers la pente face à la surface de captage. L'écoulement en nappe est ainsi piégé par la *tera*. Le plus délicat lorsqu'on édifie une *tera* est de trouver le bon rapport entre la pente, la surface de captage, l'inclinaison et la taille de celle-ci. Cela n'est pas simple à obtenir et les agriculteurs passent beaucoup de temps à affiner leur installation. Un *tera* typique présente une base de terre dont la largeur est fonction du volume de terre et de la main-d'œuvre disponibles. A cause de la quantité de travail nécessaire pour construire de tels ouvrages, la zone cultivée est en général petite, de l'ordre d'1 ha.

Les digues d'épandage

Depuis peu, les agriculteurs des villes et les commerçants ont commencé à s'impliquer dans des projets de digues d'épandage. Les cours des oueds sont détournés à l'aide de digues de terre, et l'eau est conduite

Figure 3.2

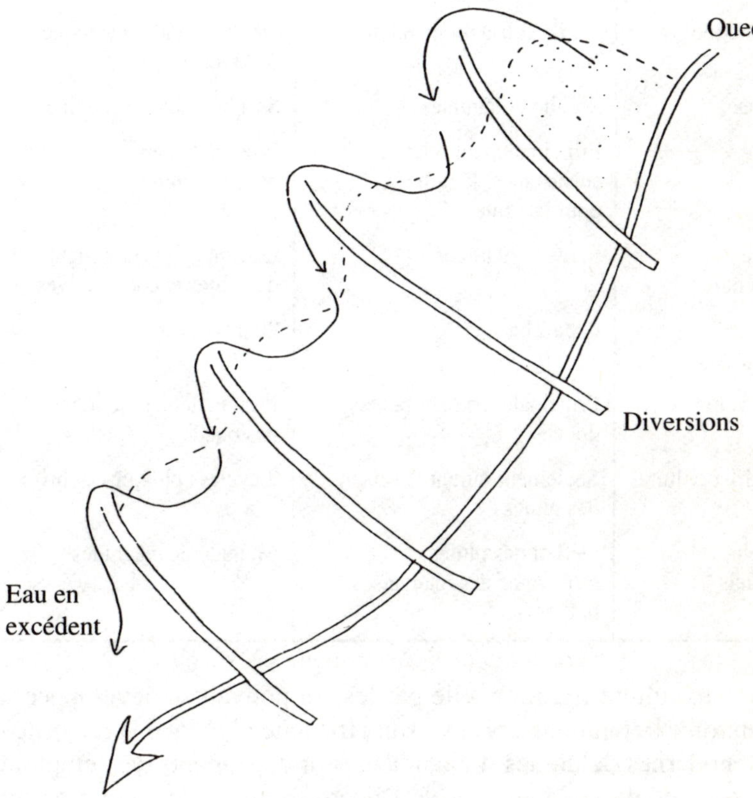

Digue d'épandage à partir de l'oued

dans les terres agricoles par de petits canaux. On trouve à la fois dans la région les deux systèmes (la *tera* traditionnelle et les projets de digues d'épandage), mais leur situation est différente ainsi que leur mode d'alimentation en eau. Le tableau suivant présente les principales différences :

Tableau 3.1

Comparaison des techniques modernes et traditionnelles de collecte des eaux

Dispositif	Collecte traditionnelle de l'eau	Digues modernes d'épandage
Alimentation en eau	Pluie et ruissellement en nappe	Précipitations et oueds
Méthode	Construction de diguettes en terre et culture à l'amont	Grands digues de terre, culture sur sols humides à l'amont
Construction	Outils et travail manuels	Déplacement mécanique de la terre
Cultures	Sorgho et légumes	Sorgho, tabac et légumes
Finalité	Principalement pour la subsistance, légumes pour la vente	Principalement pour le commerce
Type de propriétaire	Petits agriculteurs	Commerçants et agriculteurs des villes et coopératives
Taille des exploitations	0,8 à 2 ha	20 à 80 ha
Localisation	Principalement sur pentes douces	Principalement le long des oueds
Calendrier cultural	Seulement durant la saison des pluies	2 cycles : pluvieux et hiver
Problèmes potentiels	Déficit des pluies, croissance des mauvaises herbes	Manque de machines

Ainsi, la culture traditionnelle par les *tru* pouvait se développer sans intervention extérieure et a prouvé son efficacité alors que la majorité des projets modernes de digues d'épandage sont dépendants de l'emploi des engins pour déplacer la terre et de l'investissement de capitaux importants. De nombreux projets du secteur privé ont été menés avec succès et ont donné des résultats encourageants, alors que les projets mis en œuvre par l'État et les coopératives ont souffert de problèmes de gestion et d'un manque d'accès aux engins.

Le nombre important d'acteurs engagés dans la culture traditionnelle par les *tru* et par les techniques modernes de collecte de l'eau prouve la réussite de la revalorisation récente des techniques locales de collecte de l'eau pour les cultures.

Tableau 3.2

Les acteurs impliqués dans la culture par les *trus*

Petites exploitations de subsistance	Groupe principal impliqué dans ce type de culture. Petites exploitations produisant des cultures de subsistance et demandant un important travail familial et l'apport de tierces personnes pour s'assurer la sécurité alimentaire. Usage d'outils rudimentaires pour bêcher et sarcler. La plupart des agriculteurs cultivent du mil sur les sols sableux en culture pluviale et du sorgho sur les sols argileux par le système des *tru*.
Femmes impliquées dans la culture de subsistance	Elles contrôlent complètement la culture des légumes en utilisant le système des *tru*. Ces légumes sont consommés par la famille ou vendus au marché. Forte concurrence des légumes produits par les projets de digues d'épandage.
Petits agriculteurs qui pratiquent le *tru* pour le commerce	Dans certains villages, production du tabac comme culture de rente. L'argent gagné sert à acheter des produits de subsistance.
Commerçants et agriculteurs des villes	Les commerçants cultivent du sorgho et des légumes pour la vente ; les agriculteurs des villes combinent cultures de subsistance pour la sécurité alimentaire de la famille et la vente de légumes.
Coopératives	Elles produisent des cultures de subsistance en utilisant les digues d'épandage construites par des moyens mécaniques. En étant membres de coopératives, les paysans pauvres utilisent les crues des oueds plutôt que d'être dépendants du ruissellement en nappe.
Participation du gouvernement	Les moyens mécaniques sont sous le contrôle direct du gouvernement ou répartis localement par la location aux agriculteurs. Ceux-ci sont encouragés à la fois par des subventions ou par la distribution de semences améliorées et de quelques services supplémentaires.

Les avantages de la culture avec les tru

Le nombre important de paysans utilisant le système des *tru* prouve l'efficacité de cette technique de collecte de l'eau pour résoudre les problèmes d'insécurité alimentaire dans le Darfour central. Cette technique est moins sensible à l'irrégularité et à la faiblesse des pluies. L'usage des *tru* donne également des rendements par hectare plus élevés que l'agriculture en sec, avec une moyenne de 5 à 7 sacs de sorgho par demi-hectare ce qui est beaucoup mieux que les 2 à 3 sacs de mil obtenus sur sols sableux en année normale. La contrainte majeure dans cette région est le manque de main-d'œuvre. Sur les sols sableux, on doit désherber très rapidement après les pluies pour que les cultures profitent au maximum de l'humidité des sols. Les alluvions argileuses sont plus difficiles à travailler que les sols sableux et demandent une main-d'œuvre plus importante, mais ils ont une meilleure capacité de rétention de l'eau et conservent leur fertilité plus longtemps.

Les digues d'épandage et les *tru* ont aussi permis aux agriculteurs de diversifier leurs cultures, d'obtenir de meilleures chances d'accroître leurs revenus et d'améliorer l'alimentation de la famille. La collecte de l'eau a permis d'allonger la saison agricole en intégrant les mois d'hiver jusqu'en mars. Cela a permis aux agriculteurs de produire des cultures comme les tomates, les pastèques et les concombres qui sont récoltés en juin ou juillet (hors saison) et de faire à cette époque d'importants bénéfices. Enfin si la tendance en faveur de la collecte des eaux sur les sols argileux se confirme, les sols sableux auront ainsi la possibilité de mieux réparer les effets de la désertification.

Les inconvénients de la culture avec tru

En dépit des succès enregistrés, il existe un certain nombre d'inconvénients associés aux techniques des collectes des eaux de ruissellement et d'épandage des crues.

– Disparition de la propriété communautaire

La culture avec *tru* s'est développée selon des droits coutumiers de tenure des terres qui protégeaient les droits de l'usager. Les habitants de la région ont leurs droits coutumiers et traditionnels qui règlent l'usage des terres. Les chefs de tribus et les cheikhs sont responsables de l'allocation des terres qu'ils gèrent. Cependant, l'extension de la technique des digues d'épandage a engendré des changements importants affectant les bases du système traditionnel de tenure des terres.

On dénombre quatre formes principales de propriété des terres :

• *Ghifar,* propriété communautaire ou tribale de terres inoccupées ; celles-ci sont utilisées pour l'élevage et pour la collecte de la gomme arabique ; elles sont aussi considérées comme une réserve de terres pour de futures activités agricoles ;

• *Hakura,* terre aux mains de la famille ou du clan ; cette forme se situe hors des terres régies par le système tribal car les sultans ont laissé de larges secteurs sous le contrôle de certaines familles ou clans. Le droit d'utilisation et de location des terres se trouve aux mains d'individus appartenant au *hakura* ;

• Propriété individuelle, une parcelle est allouée à un individu par le cheikh, lui donnant ainsi tous les droits dont la possibilité de louer, de vendre et de donner en héritage la terre ;

• Bail d'État sur la terre ; celui-ci résulte de l'intervention de l'État par la location de terres à des actionnaires qui n'appartiennent pas à la communauté et qui sont essentiellement originaires des villes.

Les méthodes de culture avec *tru* ont pu se développer avcc une grande diversité grâce à la flexibilité des systèmes locaux de tenure des terres et à leurs capacités à s'adapter aux changements sociaux, économiques et environnementaux. En revanche, la construction de digues et autres ouvrages de CES a créé une tendance à la privatisation des terres car ces constructions conduisent à une appropriation permanente des terres ; cette évolution a été, de fait, favorisée par l'arrivée récente de migrants et d'agriculteurs urbains qui n'auraient pas dû pouvoir obtenir des droits forts sur la terre selon les lois coutumières de droit foncier. Les chefs de tribus s'emploient donc à défendre ces lois coutumières parce qu'elles garantissent les droits de la communauté plutôt que de les voir disparaître au profit du pouvoir de l'individu.

Ce conflit d'intérêt a un impact négatif sur le développement des techniques de collecte des eaux. Les migrants en particulier se sont vus refuser l'accès aux terres avec *tru* principalement parce que les autochtones craignent qu'ils revendiquent un jour la propriété des terres qu'ils auraient mises en valeur et cultivées. Ces changements ont créé des conflits entre les organisations traditionnelles garantes de la propriété communautaire et les individus qui cherchent à établir leurs droits privés individuels sur des terres. La propriété communautaire est de plus en plus menacée et les pauvres seront dépossédés de leurs terres si cette tendance persiste.

– Un engagement plus important dans les cultures de rente

La culture avec *tru* s'est accompagnée d'un engagement plus fort dans la production de légumes pour les vendre sur les marchés des villes. Cette évolution génère une augmentation des revenus mais, si elle se confirme, elle risque de conduire à un déficit d'approvisionnement en produits vivriers, surtout si on tient compte du haut risque associé à la production de produits de première nécessité sur les sols sableux et secs des hautes terres.

– Diminution de l'écoulement à l'aval

Les oueds du Darfour central sont des zones vitales pour les communautés qui vivent sur leurs rives. Ils remplissent d'eau les puits, *hafirs* et les barrages. Réalisés à grande échelle, les projets de digues d'épandage affectent l'écoulement de ces oueds et réduisent les volumes d'eau à l'aval. Désormais, les communautés installées dans les vallées inférieures des oueds seront probablement gravement affectées par le développement à l'amont des *trus* et des digues d'épandage qui détournent l'eau à des fins agricoles.

Résumé et conclusion

Le cas de la culture avec *tru* dans le Darfour central démontre à la fois l'efficacité d'un système traditionnel de conservation de l'eau ainsi que les inconvénients qui peuvent naître d'un tel succès. L'aspect de plus en plus commercial des *tru* s'oppose au contexte culturel local, en particulier aux droits coutumiers de tenure des terres. Cependant, si cette extension se poursuit et apporte une réponse aux problèmes locaux de sécurité alimentaire, il faudra aussi traiter des autres aspects du développement.

Néanmoins, la culture avec *tru* fait partie des traditions locales qui ont survécu parce qu'elle appartient au savoir technique de tous. Elle a survécu aussi parce qu'elle permet aux paysans de cultiver leurs produits principaux comme le mil sur les sols sableux et le sorgho sur les sols argileux pour assurer leur sécurité alimentaire. La complémentarité des cultures sur sols sableux et sur sols argileux maximise les potentialités de cette zone écologique et accroît la sécurité alimentaire de la région. Dans le milieu du Darfour central, la technique locale de collecte de l'eau est un système positif, mais sa modernisation et son extension demandent de la prudence pour maintenir un équilibre entre intérêts communautaires et privés.

4

La maîtrise de l'eau

Pratiques de CES dans le Haut Atlas marocain

M. Ait Hamza

Le bassin versant d'Assif Amgoun est situé à l'intérieur des montagnes de l'Atlas dans le Maroc central ; il est densément peuplé avec une moyenne de 28 habitants par hectare cultivé. La proximité du Sahara et les hautes altitudes font que cette zone est caractérisée par la rareté et l'irrégularité des pluies et par un fort écart de températures quotidiennes et saisonnières.

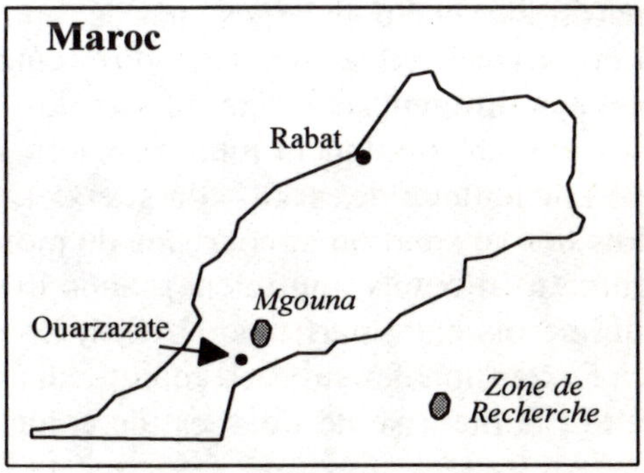

La végétation naturelle est limitée à quelques genévriers, chênes verts et à des plantes herbacées. L'extrême sécheresse de l'air, le froid de l'hiver, l'ampleur des fluctuations des températures quotidiennes et la violence des orages estivaux soumettent la région à une intense érosion des sols comme le montrent bien les fréquents éboulements rocheux arrachés à la montagne ou bien les débris rocailleux et les galets qui encombrent les lits des oueds.

L'utilisation des terres

Les secteurs favorables à l'agriculture sont dispersés et morcelés en fonction de la présence d'eau de surface dans les oueds. Un système complexe de gestion et de redistribution de l'eau entre les agriculteurs a été mis en place pour lutter contre l'irrégularité de l'approvisionnement en eau. Eau et sol sont les deux éléments vitaux qui déterminent l'occupation humaine et qui créent un contraste violent entre la frange luxuriante formée par les oasis et les immenses espaces vides qui les séparent.

Trois formes d'exploitation foncière coexistent dans la région : le système de la propriété privée (*melk*) est de loin le plus courant ; quelques petits *habous* sont rattachés aux mosquées présentes dans chaque lieu de peuplement ; enfin, la propriété collective est beaucoup plus rare. Les terres arables représentent tout juste 0,8 % de la surface totale du bassin et la propriété moyenne n'excède pas 0,7 ha.

La très petite taille des exploitations est le reflet des contraintes physiques et de la rareté des terres cultivables disponibles en raison de la forte pression démographique. Les différentes parcelles qui composent une propriété sont toutes très étroites et éloignées les unes des autres ; une exploitation de 3 ha peut être divisée en 60 parcelles différentes, situées dans trois lieux de peuplement différents et distantes de 30 km.

Pour survivre, les paysans pratiquent toute une série d'activités non agricoles, telles que la cueillette des fruits forestiers et, depuis peu, ils occupent des emplois liés au sport ou au tourisme de montagne (tels que guides, porteurs, gardiens d'hôtels, musiciens). Sans irrigation, aucune culture n'est possible dans cette partie de l'Atlas. La rareté des sols impose des limites à l'extension des cultures, mais l'eau est également un facteur contraignant et la maîtrise de l'eau est au cœur de la vie de la communauté.

Les diverses sources de revenu : agriculture, élevage, migrations du travail

Les cultures de base sont l'orge, le blé et le maïs, cultivés seuls ou en association. Les arbres ne font pas l'objet de soins particuliers et profitent de l'eau, des engrais et de l'entretien apportés aux autres cultures. Les espèces principales sont les figuiers, les amandiers, les abricotiers, les pêchers et les noyers ; on peut trouver aussi des grenadiers, des vignes et des pommiers. Aujourd'hui, la plupart des grands noyers ont été coupés. Des rosiers sont plantés sur les lisières des champs ou le long des canaux d'irrigation où ils forment des haies épaisses.

L'alimentation du bétail dépend du fourrage qui provient de la forêt et de la brousse arbustive. Les pâturages sont surexploités et ont souffert de la sécheresse et de l'érosion, ce qui contraint de plus en plus les propriétaires à acheter des fourrages (orge, son). Les troupeaux sont composés d'espèces locales, robustes mais peu productives. L'élevage et l'agriculture sont étroitement intégrés, chaque activité bénéficiant de l'autre. Les grands troupeaux sont rares, le troupeau moyen se composant d'une cinquantaine de petits ruminants et de 2,4 bovins. Il est rare de trouver un troupeau de plus de 400 têtes mais il est également rare de trouver des foyers sans aucun animal, chacun ayant au minimum quelques moutons et chèvres.

Depuis les années 50, cette zone est devenue une source essentielle de migration. Cette marée de migrants a créé une dépendance presque totale vis-à-vis des villes et des pays vers lesquels ils se sont déplacés. Les vieilles valeurs socioculturelles, politiques et économiques ont été bouleversées par l'argent qui a été injecté dans la région et par les comportements que les migrants ont ramenés avec eux. L'émigration a eu une influence considérable sur la consommation et sur les techniques de production. Elle a également favorisé le développement d'un nouveau dynamisme dans les domaines politiques et économiques. Les émigrants participent aux élections et prennent en charge les besoins de développement de la communauté tels que l'électrification, l'édification de mosquées, la construction de routes et des infrastructures sociales. Par-dessus tout, les migrants ont donné aux agriculteurs les moyens de louer ou d'acheter de nouveaux équipements, des outils et des terres.

Les techniques traditionnelles de CES

Il y a deux techniques traditionnelles de conservation de l'eau et des sols (CES) : les terrasses à flanc de coteau et les terrasses fluviales (photo 1).

Les terrasses à flanc de coteau ont pour but de créer des zones facilement cultivables en réduisant la pente, en formant un sol sur la terrasse ainsi aménagée, en limitant les pertes d'eau d'irrigation par la réduction de sa vitesse de ruissellement. La largeur des terrasses dépend de la pente et de la profondeur du sol, mais, en général, elle ne dépasse pas 10 m afin de limiter la hauteur du mur de terrasse et la distance sur laquelle la terre doit être transportée. Dans les zones de fortes altitudes, comme par exemple à Ouzighimt, des murs ont été construits avec des pierres sèches dans lesquelles des troncs d'arbres sont intercalés ; l'usage fréquent des troncs de genévriers, parfois plus que centenaires, dans la construction des terrasses met en évidence la richesse passée du couvert forestier ; actuellement, il ne reste que quelques reliques de genévriers et les murs de pierres sèches sont de plus en plus utilisés. En moyenne montagne, où la pente est douce et l'eau abondante, les terrasses sont en gradins serrés ; leurs murs sont construits avec des pierres sèches et sont renforcés par des racines d'arbres (vignes, amandiers, noyers) plantés au sommet du gradin.

Les terrasses fluviales permettent de protéger les champs et les cultures des inondations le long des oueds. Les rivières, aux lits profonds et étroits, connaissent des inondations puissantes qui provoquent une érosion totale des terrasses ou bien la disparition des champs sous les dépôts de graviers. Des haies sont plantées le long des fleuves et des torrents pour empêcher que les flots submergent les nouvelles terrasses et pour filtrer les dépôts les plus grossiers en permettant seulement le passage des particules fines qui vont fertiliser les terres. En même temps, ces haies fournissent du bois de feu, de construction et de menuiserie. Les arbres créent aussi un microclimat favorable à la croissance du fourrage. Les arbres et arbustes qui forment ces haies doivent être capables de s'adapter à des sols limono-sableux et nécessiter peu d'entretien ; les saules, les tamaris, les peupliers blancs et noirs, les roseaux, les lauriers et les ronces sont les espèces les plus populaires.

Ces techniques ont subi certains changements à partir des années 60. Le ciment et les gabions ont été introduits par le ministère de l'Agriculture mais les digues bétonnées ne résistent pas à la violence des courants ; elles sont trop compactes, leurs fondations sont trop légères et elles ne sont pas solidement construites. L'agriculteur n'est pas impliqué dans la conception des ouvrages et n'est donc pas concerné par leur efficacité ou leur durabilité. De plus, l'introduction massive de salaires payés pour la construction de ces digues a contribué au déclin du système traditionnel d'entraide mutuelle et communautaire.

Les techniques de CES sont indispensables dans les vallées étroites et pour l'irrigation, mais elles ont aussi l'inconvénient d'aboutir à la création de paysages composés de longues et fragiles langues de terre arable, ce qui rend impossible toute mécanisation. Les murs des terrasses et les haies vives protectrices occupent une superficie très importante qui équivaut à une perte d'espace dans une région où les terres arables sont si précieuses. Aujourd'hui, les fils des familles pauvres qui ont émigré et qui ont gagné de l'argent, ont acheté des terres ; leur intérêt pour l'agriculture est plus fondé sur leur position sociale que sur la production agricole. Les anciennes familles de riches propriétaires terriens souffrent maintenant de la concurrence des migrants et du manque de main-d'œuvre agricole à bon marché.

Il semble qu'il n'y ait pas eu d'abandon significatif des techniques traditionnelles et, dans certaines zones, il y a même eu une extension limitée ; il est vrai que ces vallées de montagne très étroites ont probablement atteint la limite de leur potentiel d'aménagement agricole et que l'agriculteur consacre déjà toute son énergie à préserver les terres récupérées contre les inondations provoquées par les oueds et les torrents.

Conclusion

Les techniques traditionnelles de CES développées dans le Haut Atlas du Maroc central représentent une adaptation aux rudes conditions de la montagne sèche. Leurs fonctions principales sont de prévenir l'érosion et de créer des terres arables irrigables sur des pentes escarpées et inhospitalières. La construction de terrasses par l'homme démontre l'ingéniosité des populations et explique leur profond attachement à ces petites parcelles construites pendant plusieurs générations. L'investissement de travail dans ces parcelles n'a aucune commune mesure avec son rendement économique mais sa valeur sociale est inestimable.

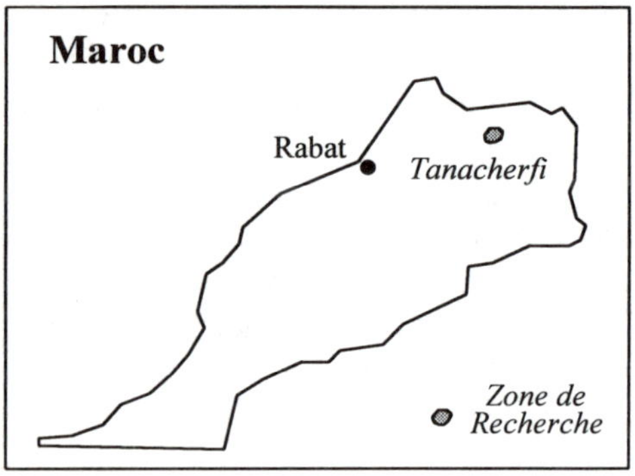
Maroc
Rabat
Tanacherfi
Zone de
Recherche

5

Montagnes, piémonts et plaines

Investir dans les techniques de CES au Maroc oriental

Miloud CHAKER avec H. El ABASSI et A. LAOUINA

Cette étude de cas sur les techniques traditionnelles de conservation de l'eau et des sols (CES) est localisée dans la zone intermédiaire entre la chaîne de montagne Horst et son arrière-pays septentrional. La zone est composée principalement de plateaux et de plaines dont le climat est à tendance aride ; les montagnes culminent à peine à 1 700 m et reçoivent en moyenne 450 mm de pluie contre environ 300 mm pour le piémont. Ces deux milieux différents sont complémentaires. Ainsi, les bergers semi-nomades exploitent alternativement les pâturages des montagnes et du piémont. Les montagnes ont un riche potentiel pour l'agriculture irriguée et pour l'élevage ; par contre, les plaines et les plateaux, où le contrôle de l'eau a toujours été un problème, se consacrent à l'agriculture pluviale et à l'élevage extensif et disposent seulement de quelques parcelles d'agriculture irriguée. Les montagnes offraient aussi à la population un refuge en temps de guerre ou de crises politiques ; elles apparaissent donc comme le milieu le plus attractif et elles sont, en conséquence, très peuplées par rapport aux plaines environnantes.

Pour faire face à leurs besoins alimentaires, les agriculteurs des montagnes ont augmenté les surfaces cultivées autant que possible en construisant des terrasses et des murets pour agrandir leurs parcelles irriguées par les eaux de source. Certains signes prouvent que ces ouvrages ont été régulièrement agrandis et entretenus depuis leur très ancienne construction. Par contre, le piémont semi-aride n'a pas été réellement exploité à cause de l'insécurité et, surtout, du manque d'eau de surface. Depuis peu, on assiste à des transformations rapides et profondes du paysage agraire grâce à une meilleure gestion des ressources en eau ; ces transformations ont conduit à la sédentarisation des nomades et à l'apparition de nouvelles techniques de CES. La population des montagnes, traditionnellement spécialisée dans la production des fruits et des légumes pour les échanger dans les plaines, doit maintenant faire face à la concurrence des productions des petites parcelles du piémont qui ont été irriguées grâce à l'emploi récent des motos-pompes. Cette étude est destinée à mettre en relief l'impact des nouvelles technologies développées dans le piémont et la pratique des techniques traditionnelles de CES dans les montagnes. La question se pose de savoir s'il y a une crise des montagnes qui serait due à leur isolement et aux difficultés rencontrées pour acheminer leurs produits jusqu'aux villes et qui pourrait conduire au déclin de leurs techniques de CES, ou bien si ces difficultés peuvent être surmontées grâce à une réorganisation des activités dans les montagnes et à la recherche d'une nouvelle stratégie pour accroître les productions et les ressources ? Dans le piémont semi-aride, on observe un développement récent de l'aménagement des seuils et de murettes de pierres pour retenir l'eau et le sol et pour créer de nouvelles parcelles de culture ; ces techniques arriveront-elles à conquérir peu à peu de nouvelles superficies en plus de celles jusqu'ici réservées à la culture des céréales dont les rendements sont malheureusement très faibles et irréguliers ?

Caractéristiques de la région et de sa population

La région est habitée depuis fort longtemps par le peuple berbère. Les Chorfa (qui ne sont pas des Berbères) sont arrivés les derniers et ont occupé les terres les plus accidentées faute de pouvoir trouver de meilleures terres ailleurs. Les Chorfa ont développé des techniques de CES impressionnantes et ils ont su les transmettre par héritage et les transférer sur le piémont pour conquérir de nouvelles terres. Après les récoltes, la plupart des agriculteurs travaillent à l'amélioration de leurs champs, à l'enlèvement des pierres et à la construction des banquettes, alors que les autres quittent le village pour trouver un travail saisonnier à la ville ou dans les grandes fermes irriguées.

Au moment du recensement de 1982, la commune de Tanacherfi, qui comprend la zone dont il est question, avait une densité de population comprise entre 10 et 20 habitants au km^2. Sur le piémont, où la terre est relativement abondante, on recensait une moyenne de 2,4 ha cultivables par habitant, soit une moyenne de 25 ha cultivables par ménage. Par contre, dans les montagnes, un hectare irrigué doit permettre de nourrir 15 personnes. Ces fortes densités de population sont probablement à la fois une cause et un effet de la continuité des efforts d'entretien et d'extension des ouvrages traditionnels de CES. Dans le piémont semi-aride, les techniques de CES sont surtout destinées à freiner une érosion active et visible alors que, sur les montagnes, il est nécessaire de protéger et d'entretenir les parcelles de culture en terrasses. L'irrigation exige la création de parcelles de terres planes et régulières, d'où la nécessité de renforcer les aménagements existants qui favorisent aussi l'infiltration des eaux de pluie dans le sol. Ces ouvrages visent également à drainer les excès d'eau accumulés dans les terrasses et à favoriser la croissance rapide des arbres plantés en bordure.

Dans les montagnes, même si la moyenne annuelle des précipitations est de l'ordre de 450 mm dans la région, les activités agricoles reposent surtout sur l'irrigation à partir des eaux de source. Sur le piémont, les précipitations ne dépassent pas 300 mm par an et ne permettent que la culture pluviale des céréales. Les plans et les caractéristiques des techniques traditionnelles de CES varient d'une région à l'autre en fonction des facteurs climatiques locaux.

Tendances socio-économiques et développement rural

L'agriculture irriguée des montagnes a une très longue histoire. En plus de leur rôle stratégique de refuge en période d'insurrection, les montagnes offrent des ressources naturelles très différentes qui permettent de pratiquer des cultures variées et qui offrent de l'eau en abondance, des pâturages et du bois de chauffage. Cependant, la superficie cultivée était trop limitée pour faire face à la pression démographique. La population locale a donc commencé à cultiver les versants en pente forte. En principe, les techniques de CES utilisées visaient beaucoup plus à créer des surfaces cultivées qu'à conserver seulement le sol et l'eau. La population des montagnes était encore semi-nomade mais l'agriculture irriguée et la plantation d'arbres exigeaient qu'une partie de l'exploitation soit installée de manière permanente tandis que les bergers continuaient à transhumer avec d'autres membres de leur famille vers le piémont lorsque les temps étaient trop durs ; ces déplacements sont maintenant extrêmement limités car beaucoup de gens se sont fixés de manière permanente. Cependant, les rapports entre les montagnes et le piémont restent très étroits car presque tous les ménages ont des terres dans les deux zones à la fois. La famille est souvent divisée en deux parties, l'une installée dans les montagnes et l'autre dans le piémont, chaque partie évoluant peu à peu en deux foyers indépendants. C'est dans ces circonstances que les techniques traditionnelles utilisées depuis longtemps dans les montagnes ont été transférées sur le piémont par la population qui s'est installée là de manière permanente.

Environ 20 % de la population est partie à l'étranger ou dans d'autres parties du pays, le plus souvent pour chercher du travail. Il est courant d'observer qu'un ou deux membres de la famille migrent pour trouver du travail ou pour suivre une formation et se fixent de manière permanente ailleurs. Cependant, l'attachement qui les unit au village reste puissant et ceux qui travaillent à l'étranger rêvent souvent de s'y retirer pour la retraite. La valeur de la terre a considérablement augmenté et cette inflation s'est accompagnée de l'introduction de la mécanisation et de nouvelles techniques agricoles ; le renchérissement de la terre s'est poursuivi bien que les rendements restent très faibles et irréguliers d'une année sur l'autre. Dans les années 50, 1 ha coûtait environ 1 000 à 1 500 dirhams ; aujourd'hui, les prix varient en fonction du type de sol et de la localisation de la parcelle de 10 000 à 20 000 dirhams par ha.

Le système foncier

Toutes les terres sur lesquelles on pratique les techniques traditionnelles de CES sont des propriétés privées ; par contre, toutes les friches localisées dans les montagnes ont été délimitées et placées sous la responsabilité du Service des forêts. Les espaces classés dans les montagnes ne peuvent pas être mis en culture alors que, dans le piémont, les pâturages n'ont pas fait l'objet de classement et sont donc considérés comme de nouvelles terres à défricher. La superficie cultivée est, par conséquent, extrêmement limitée dans les montagnes et se trouve de plus en plus parcellisée par suite de la croissance de la population. Certains agriculteurs possèdent plus de 20 parcelles éparpillées à la fois dans la montagne et sur le piémont. Les parcelles les plus proches des habitations sont donc généralement les mieux entretenues et bénéficient des techniques de conservation les plus développées, alors que les parcelles plus éloignées sont bien souvent plus négligées. La terre peut être constamment travaillée seulement lorsque la famille est fixée de manière permanente et dispose d'une force de travail régulière.

L'éparpillement des parcelles est l'une des raisons qui expliquent l'introduction et l'emploi des machines pour le travail agricole : le labour et la moisson peuvent maintenant se faire en quelques heures au lieu de quelques semaines. Plus de 50 % des terres du piémont sont aujourd'hui labourées à l'aide de tracteurs dont l'introduction est très récente. La mécanisation exige que les pierres soient enlevées et que les ravines soient colmatées pour faciliter le travail. Les pierres ramassées sont souvent empilées dans les champs et forment des cordons ou rangées de pierres perpendiculairement aux pentes escarpées et aux ravines. Ces mesures ont été réintroduites en partie pour répondre aux besoins de la mécanisation ; leur utilisation semble devenir plus fréquente car l'emploi des machines se développe rapidement ; actuellement, tous les agriculteurs nettoient leurs champs et dressent des cordons et des murets de pierres pour retenir l'eau et le sol érodé.

Les systèmes de production agricole

Ils sont suffisamment variés pour pouvoir s'adapter aux différentes conditions naturelles et topographiques de la zone d'étude. Dans les montagnes, dont le climat a tendance à être subhumide, la culture des céréales est secondaire et se limite aux bords des bassins et aux parcelles où l'eau d'irrigation manque. La culture irriguée est très ancienne dans les montagnes qui sont spécialisées dans la production des fruits et des légumes. Du fait de son isolement, le haut pays visait tout d'abord à satisfaire ses besoins en légumes, en céréales et en fruits ; tous les agriculteurs avaient pour objectif prioritaire de faire face aux différentes exigences alimentaires de la famille et seul l'excédent de production était vendu au marché. Les parcelles irriguées sont intensivement cultivées : au bord des terrasses, le long des murs de soutènement, on plante des arbres fruitiers comme les amandiers, les figuiers et les vignes ; différents types de légumes comme les pommes de terre, les navets, les carottes et les oignons sont plantés sous les arbres et au milieu des parcelles.

L'arboriculture progresse beaucoup à cause de la concurrence que les productions des fermes irriguées des plaines environnantes font aux cultures irriguées des montagnes. Les arbres, les amandiers surtout, exigent peu de soins et entraînent peu de dépenses ; c'est pourquoi leurs produits demeurent concurrentiels par rapport à ceux des plaines car les cultures annuelles impliquent des coûts assez élevés. Il est difficile de transporter le produit des récoltes des montagnes jusqu'au marché parce que le réseau de transport et de communication est mauvais ; à titre d'exemple, le transport de légumes jusqu'au centre urbain le plus proche coûte parfois plus de 30 % du prix de vente alors que les amandes décortiquées sont vendues à un prix élevé et ont un coût de transport minimal. Certaines parcelles sont maintenant entièrement plantées d'arbres et les cultures annuelles y ont été abandonnées.

Les montagnes produisent aussi de plus en plus de cultures fourragères pour nourrir le bétail qui reste l'investissement le plus sûr aux yeux de la population locale. Les chèvres représentent 80 % du cheptel des montagnes car elles peuvent utiliser les pâturages situés à l'intérieur des zones forestières étatiques. Les pâturages naturels sont une importante source de fourrage mais, quand les temps sont durs dans le piémont, ses habitants conduisent leurs troupeaux dans les montagnes, ce qui double la densité du bétail. On laisse les chèvres divaguer librement dans la brousse ; par contre, on conduit parfois les bovins et les moutons sur les parcelles irriguées après la récolte. On trouve les parcelles les mieux entretenues et des mesures de conservation maintenues là où la culture irriguée est associée à l'élevage du bétail, ce dernier permettant de bien fertiliser les parcelles.

Sur le piémont, l'agriculture pluviale est la principale activité associée à l'élevage extensif. L'orge représente 80 % de la superficie cultivée, le restant se partageant entre le blé et l'avoine. La culture des céréales est surtout destinée à couvrir les besoins locaux. L'alimentation du bétail, en temps de sécheresse, repose fortement sur les stocks paysans d'orge, d'avoine et de paille et sur des résidus de betteraves achetés ailleurs. Dans ce milieu plutôt aride, ni la culture pluviale ni l'élevage ne peuvent fournir séparément des revenus sûrs ; c'est seulement en associant l'élevage du bétail et la culture des céréales que les fermiers peuvent faire face aux sécheresses successives et aux bas rendements. Ces derniers sont nuls au cours des années sèches et peuvent dépasser 1 200 kg par ha dans les années bien arrosées.

On peut penser que les bas rendements agricoles encouragent peu les agriculteurs à consentir de grands efforts pour réaliser des ouvrages de CES. En fait, le rendement en grains des céréales est moins important que la valeur fourragère du grain ; en effet, 100 kg d'orge valent 120 dirhams seulement mais ils peuvent nourrir plus de 5 agneaux, ce qui rapportera beaucoup plus. Les ménages ont 45 têtes de bétail en moyenne. Les moutons sont très appréciés parce qu'ils sont financièrement avantageux (800-

1 000 dirhams pour un agneau) et la stratégie des agriculteurs est de produire autant de fourrage que possible et de le stocker pour les années difficiles.

Techniques traditionnelles de CES du Maroc oriental

Les techniques de CES utilisées dans la zone étudiée sont à la fois biologiques et mécaniques. Les ouvrages les plus efficaces, les plus durables et les plus courants sont construits en pierres sèches et sont ensuite renforcés, dans la plupart des cas, en plantant une ligne d'arbres le long des murs de soutènement. Parfois, les agriculteurs ont recours à des haies ou à des clôtures pour parquer les animaux dans des enclos. Dans la zone irriguée, les ouvrages de CES sont vraiment robustes et bien entretenus alors que, dans la zone d'agriculture pluviale, on ne trouve que des lignes de pierres sèches discontinues, en général fort distantes et de faible hauteur.

La hauteur des murs de soutènement des terrasses est déterminée par les conditions locales de pente, de disponibilité des matériaux de construction et des types d'exploitation de la terre. Dans les fermes irriguées aussi bien que sur les montagnes, on trouve quelques cas d'aménagement de murs de pierres ayant plus de 2,5 m de haut et parfois plusieurs centaines de mètres de long. La hauteur des murs de soutènement détermine le nivellement de la parcelle, nivellement nécessaire pour qu'elle soit correctement arrosée grâce à la dispersion des eaux d'irrigation (photo 3). La longueur des murs est déterminée par les caractéristiques topographiques de la parcelle à aménager et par la structure foncière car le morcellement des propriétés ne permet pas d'assurer la continuité des ouvrages. Dans des conditions idéales, les murs atteignent souvent 200 m de long environ. La plupart ont été construits par étapes car ils doivent être élevés continuellement pour éviter l'éboulement du sol et pour les empêcher d'être emportés dans la pente. Ce travail représente par conséquent les efforts accumulés de plusieurs générations ; il est donc difficile d'estimer le volume de travail dépensé pour construire de telles structures. Des enquêtes et l'observation directe du travail sur le terrain nous permettent d'estimer l'effort nécessaire pour améliorer 1 ha de terre avec une pente de 10 % à 750 hommes/jour. Tous les travaux de conservation sont réalisés avec la main-d'œuvre familiale pendant les mortes-saisons.

5.1. Pratiques traditionnelles de CES dans l'est de la montagne du Rif

L'est du Rif constitue une zone de transition qui se caractérise par des moyennes pluviométriques basses (400 mm). Le bassin de Boudinar est formé par deux types de paysages : les montagnes et les piémonts. La densité moyenne de population est de l'ordre de 100 hab/km^2 ou plus. Il s'agit d'une densité élevée pour la région car 14 % des terres sont incultes. Entre 1960 et 1970, on a assisté à un vaste mouvement d'émigration qui a touché d'abord les hommes jeunes puis qui s'est étendu à des familles entières.

Agriculture et élevage sont les principales activités de la région de Boudinar. Actuellement, 76 % de la zone sont cultivés, la plupart des champs se trouvant sur des pentes fortes. Ceci est rendu possible par le fait que les paysans ont construit un grand nombre de terrasses de pente, terrasses en escalier et murs de pierres. De petits seuils en pierres sèches ont été construits dans les ravines. Dans les vallées, des rideaux brise-vent ont été édifiés aux limites des champs de culture irrigués (2 % du total des champs cultivés). Chaque technique est liée à une situation socio-économique déterminée. Entre 1940 et 1950, les terrasses de pente sur talus se sont étendues rapidement du fait de la division des grandes familles en un réseau de petites familles à cause de la fragmentation des terres entre frères. Au cours des années 50, le pays était en crise et la frontière avec l'Algérie fermée à cause de la guerre d'indépendance ce qui a augmenté considérablement la pression de l'homme sur la terre. Les murs de pierre sont apparus quand les bonnes terres cultivables ont manqué et qu'il devint nécessaire d'exploiter les zones marginales. Les terrasses en escalier ainsi que les techniques de contrôle des ravines sont directement liées à l'émigration. L'arrivée de migrants salariés a permis d'introduire de nouvelles techniques et d'utiliser de la main-d'œuvre salariée.

Le capital introduit par les migrants a été utilisé en partie dans des ouvrages de CES. Cependant, les migrants les plus jeunes n'ont plus aujourd'hui le même attachement pour la terre et ils ont tendance à investir plutôt dans d'autres secteurs. Ceux qui n'ont pas investi dans les techniques traditionnelles, en particulier les jeunes, sont moins enclins à utiliser de la main-d'œuvre pour entretenir les structures antiérosives. L'utilisation des tracteurs est devenue très fréquente jusque sur les pentes fortes ce qui entraîne des conséquences évidentes sur les sols. Les activités de CES dans les fonds des vallées ont été plus suivies parce que les champs irrigués sont plus productifs ce qui sécurise quelque peu les paysans contre les effets de la sécheresse. Les terrasses en escaliers sont également mieux maintenues parce que les propriétaires absents les ont plantées avec des arbres, ce qui a le double avantage d'exiger peu d'entretien et de sécuriser leurs droits fonciers.

H. El Abbassi

5.2. Les cultures nouvelles et l'entretien des terrasses sont profitables

Le Rif est une chaîne de montagnes située dans le nord du Maroc ; elle vit des productions agro-sylvo-pastorales et des transferts d'argent des migrants qui se sont installés en Europe. La densité de la population est élevée, en moyenne 6 habitants par ha de terre cultivable. Le rythme d'accroissement de la population semble s'accélérer, ce qui s'explique par l'ouverture du Rif sur le monde extérieur, le développement des infrastructures, la croissance des centres urbains et l'émergence d'activités hautement profitables, comme la culture du *kif* (haschich) et la contrebande.

L'agriculture dans le Rif a connu des changements profonds : les rendements augmentent grâce à une utilisation plus systématique des engrais minéraux ; la jachère est en recul et de nouveaux champs sont défrichés sur les pentes fortes ; la céréaliculture, le maraîchage et l'arboriculture restent important ; l'élevage des ovins et des caprins est en déclin.

La culture du *kif* est devenue une activité illicite majeure, particulièrement pour les paysans installés sur les terres marginales ; cette plante est bien adaptée au milieu du Rif et peut pousser en culture pluviale ou irriguée. Les rendements et la valeur du *kif* sont élevés : 1 ha rapporte environ 30 000 dirhams, ce qui est très supérieur à la valeur d'1 ha d'orge. Aujourd'hui, 200 000 personnes environ vivent dans le Rif de la culture du *kif* qui occupe plus de 50 % de la superficie cultivée dans certaines zones. Les revenus élevés de cette spéculation ont incité les paysans à investir dans la construction et l'entretien des ouvrages de CES. Le cordon de pierre est la technique la plus répandue, notamment sur les terres irriguées et de nouveaux ouvrages de CES sont aménagés dans les champs récemment défrichés pour la culture du *kif*.

A. Laouina

Importance des techniques traditionnelles pour la production agricole

Dans les zones irriguées, toutes les terres sont mises en terrasses au moyen de cordons de pierres ou de digues en terre ; les terres de culture pluviale sont peu aménagées. Sur le piémont et contrairement aux montagnes, les mesures de conservation sont très récentes et on ne les trouve que dans quelques sites seulement. On n'a pas observé jusqu'ici de modification ou de tendance particulière d'évolution. Certains ouvrages sont entretenus alors que d'autres, voisins, ne le sont pas pour des raisons particulières qui n'indiquent pas une tendance générale vers la dégradation. Par exemple, les parcelles sur lesquelles les ouvrages de CES ne sont pas entretenus appartiennent souvent à des ménages qui ne disposent pas de la force de travail nécessaire dans leur famille ou à des propriétaires absents ; dans ces cas, les parcelles sont cultivées en association entre familles.

Lorsque l'agriculture est irriguée, les parcelles aménagées produisent deux récoltes par an et les rendements sont satisfaisants si les paysans disposent de fumier et d'eau en quantité suffisante. Les agriculteurs semblent conscients de l'utilité des techniques traditionnelles de CES, parce que les parcelles où elles sont appliquées ont des rendements plus élevés que ceux des parcelles voisines où elles ne le sont pas. Ils reconnaissent les avantages du sol épais qui s'accumule derrière le mur et qui sert pour les cultures annuelles et pour les plantations d'arbres sur les bords où l'accumulation est la plus épaisse. La culture intensive devient possible grâce à ces techniques. Sur le piémont, les agriculteurs apprécient l'utilité des cordons de pierres car les seules céréales qui résistent pendant les périodes de sécheresse sont celles qui sont plantées juste derrière ces ouvrages.

Les techniques auxquelles les paysans avaient recours dans les montagnes étaient surtout destinées à niveler la terre ; la CES en est seulement la conséquence. Sur le piémont, les mesures de conservation sont appliquées uniquement dans les sites fortement érodés et ravinés dans lesquels les exploitants cherchent surtout à faciliter les labours en colmatant les crevasses et les ravines ; ces techniques ne sont pas appliquées sur le reste du versant même si le ruissellement entraîne de lourdes pertes en eau et en sol. Les principes de base de la CES sont encore peu compris par les agriculteurs bien qu'ils utilisent ses techniques. Par exemple, les paysans construisent des terrasses et des murs de soutènement en bas de pente, mais ils détruisent la couverture végétale de l'amont, ce qui accroît le ruissellement et provoque des inondations qui détruisent les ouvrages. Cet exemple montre qu'il est nécessaire de dépasser le niveau des parcelles individuelles pour considérer le paysage dans son ensemble.

Caractéristiques socio-économiques

Les techniques traditionnelles pratiquées dans la région sont théoriquement très chères, mais les ouvrages réalisés sont constamment entretenus et agrandis. Ils n'auraient jamais été construits si les agriculteurs avaient essayé de calculer les efforts à fournir. Les aménagements sont réalisés par la main-d'œuvre familiale, considérée comme disponible pendant la morte-saison lorsque le travail agricole est terminé. Pour le moment, seuls les migrants revenus dans la zone ont engagé des ouvriers pour entretenir et développer les ouvrages, au prix de 35 dirhams par jour de travail ; dans ce cas, les 750 jours nécessaires pour aménager un hectare de terrasses coûteraient plus de 26 000 dirhams. Aucun paysan ordinaire ne peut suivre cet exemple, même s'il est relativement aisé ; c'est pourquoi la main-d'œuvre familiale volontaire reste le seul moyen d'assurer la pérennité de ces ouvrages.

L'épierrage ainsi que d'autres améliorations semblent être pratiqués à plus grande échelle sur des terres récemment acquises ou transmises par héritage. Cette façon d'agir paraît être liée au prix de la terre actuellement très élevé par rapport aux revenus locaux moyens. Les contraintes principales à propos de l'entretien et du développement des ouvrages de conservation comprennent aussi le morcellement des propriétés et la distance entre les parcelles ; ces problèmes affectent tous les agriculteurs sans exception. Les terres travaillées collectivement, même par les membres d'une grande famille, sont bien souvent mal entretenues et c'est seulement quand la terre est partagée entre les membres de la famille que ceux-ci apportent plus d'attention et de soins à leurs parcelles. En fait, la gestion de la terre et les techniques traditionnelles ont tendance à être négligées à la fin de chaque génération, quand le chef de famille devient trop vieux et qu'il perd ses pouvoirs pour diriger. Les femmes n'ont aucun rôle spécifique dans la gestion de la terre en général et des techniques de CES en particulier. Le plus souvent, c'est le fils aîné qui s'occupe de la gestion de la terre quand son père est décédé ou infirme.

Les tendances actuelles

Une terrasse bien construite ne demande qu'un entretien minimum. En fait, on observe peu d'ouvrages détruits ou non entretenus sauf pour des raisons particulières. La population des montagnes continue à développer et à intensifier ces techniques même dans des milieux complètement dégradés et malgré leur isolement et leurs difficultés de commercialisation des productions. Ce comportement s'explique en partie par leur profond attachement à la terre.

Conclusion

Les aménagements les plus anciens que l'on peut observer dans les montagnes datent de plusieurs centaines d'années, ils sont encore en place et certains n'ont jamais eu besoin d'être entretenus ou rénovés. Les sols accumulés derrière les murs des terrasses sont épais et représentent donc un héritage qui doit être sauvegardé. Pour l'agriculteur qui a passé du temps à améliorer la gestion de sa terre, la raison qui le pousse à construire de tels ouvrages n'est pas le souci du gain immédiat ; au contraire, son dessein est beaucoup plus noble car il porte sur les profits que pourront en tirer les générations futures. Chaque génération marque son passage par des agrandissements ou d'autres contributions telles que la surélévation des anciens murs de soutènement ou les plantations le long des nouvelles terrasses.

Il est très délicat d'estimer les perspectives futures car des changements rapides et profonds sont en cours. La couverture végétale est en train de se dégrader à cause du défrichement excessif autour des dépressions irriguées et cultivées ; cette dégradation accentue le ruissellement sur les pentes qui détruit des ouvrages et provoque l'assèchement des sources. Ces aménagements impressionnants ne seraient donc pas rationnels sans irrigation.

Cependant, la vie dans les centres urbains est difficile et on observe un retour à la terre, une inflation des prix de la terre et des tentatives pour trouver un nouvel équilibre dans le milieu rural. Les techniques traditionnelles doivent continuer à être à la base de l'agriculture mais il est nécessaire d'améliorer les rendements pour avoir un meilleur accès au marché.

6

Technique traditionnelle améliorée de plantation en cuvettes dans le département de Tahoua au Niger

Un exemple d'adoption rapide par des paysans

Abdou HASSAN

La première phase du projet de CES a débuté en 1988 dans le département de Tahoua au Niger qui est situé à environ 450 km à l'est de Niamey, la capitale. Ce projet est financé par le Fond international pour le développement de l'agriculture (FIDA) et concentre ses activités dans l'arrondissement de Illéla.

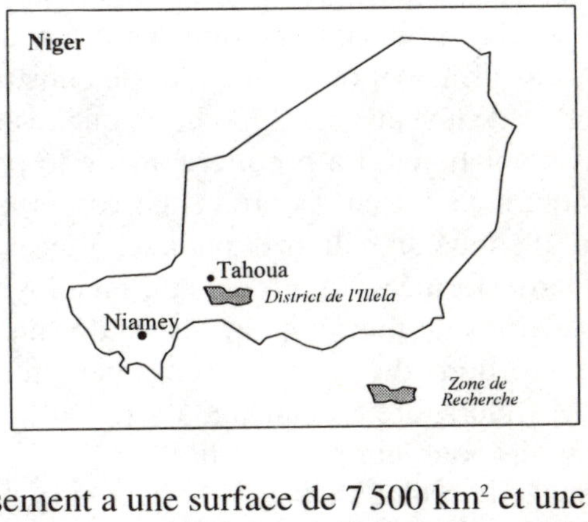

Cet arrondissement a une surface de 7 500 km^2 et une population estimée à 175 000 habitants en 1988. Le paysage est caractérisé par une alternance de vallées fertiles et de plateaux dénudés. La pluviosité annuelle moyenne à Illéla a été de 448 mm durant la période de 1950-1989, mais elle n'a atteint que 368 mm pour la période de 1980-1987. La végétation a évidemment souffert de la sécheresse mais aussi de la pression du bétail et de la population. Les plateaux qui portaient encore une belle végétation il y a quarante ans sont maintenant complètement dénudés. La croissance démographique pousse les gens à s'installer sur le plateau. Le ruissellement venant du plateau cause de nombreux dommages dans les vallées. Depuis 1964, différents projets de CES ont essayé d'arrêter l'érosion mais aucun d'eux n'a eu d'impact durable parce que les agriculteurs n'ont pas entretenu les ouvrages de conservation. Dans la vallée de Badaguichiri, qui est la vallée principale dans l'arrondissement d'Illéla, un important projet de CES a été mis en œuvre durant les années 1972-1981 ; les villageois ont été payés pour construire des cordons de pierres dans la vallée et le projet a utilisé des bulldozers pour sous-soler les sols encroûtés dans les zones dénudées.

Des techniques simples et reproductibles

Par contre, l'objectif principal du projet de CES du FIDA est d'introduire des techniques simples et peu coûteuses qui peuvent être facilement maîtrisées par les paysans. Le projet ne possède pas d'équipement de terrassement, ni de camion, mais il les a loués occasionnellement. Son équipe de direction a été restreinte à un directeur de projet, agronome, un directeur adjoint spécialiste en conservation des sols et dix agents de vulgarisation. L'objectif principal du projet était de construire des cordons de pierres en courbes de niveaux sur 2 300 ha en quatre ans et d'aménager 320 ha avec des demi-lunes. La première année le projet a mené les mêmes activités que tous les autres projets de conservation intervenant dans cette région. Il a loué un bulldozer pour scarifier le sol et construire des diguettes en terre (formées d'un fossé et d'un ados) ; celles-ci furent partiellement couvertes de pierres pour les rendre moins fragiles. Par ailleurs quelques cordons de pierres furent également construits. Le concours du PAM (nourriture en échange du travail) a été utilisé pour rémunérer les paysans pour leur participation.

La seconde année le projet a changé d'orientation. La nourriture n'a été donnée en échange du travail que dans des cas de déficits sérieux et l'apport du projet s'est porté plutôt sur la fourniture de moyens de travail en échange de la participation et également sur la construction d'infrastructures communautaires. Cela signifie que les villages particulièrement actifs dans le domaine de la conservation des sols ont pu obtenir un puits ou une classe d'école.

Dix paysans furent envoyés dans la région du Yatenga au Burkina Faso où ils ont observé la technique traditionnelle du *zaï* (voir l'étude de cas de Ouédraogo et Kaboré, chap. 9). La technique de plantation en cuvettes a également été utilisée jadis dans l'arrondissement d'Illéla pour réhabiliter les zones dégradées, mais seulement sur une petite échelle et elle n'a jamais été vraiment efficace. Au Yatenga, les paysans d'Illéla ont vu des cuvettes plus grandes dans lesquelles on met du fumier pendant la saison sèche. A leur retour au village, la méthode traditionnelle correspondante du *tassa,* a été tentée sur 4 ha de terre (photo 4). La diffusion de cette méthode améliorée fut spectaculaire, en particulier dans le village de Nadara.

En 1990, 70 ha de terre furent réhabilités en utilisant cette méthode des cuvettes ; ce fut une année sèche et seules les cultures réalisées en cuvettes obtinrent d'assez bons rendements. Ceci a convaincu les paysans des grands avantages de cette technique, de telle sorte qu'en 1991, ils ont traité environ 500 ha et en 1992 plus de 1 000 ha. On estime qu'en juillet 1995, environ 6 000 ha de terres fortement dégradées de l'arrondissement d'Illéla ont été réhabilités et cette technique simple s'est également répandue aux arrondissements voisins. La plus grande part de ce travail de réhabilitation a été fait spontanément par les paysans. Diffuser la méthode des *tassa* est devenu l'objectif principal du projet bien qu'elle ne soit pas mentionnée dans le document de projet.

L'émergence d'un marché foncier

Les terres profondément dégradées du plateau sont devenues productives et un marché foncier régional a été créé. Les paysans achètent et vendent les terres dégradées à des prix qui ont augmenté considérablement entre 1992 et 1994. Dans le village de Batodi, on payait 150 000 F CFA en 1994 pour une parcelle de terre dégradée (l'équivalent de 300 dollars US) là où, deux ans plus tôt, les terrains ne valaient que 120 dollars. Les prix dépendent de la disponibilité en terres dégradées dans un village. Certains paysans ont même commencé à vendre leurs sols sableux productifs en vue d'acheter des terres limoneuses dégradées. L'émergence d'un marché régional des terres dégradées montre que les paysans croient que la méthode *tassa* est un moyen efficace et rentable de réhabiliter ces terres. Parce qu'il est probable que les pauvres vont vendre ces terres et que les riches vont les acheter, le projet risque d'augmenter les différences sociales au village, ce qui serait un impact négatif.

L'amélioration des rendements

Pourquoi les paysans sont-ils si intéressés par l'adoption de ces méthodes de plantation en poquet dans les cuvettes ? Le projet de conservation des sols et des eaux du FIDA est unique en ce sens qu'il a mesuré avec soin l'influence des *tassa,* des demi-lunes et des cordons de pierres dans les champs d'un grand nombre de paysans. Ces champs sont des parcelles de démonstration, mais elles ont été aménagées entièrement par des paysans. Dans le cas des *tassa* et des demi-lunes, l'impact fut aussi mesuré sur un certain nombre de parcelles expérimentales. Sur ces parcelles qui sont maintenant opérationnelles depuis un à trois ans, les expériences ont porté sur la différence de densité des cuvettes *tassa* et des demi-lunes.

Les résultats des champs des paysans seront exposés en premier lieu dans ce rapport. La taille de ces parcelles de démonstration est de 400 m^2. Sur une période de 4 ans, 470 paysans ont été concernés par ces mesures et les résultats couvrent un total de 932 parcelles. Pour être capable de mesurer l'influence des techniques de conservation et de l'utilisation du fumier et des engrais minéraux, les traitements suivants ont été appliqués :

T0 = le témoin sans intervention ; dans ce cas particulier le projet mesure les rendements sur des champs qui n'ont reçu aucun aménagement de conservation des sols. Mais là où les rendements n'ont pas été mesurés, on a choisi le rendement moyen dans l'arrondissement. Cependant ceci a réduit l'influence des mesures de conservation des sols parce que sans intervention, les rendements sont généralement nuls puisque rien ne pousse sur ces terres dégradées et dénudées.

T1 = application de techniques de conservation de l'eau et des sols + fumier.

T2 = application de techniques de CES + fumier + fumure minérale.

La dose de fumier recommandée est de 0,5 kg par *tassa,* ce qui correspond à 5 à 6 t/ha. La dose recommandée d'engrais minéral est de 50 kg/ha d'urée et 125 kg /ha de phosphate. Mais de telles quantités furent rarement appliquées par les paysans.

Le tableau 1 compare l'influence de la technique des *tassa* sur la production de mil en 1993 (année où les précipitations furent déficitaires et irrégulières) et en 1994 où les pluies furent favorables.

Tableau 6.1

Influence de la technique améliorée de plantation en cuvette (*tassa*), de la fertilisation minérale et organique sur les rendements en mil (kg/ha) en 1993 et 1994

Traitement	1993	1994
T0	144	296/kg/ha
T1	393	969
T2	659	1 486

Ce tableau montre combien il est intéressant pour l'exploitant d'utiliser la technique de plantation en cuvette pour restaurer la productivité des terres dégradées. Même en 1993, où les pluies ont été irrégulières et localement inférieures à 300 mm, des rendements moyens de près de 400 kg/ha ont été obtenus, ce qui représente plus du double de la production des terres non aménagées. En 1994, année à pluviosité favorable, le rendement moyen a dépassé 950 kg/ha même sans employer d'engrais minéral.

La comparaison de l'influence de différentes techniques de CES sur la production de mil en 1993 (tableau 2) montre qu'en année sèche les demi-lunes donnent des résultats légèrement meilleurs que les *tassa*.

Tableau 6.2

Comparaison de l'impact de trois techniques de CES sur les rendements en mil en 1993

Fumure	Tassa	Demi-lune	Cordons de pierres
T0	144	77	156
T1	393	416	292
T2	659	641	448

La même comparaison faite en année à pluviosité favorable montre que les résultats des *tassa* et des demi-lunes sont à peu près équivalents (avec un léger avantage pour les *tassa* quand on utilise le fumier, T1) et sont bien meilleurs que ceux des cordons pierreux.

Tableau 6.3

Influence de trois techniques de CES et de la fertilisation sur les rendements en mil en année humide (1994)

Fertilisation	Tassa	Demi-lune	Cordons de pierres isohypses
T0	296	206	390 kg/ha
T1	969	912	671
T2	1 486	1 531	900

Les résultats montrent que les techniques de CES complétées par l'apport de fumier ont une influence très positive sur la production de mil (T1) ; l'apport complémentaire d'engrais minéral augmente aussi la production. Cependant, en année déficitaire, l'utilisation d'engrais minéraux pourrait être non rentable pour les paysans, parce que le gain de production ne couvre pas toujours le coût des engrais. Pour le traitement *tassa* en 1993, T2 - T1 = 297 kg/ha et pour les demi-lunes, T2-T1= 125 kg/ha. En année favorable, l'effet de l'apport d'engrais minéraux est bien plus positif. En 1994, le gain pour les *tassa* est de 517 kg/ha et pour les demi-lunes, il est de 619 kg/ha.

Les différences de performance entre les *tassa* et les demi-lunes sont minimes, mais l'aménagement d'un ha prend plus de temps pour les demi-lunes. Le projet de CES du FIDA laisse complètement le choix aux paysans. Il faut environ 90 à 100 hommes/jours pour aménager un ha en demi-lunes, ce qui représente environ 30 000 CFA de main-d'œuvre (30 FF). La réhabilitation par les *tassa* ne demande que 40 hommes. jours, soit 12 500 CFA/ha (125 FF). La différence de coût explique l'enthousiasme des paysans pour réhabiliter les terres dégradées avec la technique du *tassa*. S'ils investissent 125 FF par hectare pour louer la main-d'œuvre, ils vont gagner 400 kg/ha de mil en année déficitaire (soit un gain net de 40 FF), et 1 000 kg/ha de mil en année favorable (gain net de 80 FF). La réhabilitation des terres nues dégradées par la technique des *tassa* est une proposition rentable qui explique pourquoi les paysans et les marchands sont de plus en plus intéressés par l'achat de terres dégradées.

La production dans les parcelles expérimentales

Sur les parcelles expérimentales, trois densités de *tassa* ont été expérimentées (D1 = 15 625 tassa/ha, D 2 = 12 500 tassa/ha, D3 = 10 000 tassa/ha) et 4 niveaux de fertilisation (T0 = témoin sans intervention, T1 = tassa + 0,5 kg de fumier, T2 = T1 + 50 kg/ha d'urée et 50 kg/ha de phosphate, T3 = tassa sans apport d'engrais. Les résultats présentés au tableau 4 montrent qu'en 1993, année déficitaire, les meilleurs rendements furent obtenus avec la densité la plus faible de *tassa*. En effet, le plus grand espacement a permis une collecte plus importante de pluie et donc le maximum d'eau disponible pour la culture.

Tableau 6.4

Influence de trois densités de tassa et de quatre niveaux d'intrants dans la production de mil (kg/ha) sur le site expérimental d'Isalam Danya (1993)

Densités	T0	T1	T2	T3
15 625	25	102	375	83
12 500	34	81	131	94
10 000	20	300	768	203

Par contre, en 1994, année à précipitations favorables, le plus haut rendement (1 922 kg/ha) fut obtenu avec une densité de 12 500 tassa/ha avec du fumier seulement (T1). Avec fumier et engrais minéral, la production de mil atteint 1 543 kg/ha, valeur inférieure à celle obtenue avec le *tassa* exclusivement (1 746 kg/ha). Comment expliquer la différence avec les résultats précédents qui montraient l'avantage des engrais chimiques ? On peut l'expliquer dans ce cas spécifique par les caractéristiques du sol du site expérimental.

La comparaison des rendements en mil obtenus sur les parcelles aménagées par les paysans et sur les parcelles expérimentales de recherche montrent que, pour le rendement T1, c'est-à-dire *tassa* + fumure organique, les rendements sur les parcelles des paysans sont nettement meilleurs que sur les parcelles de recherche durant les années sèches. C'est l'inverse pour les années à pluviométrie favorable.

Tableau 6.5

Influence de différentes densités de tassa et de la fertilisation sur les rendements en mil (kg/ha) sur le site expérimental d'Isalam Danya (1994)

Densités	T0	T1 T + Fumier	T2 T + F + NP	T3 Tassa
15 625	163	1 883	1 360	1 609
12 500	188	1 922	1 543	1 746
10 000	131	1 242	1 171	1 414

Ces données indiquent que l'on peut encore améliorer les rendements sur les parcelles des paysans avec une combinaison des *tassa* et d'apport de fumier seulement. Cependant, la qualité et la quantité de fumier sont déjà insuffisantes et les paysans risquent d'avoir des difficultés pour augmenter leur utilisation de fumier.

Durant cette première phase, le projet FIDA de CES a concentré ses activités sur la promotion de techniques simples et à faible coût. Le taux d'adoption de la méthode des *tassa* en particulier est étonnant. Si le projet s'arrêtait maintenant, les paysans pourraient continuer à réhabiliter les terrains dégradés. L'apport du projet en effet se limite essentiellement à la formation des paysans. Des milliers de paysans ont traité leur propre terrain, et ce faisant, ils ont augmenté considérablement le niveau de sécurité alimentaire de leurs familles.

Dans la seconde phase, le projet va s'orienter vers l'aménagement de terroirs à l'échelle des villages, ce qui implique des plans d'aménagement qui seront définis par les villageois non seulement pour les terres cultivées, mais aussi pour les parcours de pâturage.

C'est là un nouvel objectif dont il faut relever le défi.

7

Réhabilitation des terres dégradées

Le zaï, dans le cercle de Djenné (au Mali)

Joanne WEDUM, Yaya DOUMBIA, Boubacar SANOGHO, Gouro DICKO, Ousmane CISSÉ

Présentation du milieu

Le cercle de Djenné a une population totale de 129 513 habitants qui vivent dans 167 villages sur un territoire de 4 561 km^2 : la densité moyenne atteint donc 28 hab./km^2. La saison des pluies s'étend de juin à septembre et les pluies les plus abondantes ont lieu en juillet-août ; cependant, on peut avoir des périodes sèches en juin, août et septembre. Les précipitations annuelles moyennes s'élèvent à 538 mm tombant en 35 jours. La saison sèche s'étend d'octobre à mai.

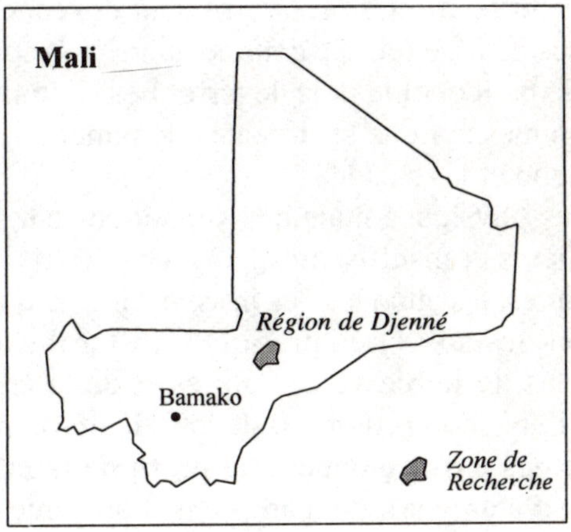

La région est plutôt plane avec quelques buttes latéritiques. On trouve les types de sols suivants :

– des latérites, sols ferrugineux tropicaux très pauvres, dégradés par l'érosion ;

– des sols gravillonnaires très superficiels couvrant les versants de la base de la roche mère sur les parties hautes du paysage jusqu'au pied des collines ;

– des sols argileux ou argilo-sableux dans les bas-fonds inondés chaque année par le fleuve Niger et le Bani quand les pluies sont normales ; ces terres sont enrichies par les colluvions et les sédiments transportés par la rivière ;

– des sols sableux sur les glacis qui relient les terres hautes aux basses. Cette zone est caractérisée par l'abondance de la régénération naturelle dominé par *Acacia albida*.

Aspects socio-économiques

L'émigration saisonnière est considérable dans le cercle de Djenné : près de 80 % des jeunes hommes de certains villages quittent le pays ; par contre, les jeunes filles ne peuvent pas migrer.

La terre est transmise aux enfants par héritage ; dans certains cas, les autorités villageoises allouent des terres à des personnes sans droit d'héritage mais, légalement, toute la terre appartient à l'État. Les conflits fonciers entre paysans sont fréquents.

Depuis la grande sécheresse de 1973-1974, les cultures de rente comme l'arachide et le *dah* (*Hibiscus* sp) sont devenues les plus importantes. Les cultures de base (en sec comme en irrigué) sont le riz, le mil, le sorgho, le maïs, le haricot et le pois de terre. Les champs irrigués produisent aussi des légumes comme les tomates, le piment, les patates douces, le manioc, le gombo et les salades.

Les contraintes physiques majeures supportées par l'agriculture sont les pluies irrégulières et insuffisantes, les crues des rivières ainsi que les maladies des cultures, les attaques des insectes, le manque d'infrastructure et la dégradation des sols. Les pratiques culturales ont quelque peu changé : d'une part, la faiblesse des pluies et de la crue du Bani et du Niger a entraîné l'abandon progressif de la riziculture traditionnelle dans une bonne partie des terres inondées au profit de la culture pluviale du sorgho et du mil ; d'autre part, l'expansion de l'arachide et du *dah* comme cultures de rente est due aux changements du marché.

En matière de gestion de la fertilité des sols, les paysans comptent sur la régénération naturelle des arbres dans les champs. *Acacia albida* est une espèce traditionnellement entretenue par les paysans car elle enrichit le sol. D'autres espèces comme le néré (*Parkia biglobosa*) et le karité (*Butyrospermum parkii*) sont aussi protégées pour leur valeur économique et pour l'ombre qu'elles procurent. Les agriculteurs de la région savent bien comment protéger les jeunes pousses dans les champs.

La plupart des projets de développement intervenant dans la région apportent leur assistance pour la régénération des arbres partout où la végétation est devenue rare. Pour fertiliser leurs champs, les paysans utilisent aussi les feuilles, les composts et même les engrais chimiques à petite échelle et certains laissent les tiges de mil et de sorgho sur leurs champs après la récolte (paillage). La fumure des champs de mil et de sorgho est programmée par contrat entre les paysans et les éleveurs. Certains agriculteurs ont construit dans leur champ un puit autour duquel les bergers campent durant la saison chaude et sèche ; les animaux (bovins, moutons et chèvres) paissent dans le champ pendant le jour et sont attachés pendant la nuit dans différentes parties du champ.

L'élevage

Auparavant, la zone était agro-pastorale mais le troupeau a été considérablement réduit depuis la sécheresse de 1983-1984. Bien des éleveurs ou agro-pasteurs se concentrent maintenant sur l'agriculture ; certains gardent quelques têtes de bétail pour le labour. Après la récolte, les animaux des agro-pasteurs paissent librement durant la saison sèche. Les troupeaux transhumants du nord et de l'est sont conduits à travers les champs de mil de sorgho et de riz et dans les pâturages extensifs des plaines d'inondation, les *bourgou*.

Le bétail fournit la traction animale et la fumure organique pour l'agriculture qui, à son tour, produit une partie du fourrage sous forme de résidus des récoltes. Cependant, la coexistence de l'élevage et de la culture ne va pas sans problème ; en particulier, les changements climatiques au Sahel ont poussé les paysans à ne plus respecter les limites des terres cultivables et à réduire l'espace traditionnellement consacré à l'élevage.

Les méthodes traditionnelles de conservation de l'eau et des sols

Certains projets du gouvernement et des ONG portent sur l'amélioration et l'extension des techniques traditionnelles de CES telles que le *zaï,* les alignements de pierres, les fascines, les haies vives, le labour et le billonnage en courbe de niveau, le paillage et la gestion des résidus de culture. Le sujet de cette étude est le *zaï* qui est la technique la plus répandue dans la région. Les changements climatiques ont encouragé cette pratique dans la région : d'une part, depuis les dernières décennies, les surfaces jadis inondées se sont complètement asséchées, en découvrant des sols nus et dégradés. Les terres hautes ont été attaquées par l'érosion éolienne, ce qui a conduit les paysans à abandonner leurs anciennes pratiques culturales pour adopter des techniques de CES.

Généralement, la technique du *zaï* a été utilisée sur les terres dégradées appartenant à des exploitants individuels ou à des communautés. Elle s'adapte bien aux sols gravillonnaires mais les sols argileux retiennent mieux l'humidité. Les sites concernés sont soit des champs familiaux abandonnés depuis longtemps et qui sont donc revenus dans le domaine commun du village, soit des terres communautaires gravillonnaires qui n'ont jamais été cultivées.

Description de la technique traditionnelle

Le *zaï* (ou poche d'eau) est une technique de récupération des terres dégradées (ou susceptibles de l'être) pour la culture pluviale du mil, du sorgho et du maïs. Traditionnellement, les poches d'eau (*towalen* en bambara) sont des trous de 20 cm de diamètre et 10 cm de profondeur creusés à la houe. La terre de l'excavation peut être placée partiellement à l'extérieur en demi-lune autour du trou. Les poches d'eau sont faites selon les lignes de semis dans le champ et le paysan y dépose un peu de fumier avant les premières pluies.

Le zaï amélioré

Le Projet d'étude des systèmes agraires de Djenné (SAD), dont l'un des objectifs est l'identification de techniques simples et de technologies qui pourraient être vulgarisées sans grand frais, est convaincu des grandes potentialités du *zaï,* technique traditionnellement pratiquée dans la région. C'est pourquoi il s'est investi dans l'amélioration de cette technique en travaillant avec des paysans du village de Torokoro (arrondissement de Sofara). Considérant le *zaï* comme un moyen de collecter l'eau de ruissellement dans les champs, il a proposé d'agrandir les trous à 30 cm de diamètre et 15 cm de profondeur. Les paysans ont placé la dose souhaitable de fumier en temps opportun. Les *zaï* ont aussi été réalisés en quinconce selon les courbes de niveau ou perpendiculairement à la pente. La terre excavée a servi pour construire une demi-lune à l'aval de chaque poche. Quand la pente est forte, le *zaï* peut être associé à des lignes d'herbes (*Andropogon gayanus*), d'euphorbes ou de *Leptadenia astrata* pour combattre l'érosion ; sur pentes faibles, le *zaï* peut être employé seul. L'espace entre les poches varie de 80 à 100 cm en fonction des besoins en eau des cultures et de la pluviosité. Comme le *zaï* est utilisé sur les terres dégradées, il exige un effort physique considérable ; sur un sol latéritique, un paysan met 3 heures pour creuser 30 à 40 poches ; en outre, le *zaï* a besoin d'être creusé à nouveau tous les 2 ou 3 ans en fonction du type de sol.

Tableau 7.1

Extension durant les cinq dernières saisons

Saison	Nombre de participants	Surface traitée (en ha)
1989-90	66	23,5
1990-91	110	36,4
1991-92	184	164,7
1992-93	653	489,8
1993-94	654	472,4*

* Ces données ne tiennent compte que des 17 villages qui ont participé au projet du cercle de Djenné : les surfaces correspondent à environ 15,2 % des terres de culture pluviale.

Origine et développement de la technique

Le projet SAD qui a commencé en novembre 1988, eut son premier contact avec le *zaï* en 1989 en rencontrant Kassoum Fofana qui a introduit le *zaï* à Torokoro (photos 6 et 7). Ce paysan innovateur avait découvert le *zaï* lors d'une visite à des amis au village de Kouma dans l'arrondissement de Soufouroulaye, dans le cercle de Mopti. Il décida d'introduire la technique dans son village après avoir constaté les bons rendements en mil et sorgho obtenus par ses amis malgré les pluies irrégulières et les sols pauvres et dégradés qu'ils cultivent. Kassoum Fofana a continué ses expérimentations durant trois ans avant l'arrivée du projet SAD qui lui suggéra de collaborer avec CARE International au Mali et d'apporter quelques améliorations. Les deux objectifs principaux du projet sont d'augmenter la surface cultivée en réhabilitant les terres dégradées et d'augmenter la productivité des terres agricoles.

Dans la région, la pratique du *zaï* est devenue la plus populaire des méthodes de CES pour développer les terres hautes. En l'utilisant, les paysans ont eux-mêmes conduit des expérimentations concernant la technique et les cultures. Ainsi par exemple, pour restaurer rapidement des sols très compacts autour des vieilles termitières, Kassoum Fofana a construit des cordons circulaires à l'intérieur desquels il a réalisé des *zaï*. Une autre pratique intéressante du *zaï* est l'introduction de la culture d'une variété de riz en sec sur les anciennes zones d'épandage des crues ; sur ces sols argileux, la succession des deux cultures a produit une bonne récolte de sorgho après la récolte de riz. De plus, les paysans ont testé les effets de divers engrais organiques utilisés avec le *zaï* (de cheval, moutons, chèvres ou vaches).

Avantages et impacts

Pour évaluer les effets du *zaï*, le projet a comparé les rendements sur des parcelles traitées en *zaï* et sur des témoins simplement labourés.

Tableau 7.2

Comparaison des rendements avec ou sans *zaï* (kg/ha/an)

Saison	Culture	Rendements *zaï*	Rendements après labour
1992-93	Sorgho	1 494	397
1993-94	Sorgho	624-1 288*	280-320*

* Semis à la date optimale.

En plus de la croissance considérable des rendements et de la production de céréales, on a observé d'autres bénéfices comme l'amélioration du débit des sources et des disponibilités de fourrage et de bois ; malheureusement, le projet n'a pas de données statistiques sur ces sujets.

L'un des objectifs de la vulgarisation des techniques de CES est de réhabiliter les terres dégradées de la région. Effectivement, la plupart des terres aménagées avec des *zaï* étaient dégradées et improductives ; maintenant de nombreux champs ont été réhabilités et, dans certains cas, ils sont à nouveau labourés et semés. De plus, selon les paysans, le *zaï* permet de préparer durant la saison sèche les lits de semence avant le début des pluies et donc de gagner du temps sur la saison des pluies ; ainsi, le *zaï* permet aussi aux cultures de mieux profiter des pluies quelles que soient leur importance et la période où elles tombent.

La principale contrainte de la pratique *zaï* est d'exiger beaucoup d'énergie puisque le seul outil qui intervient est la houe. En outre, le transport du fumier est difficile pour les fermiers qui ne possèdent pas de charrette et qui n'ont pas assez de main-d'œuvre disponible.

Dans cette région, tous les paysans, riches et pauvres, utilisent les techniques de CES mais seuls les gens bien portants peuvent creuser des *zaï* sur une grande surface. Ces techniques sont donc « un luxe » pour les familles qui manquent de main-d'œuvre et qui doivent parvenir à payer les services d'une association de jeunes. Ceci démontre que le manque de main-d'œuvre peut être une contrainte limitant la réalisation des *zaï;* de plus, certaines terres ne sont pas aptes à la réalisation des *zaï* (c'est le cas de certains sols sableux très peu stables et des sols très argileux dans lesquels les cultures risquent de pourrir).

Aspects socio-économiques

Dans la zone de Djenné, on n'observe pas la vente de terres dégradées à des acheteurs qui veulent les mettre en valeur avec les techniques de CES. Cependant, la construction de *zaï* par contrat fournit à quelques jeunes une source de revenu (par exemple à Torokoro).

Certaines femmes propriétaires de terre les aménagent avec les *zaï* : en 1993-1994, neuf femmes prirent part à cette activité. Cependant la plupart du temps les champs appartiennent à la famille et la femme ne peut pas décider de la technique à utiliser ; cette décision relève habituellement des hommes bien que la récolte soit partagée par toute la famille.

Évolution récente

Le *zaï* se répand de jour en jour dans la région parce qu'il est efficace pour augmenter la production et pour réhabiliter les terres. Ceci tient au fait que le *zaï* favorise une bonne infiltration de l'eau et permet aux cultures de résister aux séquences de sécheresse pendant l'hivernage. Les bons résultats obtenus dans les villages aidés par le projet ont poussé les villages voisins à suivre leur exemple ; des cas d'abandon sont signalés mais ils concernent seulement les sols sableux impropres au *zaï*.

Conclusion

Les pratiques de CES telles que le *zaï* se sont répandues rapidement dans la région à cause des aléas pluviométriques et de la dégradation des terres. Les paysans n'avaient pas le choix puisque l'agriculture est leur gagne-pain. Dans ce cas, le *zaï* représente une option durable car il a permis de récupérer des terres qui étaient perdues pour l'agriculture et d'améliorer les rendements en développant la collecte des eaux de pluie. Certains paysans disent même qu'ils ont récupéré par le *zaï* toutes les terres disponibles du terroir.

L'efficacité de la méthode peut encore être améliorée en augmentant le nombre de compostières et en combinant le *zaï* aux cordons de pierres comme le font déjà certains paysans.

8

Développement des techniques de CES en milieu dogon (Mali)

Armand KASSOGUÉ, Mamadou KOMOTA
Justin SAGARA et Ferdinand SCHUTGENS

Le plateau dogon est le type classique du milieu rude qui a servi de refuge à une population fuyant des guerres tribales. Pour survivre sur le plateau, la population a dû gérer les ressources naturelles : le peuple dogon est maintenant bien connu grâce aux études réalisées par de nombreux anthropologues et grâce à la gamme très variée de techniques de conservation de l'eau et des sols (CES) qu'il emploie. Les Dogons ont développé différents types de cordons de pierres et de systèmes de billons pour conserver le sol et garder toutes les précipitations sur place. En particulier,

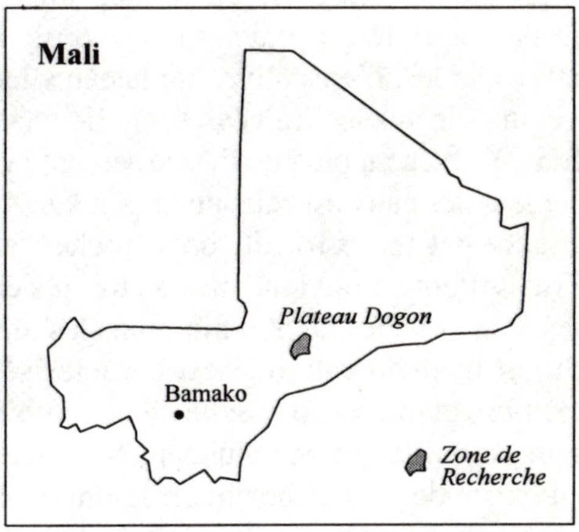

tout au début des années 50, ils ont développé un système d'irrigation manuelle pour la production des oignons ; l'une de ses caractéristiques principales est que le sol est transporté sur la tête et répandu sur des plaques rocheuses situées près de petits barrages ; le sol est mélangé au fumier et sur les nouveaux champs ainsi créés, les agriculteurs produisent jusqu'à 30 t/ha d'oignons. La valeur totale des oignons et des autres cultures irriguées est estimée à environ 2 milliards de CFA en 1989 (soit 20 millions de FF) et la plus grande partie est exportée dans d'autres régions du Mali ou en Côte-d'Ivoire. En fait, chaque famille, sur le plateau dogon a recours à des techniques de CES sur ses terres de culture pluviale ou irriguée.

Description de la zone

Caractéristiques physiques

Le plateau dogon, d'une superficie de l'ordre de 10 000 km², est situé dans le centre-est du Mali. C'est un ensemble gréseux d'une altitude moyenne de 400-600 m et dont la topographie est le résultat d'une très longue période d'érosion. A l'est, le paysage relativement accidenté est composé de grands reliefs incultes et de vallées étroites, profondes de plusieurs mètres et découpées dans les grès le long des lignes de fracture. La partie centrale est composée principalement de plaines inclinées où alternent des surfaces grèseuses non cultivées et des sols aux profondeurs variées. La partie occidentale du plateau est une plaine parsemée de rochers aux versants escarpés. L'ensemble du plateau s'incline légèrement vers l'ouest et ses cours d'eau sont drainés vers le fleuve Niger ; seules les eaux de l'étroite frange située au pied de l'escarpement oriental s'écoulent vers l'est. L'écoulement des eaux est saisonnier pendant 4 à 5 mois par an. Du fait de l'importance des terres rocailleuses (rochers et autres surfaces nues), les taux de ruissellement ont tendance à être très élevés. Les précipitations moyennes sont voisines de 500 mm mais les années sèches sont fréquentes. Le climat tropical sahélien est caractérisé par une saison humide de mai à octobre et une saison sèche de novembre à mai. Il y a de grosses pluies en juin et juillet, et des pluies plus fréquentes mais moins intenses en août. Il existe des variations interrégionales extrêmes dans la distribution spatiale des précipitations. Le plateau dogon a subi la régression pluviométrique qui a affecté toute la zone sahélienne au cours des dernières décennies : la période très humide de 1950-1960 a été suivie par deux périodes très sèches (1966-1975 et 1981-1990).

Les deux principaux types de sols sont les sols sablo-limoneux et les sols sablo-argileux. Les sols sablo-argileux sont les plus fertiles de la région bien que leur fertilité théorique soit faible : ils sont dégradés, l'horizon supérieur ayant été érodé et les horizons inférieurs affleurent en formant une croûte de surface très dure et peu perméable ; ces sols perdent beaucoup d'eau à cause du ruissellement.

Le contexte socio-économique

La population locale était estimée à plus de 200 000 personnes en 1994, avec un taux d'accroissement naturel de 3,5 % par an. Elle est composée essentiellement de Dogons auxquels s'ajoutent des Peuls, des Toucouleurs, des Songhaï, des Mossi et d'autres minorités. Les régions escarpées de l'est du plateau dogon sont densément peuplées et accueillent parfois plus de 80 habitants au km^2. L'émigration saisonnière, semi-permanente ou permanente et les mouvements de population à l'intérieur de la zone sont un trait caractéristique de la vie sur le plateau dogon depuis plus d'un siècle. L'émigration saisonnière (août/septembre-mai/juin) concerne essentiellement les jeunes célibataires à la recherche d'un emploi mais les chefs de famille migrent aussi vers les plaines d'inondation du fleuve Niger ou en direction du Sud du Mali pour cultiver le riz. Le nombre de jeunes filles qui partent augmente de manière spectaculaire. En avril 1987, 4 % de la population était recensée comme absente à cause des migrations saisonnières ; ce chiffre serait plus élevé aujourd'hui. Lorsque la sécheresse se prolonge dans l'année comme en 1995, de nombreux Dogons quittent le plateau et s'installent dans les différentes régions du Sud-Mali qui jouit de précipitations plus élevées et plus sûres (700-1 300 mm), de bons sols et d'une densité de population assez faible.

Les droits fonciers

La terre appartient au fondateur du village. Les droits de ses descendants patrilinéaires ne peuvent pas être transférés. Dans les grandes familles, le chef de famille au sens large, l'aîné des hommes, est le chef de terre qui procède à la distribution des champs collectifs, des champs individuels et des parcelles des femmes de ce lignage. Le chef de terre peut prêter des champs et des jardins à d'autres lignages habitant dans le même village ou à des habitants d'autres villages qui ne travailleront que la terre ; dans ce cas, ils lui doivent habituellement une reconnaissance morale qu'ils démontrent au cours des fêtes traditionnelles et musulmanes ; ces occasions fournissent aussi une opportunité pour renouveler ou rompre le contrat.

Figure 8.1

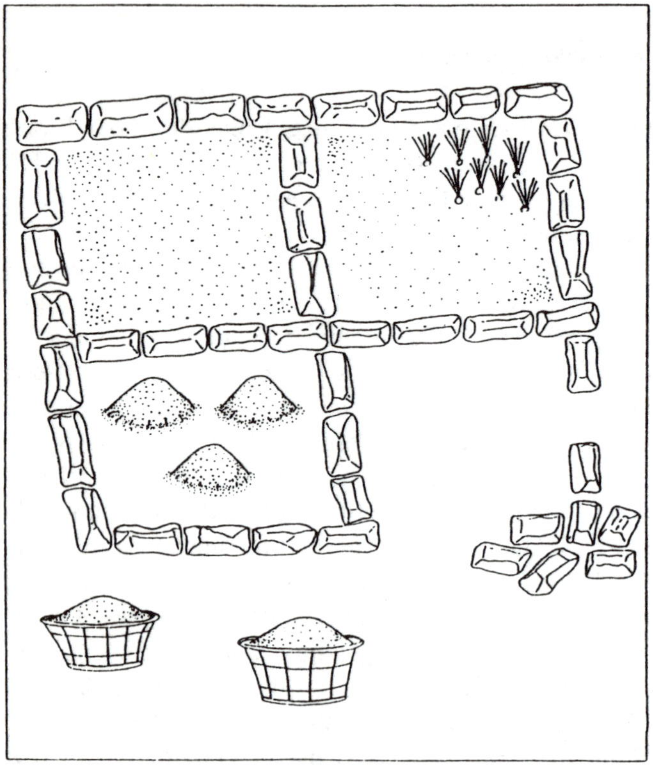

Jardins d'oignons

Les cultures

Les agriculteurs de la région se consacrent aux cultures de subsistance et à celle des légumes. Compte tenu, d'une part, de l'irrégularité de la pluviométrie et des productions vivrières et, d'autre part, de la construction des barrages et du vif intérêt des Dogons pour la culture des oignons, le jardinage destiné à la vente sur les marchés a tendance à remplacer la culture des céréales dans certains secteurs, alors qu'il était quasiment inconnu jusqu'au début des années 50. Il existe habituellement une corrélation entre les espèces plantées et les techniques de culture ; par exemple, le mil, aliment de base, est souvent semé en association avec des haricots sur des terres en pente aménagées en billons alors que le fonio, les arachides et les haricots sont cultivés sur les terres planes. Dans certaines zones du plateau dogon, le riz est également semé sur des terres restaurées ou artificiellement créées en aval de micro-bassins versants non cultivés ; la terre est transportée et répandue sur des plaques de grès, où elle est maintenue en place par des cordons de pierres enrobés d'argile pour retenir les eaux (photo 8) ; des trous sont creusés pour chaque pied de cale-

Figure 8.2

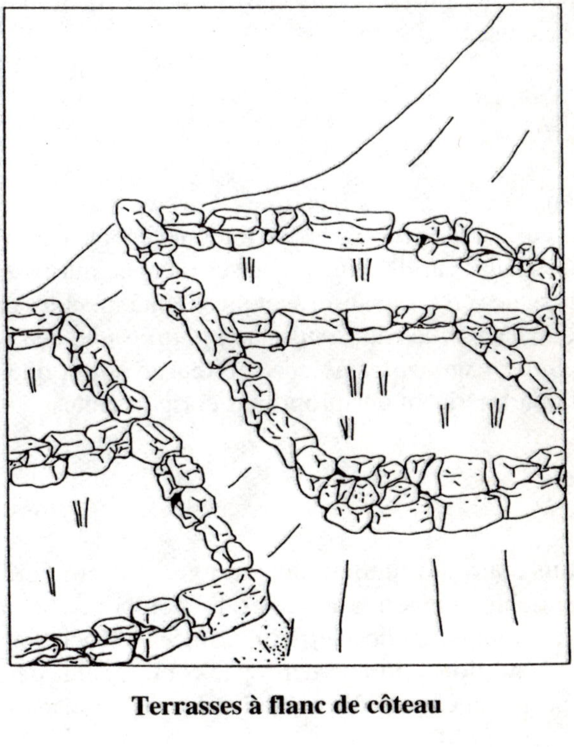

Terrasses à flanc de côteau

basse, d'aubergine, de poivre et de tomate et les paysans les remplissent de fumier et d'eau. Des techniques similaires sont aussi utilisées pour le sorgho et les cultures de rente telles que les oignons, l'ail et les patates douces (voir photo 9). Les plants d'arbres (manguiers, goyaviers, citronniers, papayers, bananiers, etc.) sont habituellement produits en pépinières ; pour les repiquer, les agriculteurs font un trou pour chaque plant et le remplissent avec du fumier avant de l'arroser jusqu'à ce que le plant soit capable de survivre avec l'alimentation naturelle en eau.

Développements récents des systèmes de cultures

L'insuffisance des précipitations a provoqué une baisse progressive de l'intérêt porté au fonio, un déclin du sorgho au profit du mil et la diminution du riz au profit du sorgho. La demande croissante de certains produits agricoles sur le marché a également influencé la sélection des cultures, les oignons, les arachides et les tomates gagnant du terrain ; de même, la culture du *dah* (*Hibiscus* spp) s'est largement développée ces cinq dernières années.

Le rôle des arbres

Les paysans apprécient les bénéfices d'arbres spécifiques dans leurs champs. Pour eux, *Acacia albida* arrive toujours en tête des arbres dont les effets sont bénéfiques car ils croient que ses racines fournissent de l'azote et que les sols riches en azote absorbent plus rapidement les eaux de pluie. Ils estiment que les feuilles de *Combretum glutinosum*, de *Lannea microcarpa* et de *Guiera senegalensis* enrichissent le sol et que les baobabs creux et les tamariniers ont des propriétés enrichissantes.

Le bétail

Les Dogons sont habituellement des agro-pasteurs qui utilisent le fumier pour enrichir leurs terres agricoles. Le nombre de bovins a diminué considérablement au cours des dernières années, principalement à cause de mauvaises conditions climatiques ; par contre, celui des ânes a augmenté parce qu'ils jouent un rôle essentiel dans les transports.

Les contraintes

Les contraintes en agriculture viennent de causes à la fois naturelles et sociales. Des contraintes foncières s'ajoutent aux précipitations inadéquates, au manque de terres arables, au déficit de disponibilité du fumier et à l'appauvrissement des sols. Seuls les propriétaires terriens ont des droits pleins sur leurs terres ; ceux qui n'ont pas de terre ne peuvent en obtenir une qu'auprès de ceux qui en ont, et ces derniers se réservent le droit d'accepter ou de refuser. Les candidats à la terre n'ont en général pas le choix à propos de la surface ou de la qualité des parcelles ou de la durée du prêt. En outre, les emprunteurs ne sont pas libres de faire ce qu'ils veulent sur la parcelle (par exemple, ils ne peuvent pas planter des arbres). La question foncière est donc très aiguë ; elle constitue un facteur majeur de conflit entre des villages quand, par exemple, un groupe s'est installé sur des terres qui appartiennent à un autre groupe.

Les techniques traditionnelles de CES

Tous les exploitants du plateau dogon sont concernés par les techniques de conservation de l'eau et des sols, premièrement parce qu'il est nécessaire de conserver les sols et l'eau dans ce milieu austère et, deuxièmement, à cause du manque de terres provoqué par la croissance démographique. Les techniques traditionnelles de CES sont probablement antérieures à l'arrivée des habitants actuels du plateau dogon ; les vieux pensent que ces pratiques ont commencé avec l'intervention de créatures surnaturelles ayant des pouvoirs qui leur permettaient de « déplacer les pierres » jusqu'au site où il fallait construire les rangées et les cordons de pierres. Hommes et femmes, pauvres et riches, pratiquent la conservation de l'eau et des sols. Cependant, les riches peuvent réaliser plus de choses que les pauvres du point de vue quantitatif car ils peuvent faire appel à un ou plusieurs groupes de jeunes gens résidant dans le village ; le paiement varie en fonction du village, de la taille du groupe et du type d'aide demandée ; l'argent reçu est versé au groupe ou dans la caisse du village pour être utilisée à la réalisation de projets concernant la communauté.

L'adaptation au sol

Les techniques traditionnelles sont adaptées au type de sol. Les sols sableux sont caractérisés par la facilité de l'infiltration. Des alignements de résidus sont très couramment utilisés car l'érosion des sols n'est généralement pas très forte sur ces sols. Les sols caillouteux sont compacts et durs ; l'infiltration est limitée et le labour à la houe est difficile ; dans ce cas, le *zaï*, les billons en forme de carrés ou de nids d'abeille ainsi que les lignes et les cordons de pierres sont les plus couramment utilisés. Les sols argileux sont lourds et difficiles à travailler pendant les périodes de sécheresse ; l'infiltration y est difficile, mais les flaques qui se forment à la surface peuvent être utilisées pour la culture du sorgho et du riz ; la technique de CES la plus fréquemment utilisée pour eux est le cordon de pierres. Les différents noms dialectaux donnés aux sols rocailleux signifient morceaux de terre avec des bordures naturelles en pierres ; les paysans peuvent les améliorer un peu en enlevant les pierres pour obtenir une plus grande superficie cultivable. Les pentes argileuses ou alluviales sont caractérisées par l'absence de couverture végétale et une infiltration très lente. Quand ils cherchent à restaurer la productivité d'un champ rocailleux et dégradé, les agriculteurs associent habituellement le *zaï* et les billons de terre ; en fait, les paysans dogons combinent souvent plusieurs techniques. La pression démographique croissante sur les terres et la dégradation des ressources naturelles rendent nécessaires l'emploi des techniques de CES dans presque tous les champs. Cependant, certaines techniques sont de moins en moins utilisées ; c'est le cas des terrasses sur les pentes fortes construites par les premiers Dogons qui se sont installés dans la région pour fuir des guerres tribales ; la paix coloniale a facilité l'installation dans les plaines au pied du plateau.

Les murets de pierres

Cette technique est mise en œuvre sur les collines escarpées et rocheuses ainsi que sur les pentes couvertes d'éboulis et dans les lits des rivières ; elle passe pour être l'une des plus anciennes. Les murets de pierres sont construits pour retenir la terre et la taille de leurs pierres diminue de la base vers le sommet.

Les rangées de pierres

Une simple rangée de pierres est placée selon les courbes de niveau et perpendiculairement au sens du ruissellement. Les pierres sont conservées sur place et renforcées avec de la terre sur les versants supérieurs des collines. Cette technique est utilisée sur des sols affectés par l'érosion en nappe.

Les cordons de pierres

On empile deux ou plusieurs rangées de pierres dans les cas de forte érosion en nappe ou de ravinement.

Figure 8.3

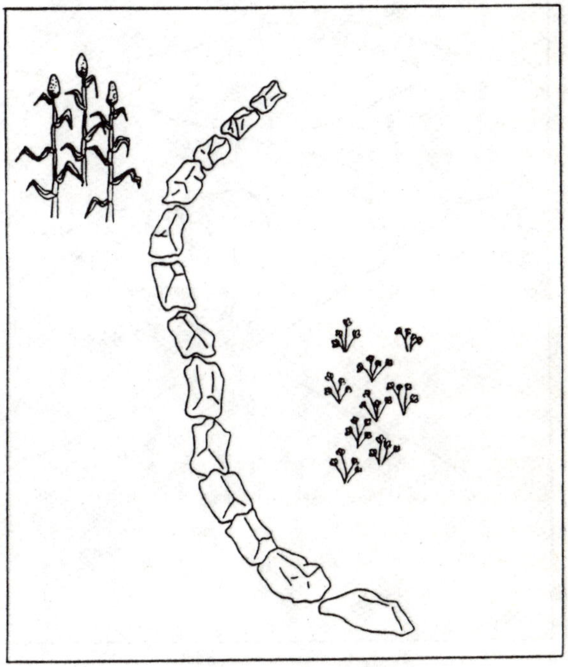

Cordon de pierres traditionnel

Les micro-bassins

Les agriculteurs construisent des séries de billons en terre dans les champs sous forme de carrés dont les côtés sont compris entre 0,5 et 2 m de long en fonction de la pente, ou sous forme de nids d'abeilles. Le but de ces micro-bassins est de retenir toutes les eaux de pluie. Durant les grandes sécheresses, ces micro-bassins fonctionnent moins bien, parce qu'ils ne peuvent pas absorber le ruissellement qui provient des bassins versants qui ne sont pas mis en culture. Les principaux billons sont placés de manière à peu près perpendiculaire aux digues secondaires (partiteurs) parallèles au sens du ruissellement.

Figure 8.4

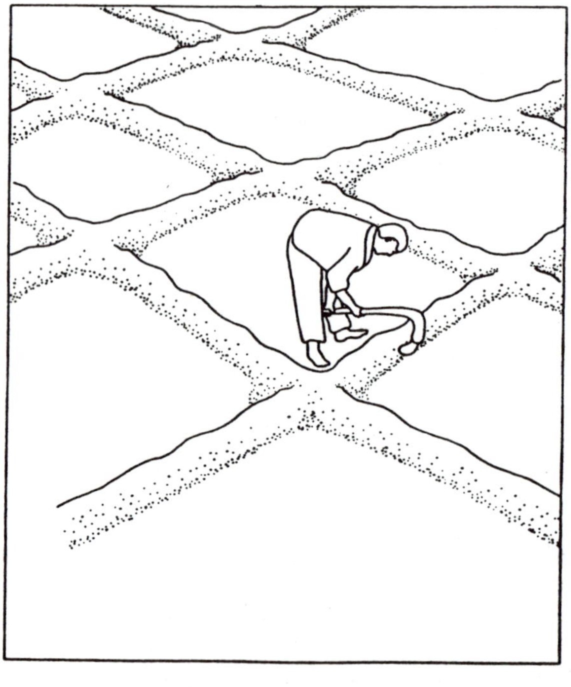

Micro-bassins

Le buttage

La terre est remontée contre les plants sous forme de petits monticules coniques au cours du binage et du sarclage.

Figure 8.5

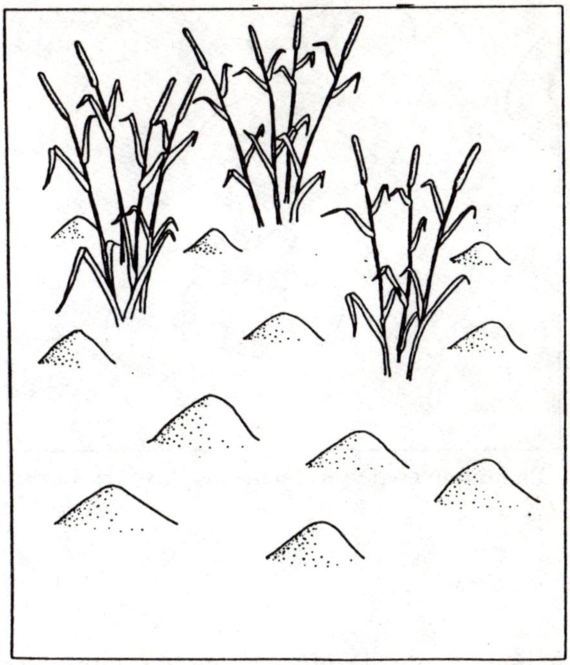

Le buttage

Les plantations en poquet dans une cuvette ou zaï

Les cuvettes ont 20 cm de diamètre environ et 15 cm de profondeur et sont creusées en lignes ; la terre qui a été enlevée est placée en aval de la cuvette. Cette technique sert à réhabiliter les terres improductives.

Figure 8.6

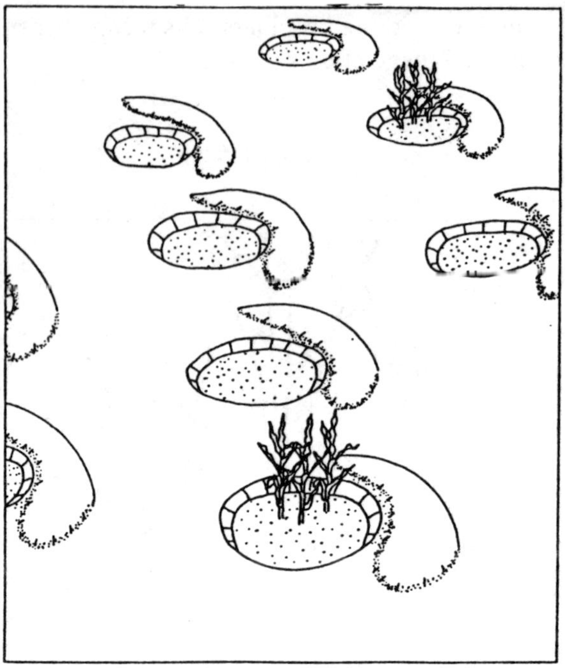

Plantation en poquets dans des cuvettes ou zaï

Les bandes enherbées

Cette technique, moins développée que les autres, consiste à faire pousser certaines herbes pérennes telles que l'*Andropogon gayanus* le long des rigoles et des ravines.

Les alignements de résidus de culture (ou fascines)

Les tiges de mil et de sorgho et/ou les branches des arbres sont empilés selon les courbes de niveau, ordinairement dans de micro-bassins versants aux pentes douces et aux sols sableux, sujets à l'érosion en nappe ou au ravinement.

Figure 8.7

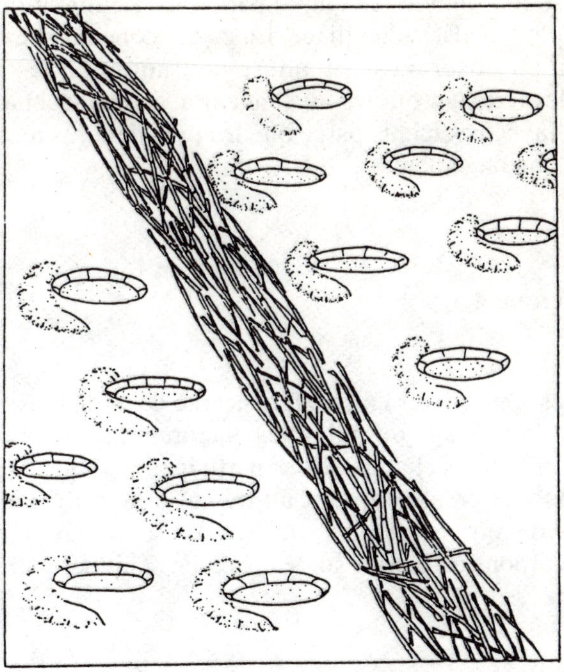

Fascines de tiges de mil et zaï

La restauration des sols

Une grande partie du plateau dogon est composé de roches nues. Les agriculteurs construisent un quadrillage de lignes de pierres sur les surfaces de grès dénudées et remplissent ensuite les carrés avec de la terre prise dans le lit des rivières ou ailleurs. Cette technique est très utilisée.

Les contraintes de la conservation de l'eau et des sols

Il existe deux contraintes principales en ce qui concerne la CES sur le plateau dogon : la première porte sur la main-d'œuvre et la seconde concerne l'exploitation de la terre. Le travail de CES souffre des contraintes de main-d'œuvre parce qu'il a lieu entre les mois de janvier et de juin, à une période qui coïncide, d'une part, avec la seconde partie du cycle végétatif de l'oignon et, d'autre part, avec l'émigration saisonnière des actifs les plus robustes du village. En ce qui concerne l'exploitation de la terre, on a pu observer de manière courante que les paysans qui empruntent des terres et qui les aménagent avec des techniques de CES perdent leurs investissements parce que les propriétaires récupèrent leurs terres après l'aménagement.

Le rôle des femmes

Les femmes sont actives en ce qui concerne de nombreuses activités de CES. Pendant le sarclage du mil, elles élaborent le réseau de billons en terre qui quadrillent les champs. Elles participent à l'épandage du fumier dans le *zaï*, dont le creusement est un travail d'homme. Les femmes ne possèdent pas de terre en général sauf si elles sont veuves, mais on peut observer des cordons de pierres sur les parcelles qui leur ont été attribuées par leurs maris.

La vulgarisation et l'amélioration des techniques de CES

De nombreux projets et les services gouvernementaux soutiennent des activités de CES sur le plateau dogon. Certains ont essayé d'améliorer les techniques traditionnelles de CES. Par exemple, les Allemands ont financé un Projet de vulgarisation agricole sur le plateau dogon, qui a débuté en 1985, privilégiant les modifications suivantes :

- la construction de cordons de pierres selon les courbes de niveau déterminées en utilisant un niveau à eau ou en forme de triangle ;
- l'emploi de petites pierres dans la fabrication des cordons ;
- la détermination de l'espacement idéal entre les cordons ;
- l'encaissement des constructions en pierres dans des tranchées peu profondes ;
- la fabrication de cordons de pierres plus larges ;
- l'amélioration des plantations traditionnelles en poquet dans les cuvettes ou *zaï*.

Ce projet a fourni un équipement à 97 villages, tandis que les projets de reforestation des villages lancés par le Service des forêts et le Programme national de vulgarisation agricole ont équipé respectivement 5 et 34 villages.

Le Projet expérimental du Yawakanda sur les techniques de contrôle de l'érosion, lancé par l'ONG DHS du Mali (Développement harmonieux du Sahel), associe quatre partenaires dans le cercle de Bandiagara : DHS, le Service des forêts, les Volontaires français et le Projet de vulgarisation agricole financé par l'Allemagne. Celui-ci vise à harmoniser les interventions dans le domaine de la conservation de l'eau et des sols. Un groupe d'agriculteurs (hommes et femmes) est formé dans chaque village. Ils se chargent à leur tour de former d'autres paysans et de vérifier que les travaux de CES sont réalisés correctement. Les cordons de pierres selon les courbes de niveau ont été construits grâce à la capacité de travail de la collectivité pour protéger la terre contre le processus de dégradation et pour restaurer les terres déjà dégradées. L'apport de matériel (marteaux, brouettes, pinces et leviers, etc.) a donné une impulsion aux efforts de CES. Les améliorations apportées à la construction des cordons de pierres ont permis de réhabiliter les superficies affectées par le ravinement ou par une forte érosion en nappe, ce qui ne pouvait guère être obtenu par les techniques traditionnelles.

Les paysans qui vivent sur le plateau sont aujourd'hui plus enthousiasmés par les techniques améliorées après une hésitation au départ due au fait que :

- le traçage selon les courbes de niveau était considéré comme une perte de temps car il est long à réaliser ;
- certaines techniques prennent plus de temps que les pratiques traditionnelles ;
- les objectifs proposés par les techniciens du projet et les attentes des agriculteurs ne sont pas toujours les mêmes.

Conclusion

Dans plusieurs parties du plateau dogon, les techniques traditionnelles de CES ont été abandonnées, souvent parce qu'elles ne sont pas assez efficaces et ne pouvaient pas venir à bout du taux accéléré de dégradation du milieu naturel. Ailleurs, ces techniques continuent à être maintenues et développées.

9

Le *zaï*, technique traditionnelle de réhabilitation des terres dégradées au Yatenga (Burkina Faso)

Mathieu OUÉDRAOGO et Vincent KABORÉ

Depuis le début des années 80, les paysans de la province du Yatenga au Burkina Faso ont rapidement adopté la technique des cuvettes traditionnelles améliorées ou *zaï* (en moré) ; grâce aux *zaï*, la productivité de milliers d'hectares de terres dégradées a été restaurée. Il est surprenant de constater que cette technique n'a presque pas été adoptée dans les autres régions du plateau central alors qu'elle est de plus en plus populaire ailleurs, au Mali et au Niger (voir chapitres 6 et 7). Plusieurs projets ont activement fait la promotion des *zaï* au Yatenga mais la majorité des paysans qui ont adopté cette technique n'ont reçu l'appui d'aucun projet. Cette étude de cas décrit les caractéristiques principales des *zaï* et en analyse les avantages et les inconvénients.

Présentation de la région

A Ouahigouya, capitale de la province du Yatenga, la pluviométrie moyenne sur le long terme est supérieure à 700 mm, mais la moyenne pour 1973-1993 n'est que 562 mm avec des pluviométries nettement inférieures à ces chiffres en 1984, 1985 et 1990. La densité de la population du Yatenga dépasse 100 habitants au km^2 dans certaines zones. Jusqu'à la fin des années 70, ces densités élevées de population ne s'étaient pas encore traduites par un processus d'intensification agricole. La réaction générale des paysans était d'étendre les champs sur des terres marginales pour l'agriculture et/ou de partir en exode temporaire ou permanent en Côte-d'Ivoire ; beaucoup de familles du Yatenga ont maintenant des parents qui ont des petites exploitations agricoles en Côte-d'Ivoire ou ils cultivent le café.

Cependant, depuis l'amélioration des cuvettes *zaï* et l'introduction des cordons de pierres selon les courbes de niveau, les paysans ont commencé à intensifier l'exploitation de leurs terres. Des actions ont été entreprises pour la stabulation du bétail afin de réduire la pression des animaux sur la végétation et de créer des conditions favorables à la régénération naturelle de la végétation et, également, dans le but de produire davantage de fumure de meilleure qualité. Malheureusement, ces actions n'ont pas (encore) eu beaucoup de succès car la stabulation du bétail demande beaucoup de travail supplémentaire pour nourrir et abreuver les animaux. Toutefois, depuis la dévaluation de 50 % du franc CFA en janvier 1994, la viande produite au Sahel peut concurrencer sur les marchés des villes côtières (notamment Abidjan) la viande importée provenant de l'Argentine et des pays de l'Union européenne. La dévaluation a entraîné une hausse des prix des moutons et des caprins qui pourrait inciter les paysans et paysannes à pratiquer la stabulation. L'introduction de « nouvelles » techniques de CES a contribué à initier un processus d'intensification agricole au Yatenga mais des mesures macro-économiques, dont la dévaluation, ont également influencé d'une façon significative le degré et le modèle d'intensification de l'agriculture et de l'élevage au niveau de la région.

Description des *zaï*

En général, les *zaï* ont un diamètre de 20-30 cm et une profondeur de 10-15 cm (Wright, 1982) ; leurs dimensions varient selon les types de sol dans lesquels ils sont creusés ; ils sont souvent plus grands sur les sols latéritiques qui ont une capacité de rétention d'eau limitée que sur les sols plus argileux qui sont moins perméables. Le nombre de cuvettes (*zaï*) par hectare dépend de leur espacement et varie souvent de 12 000 à 15 000 ; on en compte 15 000 quand l'intervalle est de 0,8 m. Des cuvettes ayant des dimensions plus larges et des espacements plus grands captent et stockent davantage d'eau de ruissellement. La terre excavée est mis en aval de la cuvette ; cette opération lorsqu'elle est bien faite améliore la capacité de stockage de l'eau. Les *zaï* sont surtout utilisés pour réhabiliter des sols latéritiques et sablo-argileux que les Mossi appellent *zipellé,* c'est-à-dire des terres dénudées, encroûtées et très dures qui provoquent un fort ruissellement et que les racines des plantes ne sont pas capables de pénétrer.

Les cuvettes sont creusées pendant la saison sèche de novembre à mai (voir photo 10). C'est l'une des raisons qui explique que les paysans ont adopté les *zaï* et refusé les billons cloisonnés, qui doivent être construits lors de l'hivernage. Le creusement des *zaï* dans un champ de l'ordre de 1 hectare prend environ 60 jours de travail (à 5 heures par jour en moyenne). Pendant la saison sèche, les *zaï* captent la litière et les sables fins transportés par le vent. Les paysans mettent eux-mêmes une poignée de fumure dans les cuvettes, ce qui attire des termites qui creusent des galeries et facilitent ainsi l'infiltration profonde des eaux de pluies et de ruissellement. Les termites ne contribuent pas seulement à augmenter la porosité et la capacité de rétention d'eau des sols ; ils transportent aussi des éléments nutritifs des couches profondes vers les horizons supérieurs et inversement. Les termites sont devenus des alliés majeurs des paysans dans leur lutte pour réhabiliter les terres dégradées. Le *zaï* est efficace parce qu'il concentre l'eau et la fumure en un même point. Certains paysans sèment précocement leurs *zaï* avant l'arrivée des pluies pour profiter des premières pluies.

On dispose seulement de données indicatives sur les rendements obtenus au Yatenga avec les *zaï* ; on ne trouve qu'au Niger des mesures de rendements effectuées sur les mêmes parcelles pendant trois années consécutives (voir chap. 6). Dans une année de pluviométrie « normale » et bien répartie, les rendements du sorgho et du mil varient de 500 à 1 000 kg/ha. La biomasse produite varie de 2 à 4 tonnes de tiges de sorgho ou du mil en fonction de la fertilité des sols et de la pluviométrie (voir photo 11).

Pendant la seconde année de culture des *zaï*, les paysans sèment dans les cuvettes existantes ou, si l'espacement entre les cuvettes est suffisamment grand, ils creusent de nouvelles cuvettes entre celles qui existent déjà. Après environ 5 ans environ de culture, l'ensemble de la surface aménagée est amélioré par les *zaï* et l'action des termites (Roose *et al.*, 1994).

La fumure que les paysans mettent dans les cuvettes contient des semences d'herbes, d'arbustes et d'arbres qui sont déjà passées par le tube digestif des bovins, caprins ou moutons, ce qui facilite leur germination. Les jeunes arbres profitent aussi de la concentration de l'eau et des éléments nutritifs et ils montrent souvent des taux de croissance appréciables. Roose *et al.* (1994) ont identifié 13 essences d'arbres et d'arbustes et 23 espèces d'herbes sur un seul champ réhabilité à l'aide de *zaï* et bon nombre de paysans au Yatenga protègent maintenant les arbres qui se sont installés sur les terres réhabilitées.

Les origines du zaï

Les cuvettes ou *zaï* étaient utilisées dans le Yatenga avant 1980 mais à une très petite échelle. Elles ont été abandonnées pendant la période de bonne pluviométrie des années 50 à 70 pendant laquelle on n'en avait plus besoin. Les sécheresses récurrentes depuis la fin des années 60 ont provoqué la misère des populations, et la relance des *zaï* fut une réaction à cette situation. La technique du *zaï* a été améliorée par un paysan du village de Gourga, situé à 5 km à l'ouest de Ouahigouya ; plusieurs autres paysans réclament également la paternité de l'amélioration des *zaï*.

Adoption et diffusion

Des projets, tels que le Projet agro-forestier financé par OXFAM et le Projet agro-écologie financé par l'Allemagne, ont systématiquement promu la vulgarisation des *zaï*, mais de nombreux paysans les ont adoptés spontanément après les avoir vus sur d'autres champs. Il est surprenant de constater que les *zaï* sont utilisés surtout au Yatenga et presque pas ailleurs sur le plateau central, comme dans les provinces du Passoré, du Bam et du Sanmatenga qui sont toutes aussi des zones à fortes densités de population ayant de vastes surfaces de terres fortement dégradées susceptibles d'être réhabilitées. Récemment, des *zaï* ont été creusés à petite échelle dans la région de Pissila (province du Sanmatenga) à la suite de visites intervillageoises de paysans de Pissila au Yatenga. Ces visites interpaysannes sont de plus en plus considérées comme l'outil le plus efficace pour la diffusion des innovations techniques et institutionnelles. Un des exemples le plus significatif est l'adoption et la diffusion des *zaï* améliorés au Niger après un voyage d'étude en 1989 des paysans de l'arrondissement d'Illéla (département de Tahoua) du Niger au Yatenga (voir chapitre 6).

Les avantages

Les *zaï* ont beaucoup d'avantages, dont la plupart sont facilement identifiés par les paysans :

– ils concentrent l'eau de pluie et de ruissellement, ce qui rend les récoltes moins sensibles aux périodes de sécheresse pendant l'hivernage ; les cultures survivent à ces périodes et il n'est pas nécessaire de resemer : ainsi, on économise du travail et des semences ;

– en concentrant la fumure et la matière organique, les *zaï* permettent d'en faire un usage plus économe ;

– ils captent de la litière et du sable fin déplacé par le vent et améliorent ainsi les conditions des sols ;

– les *zaï* permettent la réintroduction de la faune du sol (termites, etc.) et favorisent ainsi l'amélioration de la structure des sols ;

– on les creuse pendant la saison sèche et les champs sont préparés avant l'arrivée des pluies, ce qui fait gagner du temps au début de l'hivernage ;

– situées dans un creux, les semences et jeunes plantes sont mieux protégées des vents violents et de la force du ruissellement au début de l'hivernage ;

– les *zaï* permettent la réhabilitation des terres fortement dégradées, ce qui est d'une importance vitale dans une région caractérisée par de fortes densités de population et des pressions considérables sur des terres agricoles soumises à un processus intense de dégradation ;

– ils permettent d'obtenir des rendements des céréales, même en première année, qui sont généralement supérieurs à ceux des champs non aménagés ;

– les besoins de sarclage sont moindres dans les premières années car les mauvaises herbes ne poussent pas sur les surfaces entre les cuvettes dont la croûte n'est pas cassée ;

– les *zaï* ont un effet favorable sur la régénération des arbres et des arbustes ;

– localement ils contribuent à la recharge des nappes d'eau souterraines ;

– la technique est simple et maîtrisable par tous les paysans.

Les inconvénients

Les avantages dépassent clairement les inconvénients, sinon les paysans n'adopteraient pas volontairement les *zaï*, mais il y a quand même quelques inconvénients importants :

– la technique demande un niveau d'investissement de travail qui peut poser des problèmes aux familles disposant de peu de bras valides ;

– il n'est pas possible de mécaniser le creusement des *zaï* ; Roose *et al.* (1992) ont testé un sous-solage croisé avec une dent tirée par un bœuf ; il permet de réduire le temps de travail de 50 % mais le problème est de trouver des bœufs pendant la saison sèche qui soient suffisamment forts et seule une petite minorité des paysans du Yatenga a accès aux bœufs de traction ;

– l'utilisation de la charrue est impossible dans les champs aménagés avec des *zaï* ;

– la combinaison des *zaï* et des cordons de pierres est souvent souhaitable car les cordons protègent les *zaï* contre la force du ruissellement de surface mais cette combinaison augmente l'investissement en travail déjà considérable ;

– le creusement des cuvettes sur des sols déjà très peu profonds tend à les amincir encore ; dans ces cas, les paysans ne devraient pas planter dans les cuvettes mais sur la terre excavée afin de maximiser la longueur des racines.

Conclusion

En assurant une récolte de céréales même en année d'assez mauvaise pluviométrie, les *zaï* contribuent d'une façon substantielle à la sécurité alimentaire au Yatenga ; cela ne veut pas du tout dire que tous les paysans sont à l'abri des déficits alimentaires, mais certains n'ont plus jamais acheté des céréales depuis qu'ils ont aménagé des champs avec des *zaï* améliorés.

Les paysans relativement aisés profitent probablement plus des *zaï* que ceux qui sont pauvres, car les premiers ont accès à plus de terres, plus de main-d'œuvre familiale ou ouvrière et plus de fumure. Cependant, cette étude a constaté que les petits paysans tirent un profit substantiel des avantages de cette technique. Les pauvres ont des champs souvent marginaux et ils possèdent peu de moutons et de caprins, ce qui signifie qu'ils ont peu de fumure pour fertiliser leurs champs dégradés ; les *zaï* permettent l'utilisation rationnelle de petites quantités de fumure ; ainsi les paysans démunis peuvent en faire une utilisation optimale.

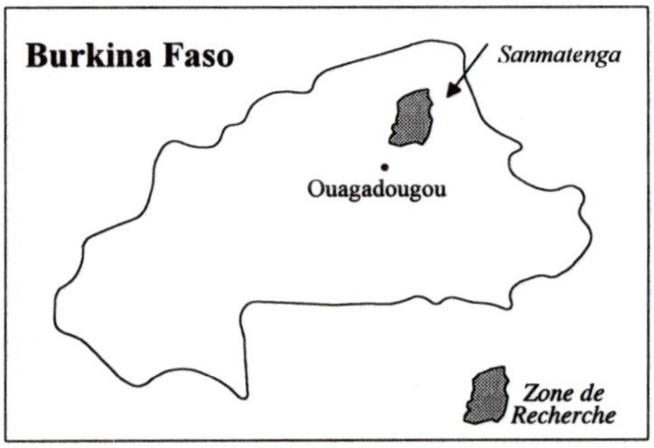
Burkina Faso
Sanmatenga
Ouagadougou
Zone de
Recherche

10

Le paillage sur le plateau central du Burkina Faso

Une technique très utilisée et bien adaptée aux moyens des paysans

Maja SLINGERLAND et Mouga MASDEWEL

La plupart des sols de la zone semi-aride soudano-sahélienne d'Afrique occidentale sont encroûtés, ce qui réduit considérablement l'infiltration pendant les orages et produit une masse considérable de ruissellement. Les eaux de ruissellement entraînent sélectivement les matières organiques et les nutriments des horizons de surface. Par conséquent, non seulement les eaux et les terres, mais aussi les éléments fertilisants de la terre sont perdus. Plusieurs techniques traditionnelles de conservation des sols ont été trouvées dans cette région (Roose, 1988). Parmi celles-ci figure le paillage qui est traité en détail dans ce document. L'analyse du paillage est faite dans la province de Sanmatenga et le village de Tagalla. Les données sur le paillage au niveau de la province ont été trouvées dans les études du Centre régional pour le développement agro-pastoral (CRPA) et d'un projet bilatéral hollandais (PEDI), tandis que les données qui concernent le village de Tagalla ont été collectées entre avril et novembre 1994.

Le paillage au Burkina Faso

Dans la région densément peuplée du plateau central du Burkina Faso, la plupart des champs sont cultivés de façon permanente. Avec la croissance de la pression démographique et la diminution de l'opportunité de trouver du travail en Côte-d'Ivoire, un certain nombre de migrants sont revenus s'installer dans leur village. Dans cette région, peu de résidus de culture restent sur le champ après la récolte car ils sont utilisés aussi bien pour l'alimentation du bétail que comme source d'énergie. Les sols dénudés, généralement limoneux et manquant de protection sont très sensibles à la formation de croûtes. Traditionnellement, les paysans mettent un paillis sur des petites parcelles de terres dénudées et encroûtées comme un moyen de réhabiliter ces sols ou de pailler les champs cultivés où la production a diminué les années précédentes. Jusqu'au début des années 90, cette technique de paillage a été pratiquée continuellement, mais à faible échelle parce que les paysans trouvent que couper l'herbe et la transporter dans le champ demandent un travail considérable, de même que transporter les tiges de mil et les étendre.

Cependant, depuis 1992, le paillage s'est étendu rapidement. Durant les mois précédant la saison des pluies, c'est-à-dire avril et mai, on peut voir de nombreuses personnes, hommes et femmes, vieux et jeunes en train de couper de l'herbe, de la transporter sur leur tête jusqu'au champ ou bien sur des charrettes à âne (photo 13). Parfois même, de jeunes migrants rentrés de Côte-d'Ivoire louent des terres marginales et font des efforts considérables pour améliorer la qualité de ces champs en utilisant le paillage. Par ailleurs, de nombreuses vieilles femmes paillent leurs petites parcelles (*beolgo*), dont elles dépendent largement (photo 14). Là où les herbes ne sont pas en quantité suffisante, les gens collectent aussi les feuilles sèches de différents arbres, en particulier du *Butyrospermum parkii* ou karité.

Les paysans mossi utilisent aussi une forme légère de paillage. Cette méthode consiste à couvrir le sol avec une épaisseur de 2 cm d'herbe sèche équivalant à 3 à 6 tonnes/ha. L'avantage du paillage n'est pas seulement dans la fertilisation des sols grâce à la décomposition des résidus végétaux, mais aussi dans l'attraction des termites. Les termites créent des couloirs dans les sols et à la surface des sols en détruisant les croûtes de battance. Grâce aux termites, la porosité et la perméabilité du sol augmentent de façon considérable. Les termites remuent et mélangent de larges quantités de sol (Mando, 1993). Tous ces facteurs mis ensemble créent des conditions plus favorables pour le développement des racines et le relief créé par ces paillages après consommation par les termites suffit pour absorber l'énergie d'une certaine quantité de pluie et pour diminuer le ruissellement (Roose, 1989).

Le paillage dans la province de Sanmatenga

Le village de Tagalla est situé dans la province de Sanmatenga. Une étude du système de production pour cette province a été réalisée récemment par le CRPA-PEDI. Dans cette enquête, le paillage figurait comme élément secondaire, mais les résultats donnent une idée de son importance relative (Barning et Dambré,1994). Les résultats sont basés sur un échantillon pris dans trois villages de la province : l'un dans le nord (Kogyendé) et deux dans le sud (Dembila et Ouanané). Les surfaces paillées dans ces villages par les deux groupes ethniques principaux sont présentés dans le tableau 10.1.

Tableau 10.1

Pourcentage des champs d'exploitation paillés pour trois villages et deux groupes ethniques

	Kogyendé	Dembila	Ouanané	Mossi	Peul	Total
Nb exploitation	101	48	72	150	71	221
Surface paillée (%)						
0	25,7	81,3	56,9	33,3	74,6	48,0
0 à 25	61,4	14,6	30,6	50,0	22,5	41,2
25 à 50	11,9	4,2	11,1	13,3	2,8	10,0
50 à 75	1,0	0,9	1,4	3,4	0,1	0,8

Ce tableau montre que, dans le nord, 74 % des exploitations ont paillé une partie de leurs champs mais seulement 43 % dans le sud. Dans le nord, 12 % des exploitations ont paillé entre 25 et 50 % de la surface qu'elles cultivent. L'étude a aussi montré que l'usage de la traction animale et les engrais organiques sont beaucoup plus communs dans le sud que dans le nord. Les paysans utilisant la traction animale et la fertilisation organique sont moins concernés par le paillage. Dans les plus petites exploitations (0-4 ha), 39 % des paysans ont mis du paillage sur leurs champs, tandis que, dans les exploitations plus vastes (4-8 ha), 64 % ont paillé une partie de leurs champs. Les grands propriétaires ont des champs de brousse plus importants et ceux-ci sont plus souvent paillés que les champs qui se trouvent près des maisons, lesquels reçoivent le plus souvent du fumier. Les grands propriétaires ont aussi souvent une charrette tirée par un âne, ce qui facilite le transport de l'herbe.

Cette étude a aussi révélé que là où la majorité des Mossi pratiquent le paillage (67 %), seulement une minorité de Peuls l'utilise (25 %). Ceci peut être expliqué par le fait que les Peuls sont des agropasteurs ayant un grand nombre de têtes de bétail et donc beaucoup de fumier ; en outre, la surface totale de leurs champs est plus petite que celle des Mossi qui dépendent plus de l'agriculture. On a trouvé également une relation positive entre la surface paillée totale et l'investissement par les paysans dans les moyens de conservation de l'eau et du sol. Enfin, le tableau 10.2 montre une relation positive entre la disponibilité en force de travail par hectare et la surface qui est paillée. Ceci suggère que le travail peut être une contrainte sur les terres qui peuvent être traitées de la sorte.

Tableau 10.2

Nombre de membres actifs de l'exploitation par hectare cultivé en relation avec le pourcentage de surface paillée

Surface paillée (%)	Travailleurs/ha	Nombre d'exploitations
0	1,71	105
0 à 25	2,11	91
25 à 50	2,60	22
50 à 75	2,67	1
Total	1,96	219

Le paillage à Tagalla

A Tagalla, village du plateau central situé dans la partie ouest de la province de Sanmatenga, on a fait une étude plus approfondie sur 49 exploitations pratiquant cette technique. Les paysans distinguent quatre types principaux de sols dans leur village : *bolé* (argile), *baongo* (bas-fonds), *zipellé* (limons sableux fortement encroûté) et *zegdega* (sols latéritiques).

L'ensemble des 49 agriculteurs proclament que les *zipellé* souffrent beaucoup du ruissellement et de l'érosion ; ils savent que les facteurs de l'érosion sont le vent, la pluie et les activités humaines. Ils notent que l'érosion s'accélère lorsque la couverture du sol diminue, en particulier depuis la disparition des arbres (50 %) ; il en résulte l'échauffement des sols nus (6 %), une diminution des pluies (10 %) et l'assèchement des sols (10 %). Tout ceci entraîne finalement, d'après les paysans, la diminution de la production des cultures et la perte de poids du bétail.

Les paysans connaissent généralement différentes techniques pour lutter contre l'érosion. Les cordons de pierres et le paillage sont des techniques citées par 36 et 38 % des paysans : 25 % d'entre eux mentionnent les bandes enherbées. Le paillage et les bandes enherbées sont des pratiques traditionnelles, tandis que les cordons de pierres ont été introduits en 1985. La faible disponibilité en herbes et la distance de transport sont les contraintes majeures pour le paillage. A peine 12 % des paysans estiment qu'ils peuvent trouver de l'herbe à proximité de leurs champs, tandis que 88 % pensent en trouver assez loin. Cependant, l'herbe est légère et même les vieilles femmes peuvent en transporter de petites quantités. Généralement, les herbes sont transportées sur la tête puisque 10 % seulement des paysans utilisent des charrette tirées par un âne.

Pour le paillage, on n'utilise qu'une seule espèce : le *Loudetia togoensis*. On peut en trouver des quantités raisonnables en taches homogènes sur les sols très pauvres des collines environnantes. Son usage possible comme fourrage s'arrête à la floraison car des aiguilles se développent ensuite et découragent le bétail de le consommer à ce stade.

Les autres herbes ne sont pas disponibles à la même échelle, soit parce qu'elles sont broutées par le bétail, soit parce qu'elles sont coupées pour fabriquer à la maison divers objets d'artisanat, des chaumes pour le toit ou des fourrages. La bonne période pour faucher l'herbe est le mois de mai, bien que 16 % des paysans commencent déjà en avril. A ce moment l'herbe est sèche et impropre à l'alimentation du bétail. Les paysans souhaitent pailler tous leurs champs mais ils sont limités par le manque de temps. Dans plus de 60 % des cas, ils consacrent 2 semaines pour le paillage, la fauche et le transport. Avec ce niveau d'investissement en temps, aucun n'envisage de couvrir tous ses champs. Les critères de choix des champs à pailler sont les suivants : bas niveau de fertilité (47 %), prévention de la dégradation des sols (23 %), maintien ou augmentation de l'humidité du sol (17 %) et baisse de productivité en général (10 %). Les paysans déclarent attendre du paillage les bénéfices suivants : l'augmentation de la production des cultures (36 %), la conservation et l'augmentation de la réserve hydrique du sol (30 %), l'amélioration de la fertilité du sol (23 %) et une meilleure protection contre le vent, le soleil et la pluie (5 %). Les cultures qui bénéficient le plus souvent du paillage sont le sorgho et le niébé en culture mixte. Le sorgho est la nourriture de base de la région. A part le paillage, certains agriculteurs utilisent sur les mêmes champs la fumure organique (42 %) ou minérale (16 %). Quelques-uns (23 %) brûlent leur paillis peu après le début de la saison des pluies, en partie pour faciliter le labour au début de l'époque des semis, en partie pour faciliter le sarclage par la suite.

Plusieurs paysans lient le paillage à la présence des cordons de pierres : une fois qu'ils ont réalisé l'investissement foncier que constitue le cordon de pierres, le paillage est une technique complémentaire qui améliore l'efficacité des cordons. Le paillage optimise l'investissement dans les structures antiérosives.

Discussion et conclusion

Le paillage est une technique traditionnelle de conservation de l'eau et des sols largement diffusée et bien adaptée aux moyens dont disposent les paysans du plateau central du Burkina Faso. Mais on peut encore se poser de nombreuses questions. Qu'est-ce qui a déclenché l'adoption rapide du paillage par des milliers de paysans du nord du plateau central, en particulier depuis 1992 ? Ce n'est certainement pas le résultat des activités des projets de développement ou des programmes nationaux car aucun d'eux n'a réalisé d'effort dans ce sens avant 1992.

On pourrait invoquer la sécheresse de 1991. La faible pluviosité peut jouer un rôle puisque, après la forte pluviosité de 1994, on a observé une baisse des surfaces paillées en 1995. Mais la sécheresse ne peut pas tout expliquer puisque, dans les années 1980, il y eut de nombreuses années sèches qui n'ont pas provoqué le développement du paillage.

La réglementation sur la lutte contre la désertification, mise en place en 1985, comprend la lutte contre les feux de brousse. Depuis, les feux de brousse sont devenus rares sur cette région, ce qui a pu entraîner une extension des surfaces enherbées.

D'autres questions restent posées : comment les villageois gèrent-ils ces surfaces où pousse le *Loudetia ?* Y a-t-il un contrôle de l'accès à l'herbe ? Ou bien chaque villageois peut-il couper tout ce qu'il veut ? Il semble que, dans certains villages, ceux qui provoquent un feu de broussaille ou d'herbes soient sanctionnés et doivent payer une amende ; mais qu'elle est l'extension de cette mesure ?

11

La culture du sorgho *mouskouari* sur vertisol dans le Bornou, au nord-est du Nigeria

Are KOLAWOLE, J.K. ADEWUMI et P.E. ODO

L'échec du Projet d'irrigation du sud du lac Tchad, dans le nord-est du Nigeria, a conduit à une relance des pratiques traditionnelles de conservation de l'eau et des sols et s'est accompagné de changements profonds dans le choix des cultures : les agriculteurs effectuent un retour vers les cultures vivrières plus durables comme le sorgho *mouskouari* (*masakwa*).

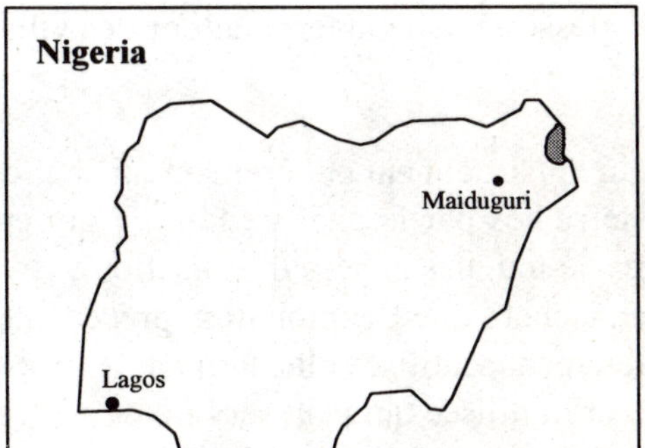

Présentation de la population et de la région

Situé dans le nord-est du Nigeria, le Bornou est une région formée de plaines ondulées, relativement plates et sableuses, et qui s'inclinent peu à peu vers le lac Tchad. Les plaines sont bordées au sud et au sud-ouest par la chaîne de collines de Bama, à l'est par la République du Cameroun et au nord-est par le lac Tchad. D'une superficie de 69 435 km^2, la région est peuplée de manière discontinue avec une densité faible de moins de 37 habitants au km^2.

La région est soudano-sahélienne avec une longue saison sèche de septembre à mai et une saison humide relativement courte, de juin à septembre. Les pluies sont faibles, très variables et diminuent en direction du lac Tchad qui reçoit en moyenne 300 mm pendant la saison humide. Les pluies vont de 250 mm dans le nord de l'État du Bornou à plus de 500 mm dans le sud ; leur faiblesse et leur imprévisibilité font que l'agriculture de la région est une activité très aléatoire.

La majeure partie de la population du Bornou appartient au groupe ethnique des Kanouri ; chez eux, l'accès à la terre se fait essentiellement par le défrichement des terres avec l'autorisation du chef du village, ou par héritage, ou par le don de parcelles décidé par leurs propriétaires. Le propriétaire d'un champ est considéré comme un simple gestionnaire qui n'a pas le droit de vendre son bien. La propriété dépend aussi de la mise en culture permanente de la terre : la terre qui est laissée en friche pendant trop longtemps retourne à la collectivité. Cohen (1967) a identifié quatre types différents de possession de la terre autour des villages dans le Bornou :

- les champs qui appartiennent entièrement au chef de famille ;
- les champs défrichés par le chef de famille qui en deviendra propriétaire après de longues années d'utilisation ;
- les champs en jachère que l'exploitation précédente a épuisés et qui seront probablement réutilisés plus tard par le propriétaire ;
- la terre libre car inutilisée qui peut servir à de nouveaux arrivants ou à ceux qui veulent agrandir leur exploitation.

Origine et exploitation de la culture du mouskouari

Traditionnellement agriculteurs, les Kanouri sont connus pour cultiver depuis longtemps des variétés résistantes de sorgho, adaptées à la sécheresse et aux maladies qui leur permettent de survivre dans un milieu inhospitalier. Un explorateur européen a identifié, au XVIIe siècle, un certain nombre de variétés résistantes de sorgho ou à maturité précoce ou encore à hauts rendements (Nachtigal, 1980). En particulier, le *mouskouari* (type *Sorgho carnuum* ou *bicolor*) a été identifié comme une espèce qui pousse dans toute la zone sahélienne.

Le *mouskouari* est un type de sorgho à cycle court, adapté à la sécheresse, tolérant bien le froid et qui progresse de plus en plus sur les vertisols argileux et fertiles, appelés *firki*, des rives du lac Tchad parce qu'ils conservent bien l'humidité durant la période sèche et fraîche de septembre à janvier. Les sols *firki* sont assez fertiles et ont la capacité d'emmagasiner l'eau nécessaire à la croissance des cultures sous des climats humides ou secs auxquels le *mouskouari* est parfaitement adapté. Les diguettes de terre accroissent encore la capacité de rétention de l'eau des vertisols ; elles sont généralement construites perpendiculairement à la pente sur des terres en pente douce pour piéger les eaux de pluie ou de crue.

Les Kanouri ont aussi développé un certain nombre d'autres techniques agricoles pour compenser la faiblesse des précipitations, pour pallier aux variations des crues et pour s'adapter aux conditions de croissance des cultures et à leur réaction à la contrainte de l'eau. Des modifications de faible ampleur du niveau des eaux du lac Tchad peuvent provoquer des variations significatives de la superficie des terres inondées chaque année ; l'équilibre délicat qui existe entre le milieu sec et le milieu inondé est souvent rompu. Les agriculteurs savent par expérience que les cultures qui ont un cycle cultural long et qui résistent mal à l'insuffisance de l'humidité du sol ne pourront pas survivre pendant la période critique de la montaison. Les agriculteurs font pousser à la fois du sorgho *mouskouari* qui tolère bien la saison sèche et des cultures comme le maïs et le niébé qui supportent bien les inondations durant la saison humide. Ils testent aussi différentes variétés de *mouskouari*, chacune présentant une sensibilité variable au risque ; en cas de crue excessive, les variétés qui supportent les inondations résisteront, et en cas de déficit des précipitations, le *mouskouari* produira malgré tout. La combinaison des techniques de cultures utilisées par les Kanouri en fonction du retrait ou de la progression des eaux est une stratégie antirisque qui semble avoir remarquablement réussi.

Tableau 11.1

Certaines techniques agricoles développées par les Kanouri

ZURU (zones inondées)	KUDU (zones non inondées)
Kati Kassa - culture sur sols sableux	Kati Kassa - culture sur sols sableux
Kati Kulum - culture sur sols limono-argileux	Firki - culture sur sols argileux (autour du lac Tchad)

Cependant, la culture du *mouskouari* n'a pas toujours été aussi répandue : les interventions de l'État pour mettre en œuvre des politiques successives de développement rural ont eu une sérieuse répercussion sur sa culture dans le Bornou.

La culture du mouskouari : une histoire

Pendant la période coloniale (dans les années 50), la culture du *mouskouari* a pris une place sans précédent, en partie parce que les conditions climatiques étaient favorables et parce que le niveau du lac, relativement élevé, provoquait une importante inondation. Pour irriguer, il fallait s'assurer le contrôle et la maîtrise des inondations (Hailey, 1957) ; en conséquence, le développement des plans d'irrigation était abordé prudemment. La faisabilité technique et l'efficacité économique d'une irrigation à grande échelle au Nigeria apparaissaient douteuses dans le contexte des médiocres résultats obtenus par les différents grands projets pilotes du début des années 50, par exemple ceux du plan Gezira au Soudan.

De 1973 à 1984, il y eut un engouement massif pour la culture des sols *firki*. Il résultait en partie de la succession de plusieurs années de sécheresse aux précipitations très déficitaires et, plus encore, du développement de projets d'irrigation à grande échelle. Le plus notable de ces projets fut le Projet pilote d'irrigation du sud du lac Tchad qui fut mis en place en 1970 pour fournir les données de base nécessaires pour la planification et la définition des objectifs d'un projet plus ambitieux, le Projet d'irrigation du sud du lac Tchad (SCIP). Le but de ce dernier plan était d'irriguer 67 000 hectares de terres avec les objectifs suivants : minimiser les dégradations écologiques subies par la région, réduire le risque de sécheresse, améliorer et sécuriser les revenus des familles et contribuer à l'autosuffisance alimentaire aux niveaux local et national.

A partir de 1973, le gouvernement a étendu ce plan par la réquisition d'environ 100 000 ha de sols *firki* de la rive sud-ouest du lac Tchad sur lesquels le *mouskouari* était traditionnellement cultivé ; 55 000 familles d'agriculteurs ont été installées au cours du plan et la culture du *mouskouari* fut abandonnée par les Kanouri. Ainsi, et plutôt que d'améliorer l'efficacité des techniques agricoles locales, le gouvernement a préféré imposer un plan d'irrigation très conséquent, complexe, nécessitant un investissement important et dirigé vers des cultures de substitution comme le riz et le blé pour remplacer des produits importés.

L'intervention de l'État a également altéré profondément le système foncier traditionnel décrit plus haut : la loi agraire de 1978 a placé cette zone sous la responsabilité de l'autorité chargée du développement du bassin du lac Tchad (CBDA), un organisme para-étatique gouvernemental et cousin germain du SCIP.

Chute et remontée de la culture du mouskouari

Quand le SCIP fut effectivement mis en place en 1979, il n'y avait que 500 hectares de terres irriguées ; en 1983, on comptait 10 000 hectares de plus, mais ce chiffre n'a pas été dépassé depuis. Pourquoi ce plan d'irrigation a-t-il échoué ? Les précipitations sont tombées bien au-dessous de ce qu'elles étaient dans la période 1930-1960, avec des baisses records en 1972-1973 et 1984-1985 (Grove, 1985). 1984-1985 fut la période la plus sèche de ce siècle, avec un lac tombé à son niveau le plus bas et réduit à sa plus petite taille, sa superficie passant de 23 000 km^2 en 1962-1963 à seulement 3 000 km^2 en 1984.

Des changements environnementaux de cette échelle ont exercé des contraintes majeures sur le fonctionnement et sur la gestion de tous les projets d'irrigation du lac Tchad. L'approvisionnement en eau est devenu très irrégulier et insuffisant. En 1981, d'énormes pertes de récolte ont été enregistrées par tous les projets d'irrigation nigérians de la région. En conséquence, la plupart des agriculteurs ont été obligés d'abandonner leurs champs irrigués à cause de l'incertitude croissante de l'approvisionnement en eau et du très bas niveau des rendements. En 1983-1984, tous les plans d'irrigation de la région ont été contrariés par le manque d'eau.

Le quasi-échec du SCIP a conduit à un retour vers les pratiques traditionnelles de CES et la culture du *mouskouari* sur les sols argileux *firki* a repris autour du lac Tchad. Ce mouvement s'est accompagné d'un déplacement d'agriculteurs vers les rives du lac pour y cultiver des produits de base, destinés à être vendus, en utilisant l'humidité résiduelle des sols du lac.

La pratique de la culture du mouskouari

La culture du *mouskouari* exige beaucoup de main-d'œuvre pour la construction des diguettes en terre. L'eau s'accumule derrière les diguettes et s'infiltre, élevant ainsi le niveau d'humidité du sol et rechargeant les nappes phréatiques. Ces diguettes sont réalisées sur des sols argileux lourds, elles sont donc imperméables et résistent bien à l'érosion, de sorte qu'elles piègent les eaux de pluies qui sont absorbées par le sol.

La construction des diguettes et des cuvettes requièrent un lourd investissement de travail, à la fois pour leur construction et pour leur entretien. Les hommes sont généralement les plus engagés dans l'aménagement qui est ordinairement réalisée par les usagers de la terre, à titre individuel, en faisant appel à un travail familial plus ou moins lourd selon l'échelle et de l'étendue des réalisations ; pour leur part, les femmes kanouri participent activement aux autres phases de la culture du *mouskouari*, c'est-à-dire les semailles, le sarclage, la récolte, le battage et la vente. Les femmes qui ont des champs de *mouskouari* contigus à ceux de leurs époux, utilisent aussi des techniques de CES. Ceci dit, la main-d'œuvre familiale est non seulement incertaine (à cause du taux élevé de divorces) mais aussi extrêmement imprévisible. Les agriculteurs kanouri ont donc été amenés, soit à faire appel à des ouvriers agricoles, soit à participer à des groupements d'entraide. En année de bonnes pluies, il est possible de cultiver toute la surface endiguée ; les eaux sont aussi retenues dans les plaines et les dépressions naturelles non aménagées qui appartiennent à la communauté qui peut les mettre également en culture.

La pépinière de *mouskouari* est habituellement placée dans un lieu sélectionné parce qu'il ne conserve pas trop d'eau. Les planches de semences sont cultivées avec des houes et les mauvaises herbes sont ramassées et enlevées. Pendant la préparation de la terre et immédiatement après le retrait des crues en septembre, les herbes sont coupées à ras et sont mises à sécher. Tous les excédents d'herbe sont alors répandus sur le sol et brûlés. Ce brûlis et l'engrais vert fourni par le paillage sont les principaux fertilisants organiques apportés aux vertisols fertiles. Les semences sont répandues sur les planches à la mi-août et les jeunes plants poussent pendant six semaines avant d'être transplantés dans le champ principal au cours du mois de septembre. Les jeunes plants sains sont enlevés de la pépinière avec précaution et, pour réduire la transpiration, on coupe le bout de leurs feuilles avant de les transplanter. Les plants sont placés dans des trous : chaque trou reçoit environ 200 millilitres d'eau et deux plants ; les trous ne sont pas rebouchés et on n'utilise pas d'engrais.

Au moment du sarclage, les producteurs de *mouskouari* contribuent à la conservation de l'eau absorbée par l'argile gonflante pendant les pluies en pulvérisant le sol en surface avec des houes pour fermer les grandes fentes de dessiccation qui apparaissent quand les argiles se dilatent et se contractent ; ils réduisent ainsi les pertes en eau par évaporation.

Les agriculteurs ont opté pour une faible densité de plantation pour éviter les maladies comme le charbon (*Spacelotheca sorghi*, *S. cruenta* et *S. reiliana)*.

Certains paysans laissent les résidus de leur récolte jusqu'à la plantation suivante et d'autres recouvrent délibérément leurs parcelles avec de l'herbe apportée des zones incultes : cet apport améliore la structure du sol, réduit le ruissellement et permet une plus grande infiltration de l'eau dans le sol. La moisson est réalisée manuellement à partir de la mi-janvier : les plantes sont coupées à ras et étalées sur le sol pour qu'elles sèchent ; ensuite, les panicules sont ramassées puis battues pour en extraire le bon grain. Les rendements sont généralement faibles et variables, avec un taux moyen de 500 à 800 kg/ha, de bonnes pluies apportant une récolte plus généreuse.

Les systèmes agricoles traditionnels contribuent de manière significative à l'autosubsistance alimentaire. Bien que son rendement moyen par hectare soit assez bas, le *mouskouari* complète la production des autres cultures. Les paysans considèrent donc sa culture comme leur bouée de sauvetage, surtout parce qu'elle leur permet de cultiver et de produire à une époque où pratiquement aucune autre culture ne peut pousser dans la région sans irrigation.

Les paysans ont une stratégie de survie et ordonnent leurs activités en fonction des saisons. Par exemple, de février à juin de chaque année, les paysans doivent s'occuper du maraîchage mais aussi participer dans une large mesure aux projets d'irrigation ; d'août à janvier, la traditionnelle sécheresse de saison sèche commence et le sorgho *mouskouari*, qui supporte bien la fraîcheur, est planté sur les vertisols *firki* du lac Tchad et les paysans se déplacent vers les berges du lac pour cultiver encore dans la zone d'inondation à partir de février. Pour un certain nombre de paysans, la culture sur les rives du lac est en train de devenir une activité continue dans l'année car de nombreuses cultures sont possibles en fonction de la montée et de la descente annuelle des eaux du lac Tchad (Kolawole, 1988).

La culture traditionnelle du mouskouari peut-elle être durable ?

La culture permanente du *mouskouari* sur les sols *firki* dépendra d'un certain nombre de facteurs environnementaux, économiques et sociaux. La contrainte majeure pour obtenir une bonne production dans ce milieu est l'eau qui a plus d'importance pour les rendements que la disponibilité en éléments nutritifs (Norman, Pearson et Searle, 1984). Les systèmes traditionnels de culture ont toujours été rythmés par les variations saisonnières du niveau du lac Tchad, qui dépend lui-même des précipitations, de l'alimentation de ses principaux affluents et des précipitations sur leurs bassins versants.

Les insectes nuisibles et les maladies des plantes, les migrations de crickets venus du désert et les sauterelles peuvent causer des pertes de récolte de l'ordre de 25 à 45 % (Davies, 1985). D'autres types de maladies des plantes causent aussi des dégâts comme la rouille de la tige et des feuilles, la pourriture des racines, le charbon et la piriculariose du blé. De même, les oiseaux peuvent provoquer parfois des dégâts considérables.

Le transport vers le marché est problématique ; peu de véhicules fréquentent la zone et les coûts de transport des produits agricoles jusqu'au marché augmentent, ce qui rend encore plus difficile le transport de denrées périssables tels que les tomates, les fruits et les légumes.

La jeunesse de la population et le pourcentage élevé de femmes dû à une forte émigration masculine ont également des conséquences sur le développement de l'agriculture : le manque de main-d'œuvre agricole est évident et l'investissement de capitaux dans l'agriculture se heurte à des limitations. Peu d'efforts ont été entrepris pour améliorer l'efficacité technique de la culture du *mouskouari* ou pour intensifier les pratiques culturales dans le sens d'une meilleure gestion de la fertilité. Quels qu'ils soient, ces efforts se sont limités aux pratiques du paillage et du travail minimum qui sont déjà utilisées dans la zone ; les amendements chimiques ou organiques ne sont pas utilisés.

Enfin, et bien que le sorgho *mouskouari* joue un rôle économique important dans la majorité des zones productives de la région, 10 % seulement des 412 000 ha environ de vertisols du Bornou sont actuellement cultivés en *mouskouari*. La capacité productive des Kanouri pourrait être considérablement augmentée si on développait cette culture dans tout l'État.

Conclusion

Les agriculteurs ont ainsi appris à combiner la culture du *mouskouari*, la culture de décrue sur le fond du lac, la culture irriguée avec de petites motopompes partout où ils le peuvent et la culture pluviale sur les versants ; ils produisent à la fois pour la consommation familiale et pour le marché. La culture du sorgho *mouskouari* et les pratiques locales de CES continueront à prendre une part vitale dans la réussite des activités agricoles des Kanouri tant que l'intervention de l'État continuera à être défaillante comme dans les projets d'irrigation du sud du lac Tchad.

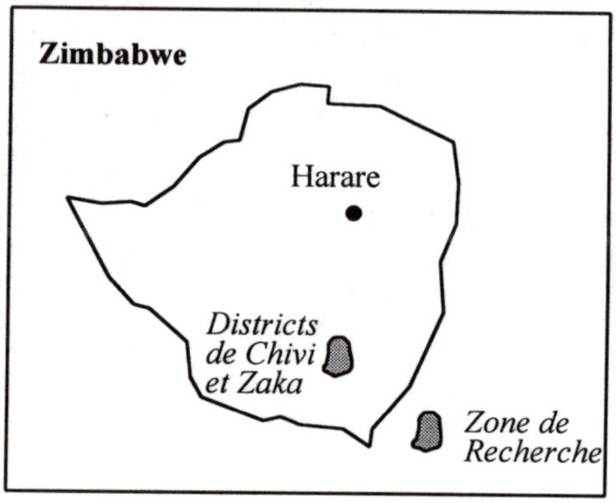
Zimbabwe
Harare
Districts de Chivi et Zaka
Zone de Recherche

12

Techniques locales de CES dans le Zimbabwe méridional

Changements historiques et développements récents

J. HAGMANN et K. MURWIRA

La conservation de l'eau et des sols (CES) a joué un rôle important dans le développement de l'agriculture des petites exploitations au Zimbabwe. L'introduction de la charrue, tout au début de ce siècle, a provoqué un changement profond dans le système de culture et dans ses pratiques, supprimant virtuellement la connaissance des techniques traditionnelles de CES. En conséquence, la dégradation est devenue si grave que l'administration coloniale a contraint les petits exploitants à réaliser des travaux de conservation depuis les années 40.

Actuellement, l'inquiétude grandit parce que la dégradation s'aggrave si bien que des systèmes nouveaux de CES sont à l'étude (Norton, 1987 ; Elwell, 1993 ; Vogel, 1994). Cette étude analyse la CES traditionnelle dans le but de promouvoir les techniques de CES adaptées à l'agriculture des petites exploitations agricoles dans la zone semi-aride du Zimbabwe. Elle a été réalisée dans les districts de Chivi et Zaka, situés dans la partie méridionale du Zimbabwe. C'est une région marginale pour l'agriculture parce que ses sols sableux sont pauvres et ses pluies erratiques. Les activités de CES ont été réalisées depuis 1991 dans le cadre de deux projets : le projet ITDG, une ONG britannique dont le siège est à Londres, qui vise la sécurité alimentaire et met l'accent sur le développement des techniques de CES et le projet de labour de conservation d'Agritex/GTZ qui est plus orienté vers la recherche.

Des enquêtes semi-directives et guidées par un questionnaire ont été réalisées sur les changements du système agricole traditionnel afin d'évaluer les techniques et le développement historique des systèmes de culture. Les résultats de ces sondages ont été discutés avec les agriculteurs concernés dans des ateliers, en analysant tout particulièrement le rôle joué par les institutions locales dans le domaine de la CES.

L'agriculture traditionnelle

Avant l'introduction de la charrue (aux environs de 1920), l'agriculture était fondée sur l'élevage du bétail et sur la rotation des cultures. Le bétail fournissait de la nourriture, des vêtements, de la fumure et un moyen de transport mais il ne servait pas pour la traction ; il jouait aussi un rôle essentiel dans le système social.

Le mil était la principale culture avec le sorgho, le petit mil, les arachides et d'autres cultures secondaires. La terre était défrichée à la hache et cultivée pendant une période de trois à dix ans. La jachère, qui permettait de restaurer la fertilité des sols, était respectée et un nouveau lopin de terre était défriché à la fin du cycle de culture de chaque champ. Les marécages étaient également cultivés et fournissaient une part essentielle de l'alimentation pendant les années de sécheresse. La cueillette des fruits et la chasse aux animaux sauvages contribuaient également à assurer la sécurité alimentaire.

Des règles traditionnelles régissaient l'utilisation des ressources naturelles. Le brûlis injustifié des arbres était interdit. Les sources étaient quasi sacrées et donc protégées de la pollution. La permission de cultiver un nouveau lopin de terre émanait des autorités traditionnelles qui ont su faire appliquer ces règles par des moyens socioculturels.

Les techniques traditionnelles de CES

La gestion traditionnelle des sols, ainsi que la faible densité de population et la disponibilité limitée des outils permettaient d'éviter une forte dégradation. Plusieurs pratiques ont contribué à ce phénomène comme, par exemple, le fait d'épandre sur le sol les cendres des souches qu'on avait laissées sur place et brûlées (après le défrichement réalisé avec des haches et des houes et limité aux branches des arbres). Les pratiques agronomiques de conservation réduisaient les pertes en sol provoquées par l'emploi des houes pour la mise en culture (travail minimum). Des superficies considérables furent ensemencée sur des terres sèches aménagées avec des billons construits manuellement. Les cultures associées permettait le développement d'une couverture dense de la terre, si bien que les risques d'érosion étaient minimisés après l'installation des cultures ; en outre, le taux élevé de couverture du sol réduisait son évaporation et donc sa vulnérabilité à la sécheresse. D'autres techniques étaient employées, telles que le paillage avec des herbes ou l'épandage des résidus de récolte brûlés, les diguettes en terre, les cordons de pierres, les billons, la gestion des marécages pour la production de riz durant la saison des pluies et la production de maïs sur de grands billons pendant la saison sèche.

Historique des changements

Changements au profit de la charrue et du maïs avec l'appui du service de vulgarisation

L'introduction de la charrue et celle du maïs comme culture de base sont contemporaines de l'arrivée des colons blancs, à la fin du siècle dernier et furent adoptées à grande échelle par les agriculteurs autochtones entre 1920 et 1940. Le contrôle amélioré des mauvaises herbes a permis une extension des surfaces cultivées et les prix à la production attrayants du maïs furent une incitation pour le développement de sa culture en tant que culture commerciale.

L'extension du maïs commença dans les années 30 avec l'introduction de la charrue. Un missionnaire américain (Alvord, 1958 ; Page et Page, 1991) a développé un ensemble de techniques qui sont encore vulgarisées aujourd'hui ; elles comprenaient l'emploi du fumier, la rotation des cultures (cultures céréalières associées aux légumineuses), le semis en ligne et la culture pure, un labour d'automne et de pré-semailles ainsi que l'arrachage des souches d'arbres dans les champs afin de permettre un labour plus aisé et des semis en lignes plus droites. Alvord était convaincu que le meilleur moyen d'améliorer l'agriculture et la conservation des sols était de protéger les terres arables en les séparant des pâturages par une clôture et de situer les villages sur le pourtour des aires cultivées.

L'extension de la superficie cultivée et la pression démographique croissante entraînèrent des périodes plus longues de mise en culture. La jachère fut réduite et plus tard complètement abandonnée ; avant, le cycle de culture commençait par la destruction totale de la végétation arborée mais la reconstitution des sols pendant la jachère durait plus longtemps.

Les deux tiers des agriculteurs ont observé une aggravation de l'érosion des terres après l'introduction de la charrue. La formation de rigoles et de ravines avait singulièrement augmenté. Cependant, tous considéraient malgré tout le système nouveau comme positif car il permettait d'accroître la capacité de travail et sa productivité.

Des billons en courbe de niveau, imposés de l'extérieur, pour combattre l'érosion

En 1930, l'érosion et la dégradation sont devenus si graves que le gouvernement colonial d'alors lança un programme de travaux de conservation et imposa par la loi des mesures très impopulaires telles que la construction de billons et le déstockage du bétail (Native Land Husbandry Act, 1951). Les lois interdisaient aussi la mise en culture des rives des fleuves (en particulier les jardins dans les marécages), ce qui menaçait la sécurité alimentaire des paysans dans les années de sécheresse.

L'introduction des billons selon les courbes de niveau pour les zones qui reçoivent de fortes pluies et dont les sols sont lourds contribuait à arrêter l'érosion en drainant les excès d'eau hors des champs cultivés ; mais il ne fut pas tenu compte des différences climatiques et ces aménagements furent aussi imposés dans les zones semi-arides où la rétention des eaux eût été plus appropriée.

L'introduction des billons en courbes de niveau a sonné la fin de la culture itinérante sur brûlis après la jachère. La culture permanente avec la charrue et l'adoption du « paquet technique » d'Alvord se vulgarisèrent très largement, en partie à cause de l'attrait des augmentations de rendement espérées. Le paquet technique fut aussi partiellement adopté parce que l'intensification de l'exploitation du sol était rendue nécessaire du fait de l'accroissement de la population. Cependant, le modèle technique des sillons selon les courbes de niveau, conçu pour drainer les excédents d'eau, conduisit de nombreux agriculteurs à rejeter cette mesure. Les paysans furent sanctionnés afin de les amener à appliquer eux-mêmes ces mesures mais cet autoritarisme aboutit à la construction de mauvais billons qui pouvaient se transformer en ravines.

Assouplissement de l'obligation des pratiques de CES et développement des cultures commerciales dans les petites exploitations

Au cours de la lutte pour l'indépendance (1976-1980), les agriculteurs furent encouragés à détruire les billons selon les courbes de niveau car ils représentaient le symbole de l'oppression blanche. Après l'indépendance, en 1980, le nouveau gouvernement s'est trouvé en grande difficulté pour faire appliquer les mesures de conservation. Le point principal de la politique de développement agricole portait sur la commercialisation des productions des petites exploitations en faisant appel à une technologie de haut niveau (semences hybrides, engrais chimiques et utilisation des pesticides) ; à ce moment-là, seules les grandes exploitations commerciales pouvaient se procurer tous ces intrants. L'accent mis sur la conservation était relégué au second plan au profit de la notion de maximisation des rendements et l'entretien des ouvrages de conservation était négligé (Whitlow, 1988). Les méthodes traditionnelles de CES, telles que les cultures associées, ont été délaissées. La baisse de la productivité due à la forte érosion était compensée par l'application de fumier et d'engrais chimiques. Cependant, entre 1980 et 1993, plusieurs sécheresses prolongées ont provoqué la diminution du cheptel jusqu'à un seuil minimal, de sorte que les disponibilités de fumure organique sont devenues vraiment négligeables ; il semble donc hasardeux de penser qu'il sera possible de maintenir les niveaux actuels de production avec seulement des fertilisants chimiques.

Les changements subis par le système agricole ont presque fait disparaître les mesures traditionnelles de conservation : pour les agriculteurs, la conservation est synonyme de billons selon les courbes de niveau (Hagmann, 1995).

Dans les ateliers de formation organisés pour les agriculteurs, la perception de la dégradation et la nécessité de la conservation ont été analysées en fonction des changements survenus dans l'état des ressources naturelles au cours des vingt dernières années. Les résultats ont été identiques dans les deux districts de Chivi et Zaka : il existe une perception commune sur le fait que le potentiel des ressources naturelles a diminué radicalement au cours des deux dernières décennies et sur la conviction que la situation continuera d'empirer à moins que des mesures sérieuses de gestion des ressources ne soient mises en place. Mais les autorités traditionnelles qui avaient l'habitude d'imposer des règles dans le domaine de la CES ont été dépossédées de leurs pouvoirs au profit des comités de développement villageois (VIDCO). Tous les défenseurs insistent maintenant sur l'importance de la CES, fondée sur le précepte « il n'y a aucun endroit où nous sommes susceptibles d'aller après la dégradation finale de notre terre », ou « nous souhaitons qu'il soit possible de nous apprendre l'art d'entretenir les petits lopins de terre sur lesquels on nous a laissés ». Dans leur majorité, les agriculteurs ont conscience de la nécessité d'une aide en matière de gestion des ressources incluant la CES mais ils se sentent incapables de s'organiser eux-mêmes pour concevoir et mettre en œuvre des mesures de conservation adaptées à leur situation.

La charrue et le paquet technique d'Alvord, visant à instaurer une agriculture permanente (Alvord, 1958), proposaient une technologie qui, à plus ou moins long terme, permettait de répondre positivement aux exigences et était donc très judicieuse. L'erreur essentielle, cependant, était le mépris affiché pour le savoir traditionnel au profit de la technologie occidentale moderne. La nouvelle technologie n'était pas fondée sur les systèmes traditionnels de gestion durable de la terre qui aurait pu être améliorés par l'intégration de nouvelles composantes mais sur la supériorité d'un système totalement nouveau, importé des climats tempérés de l'Europe et de l'Amérique du Nord. Cette approche a réussi, sur une période relativement courte, à balayer les systèmes traditionnels de CES et la confiance des agriculteurs dans l'agriculture autochtone en général (Page et Page, 1991). Aujourd'hui, trois générations plus tard, la charrue est considérée comme une pratique « traditionnelle » par la plupart des gens au Zimbabwe et le mot employé en langue shona pour désigner la préparation du sol signifie aussi « labour ».

Les techniques utilisées au cours du siècle dernier sont inadaptées à la pression démographique actuelle. Néanmoins, les principes qui étaient efficaces dans le système traditionnel, tels que la couverture du sol, le travail minimum du sol, la culture sur billons, la rotation des cultures, les diguettes de terres et les cordons de pierres devraient être à la base du développement des techniques appropriées. Une synthèse des techniques traditionnelles et des nouvelles méthodes pour la CES pourrait être adaptée à des sites spécifiques, aux situations et aux besoins des agriculteurs.

Rôle des institutions locales et des autorités gouvernementales en matière de CES

Les modifications majeures du système agricole décrites ci-dessus ont été accompagnées d'un changement radical de l'organisation sociale. Avant l'établissement du système colonial, à la fin du XIXe siècle, les institutions locales existantes étaient peu nombreuses : les plus importantes étaient alors entre les mains de médiums du monde spirituel (considérés comme des messagers de dieu), des guérisseurs traditionnels et des chefs qui étaient, en dernier ressort, responsables de l'affectation et de la gestion des terres.

La suppression du pouvoir des chefs traditionnels, après l'indépendance, leur fit réaliser qu'ils n'étaient plus responsables de la CES, et une grande partie des règles de conservation furent abolies et ne furent plus appliquées. Certes les chefs et les dirigeants traditionnels ont reconquis le pouvoir de distribuer les terres mais leur tendance actuelle est de monnayer l'application des droits et règlements coutumiers ; par exemple, il est de plus en plus fréquent que les chefs de village vendent aux immigrants les terres qui sont très sensibles à l'érosion. Le résultat est une aggravation de la dégradation des terres, soit le contraire des objectifs que les chefs poursuivaient auparavant.

– *Fonctions actuelles et compétences des institutions locales et des autorités gouvernementales en matière de CES*

L'importance des différentes institutions varie selon les endroits. Les dirigeants traditionnels sont considérés comme les personnages les plus importants pour la gestion des ressources naturelles et la CES ; les comités villageois de développement et les agents des services de vulgarisation agricole sont considérés comme beaucoup moins importants.

Les attentes des agriculteurs au sujet des institutions concernent leur rôle dans la prévention des feux de brousse, la coupe des arbres et la mise en culture des berges des fleuves. Les règles traditionnelles de gestion des ressources sont plutôt perçues comme contradictoires, un tiers des agriculteurs interrogés y tenant encore tandis que les autres affirment que la plupart de ces règles sont tombées en désuétude. La considération pour les chefs s'est aujourd'hui affaiblie : 40 % des personnes questionnées ont indiqué qu'elles ne prennent pas de dispositions quand les règles traditionnelles ne sont plus appliquées et 60 % affirment que les chefs sont encore actifs mais que leur pouvoir a été entravé par les institutions modernes telles que les VIDCO.

– *Implications de l'institution locale dans les actions de CES traditionnelle*

L'organisation institutionnelle au niveau local est très complexe, les conflits sociaux et de générations se reflétant dans l'affaiblissement des pouvoirs d'autorité et des pratiques communautaires de la société rurale. Les structures et les dirigeants traditionnels ne sont plus acceptés par ceux qui sont en faveur des institutions démocratiques modernes. Cependant, il est nécessaire de travailler avec les institutions locales et de les renforcer parce qu'elles ont obtenu des résultats très positifs avec la CES traditionnelle dans une situation aussi complexe et tendue.

Recherche participative et vulgarisation

Approches participatives de la CES

Le projet ITDG de sécurité alimentaire et le projet Agritex/GTZ de labour de conservation ont utilisé tous les deux des approches participatives depuis 1991 en mettant l'accent sur le renforcement des institutions locales comme support de toutes leurs activités de développement.

L'approche de sensibilisation « former pour transformer » (« Training For Transformation » - TFT) a été utilisée pour renforcer la participation et la coopération pour le développement afin de mettre sur pied des institutions qui permettent aux populations de reprendre confiance. Cette approche a conduit à intégrer et à unir des intérêts souvent contradictoires sous le même chapeau.

Comme on l'a décrit plus haut, un changement à l'intérieur de la société shona a affaibli la sécurité et la cohésion sociales qui étaient fondées sur des règles et des réglementations traditionnelles. Un nouveau « chapeau » pourrait fournir un moyen de résoudre les problèmes et de promouvoir les innovations. C'est particulièrement important pour les actions de CES lorsque tous les usagers de la terre d'un même bassin hydrographique doivent être d'accord pour mettre en œuvre certaines mesures si on veut qu'elles réussissent.

Dans les deux projets, plusieurs options de CES ont été développées directement avec les agriculteurs. D'autres ont été mises au point en station et proposées aux paysans en vue de les tester. La plupart de ces options puisent leurs origines dans les pratiques agricoles traditionnelles mais elles ont été adaptées au système agricole actuel.

– Les options de la conservation mécanique

• Des cordons de pierres selon les courbes de niveau pour jouer le rôle de seuils dans les rigoles et les petites ravines ;

• des cuvettes d'infiltration dans les canaux de drainage pour retenir l'eau et le sol ;

• les terrasses *fanya-juu* pour la rétention maximale de l'eau et des sols dans les champs.

– Les techniques agronomiques de CES

• Des techniques de sarclage capables de réduire le travail de labour ;

• le labour conservatoire : billons cloisonnés et paillage de résidus de culture ;

• les cultures associées.

La conservation biologique

• Le compost

• L'herbe vétiver pour colmater les rigoles et les bandes enherbées.

L'économie de l'eau dans les jardins maraîchers

• Irrigation de sub-surface avec des tuyaux en argile faits à la main (Murata *et al.,* 1993) ;

• toiles plastiques placées sous terre pour prévenir une percolation profonde ;

• des bouteilles renversées dirigées du côté des racines pour irriguer et pour réduire les pertes d'eau dues à l'évaporation.

D'autres options moins répandues sont également testées, dont l'agroforesterie et la gestion des marécages. Les problèmes et les besoins différant d'une région à l'autre, il n'y a pas une série type d'options testée partout mais des séries variables d'options testées selon les zones.

L'impact de l'approche participative

L'impact de l'approche utilisée par les deux projets a été évalué par rapport aux réalisations technologiques et à ses effets sur les institutions locales et sur l'organisation sociale ; dans les deux cas, les résultats sont très encourageants et devraient être élargis dans les années à venir.

Tableau 12.1

Perception des agriculteurs à propos de l'ancienne et de la nouvelle approche de CES et aspects les plus importants de l'attitude participative

Ancienne approche

- des méthodes vigoureuses étaient employées ;
- quelques personnes seulement pouvaient en bénéficier (par exemple les lettrés) ;
- les cultures associées étaient interdites ;
- elle a échoué dans son objectif de faire accepter de manière durable la CES ;
- on nous avait recommandé de réaliser notre travail sans poser de questions ;
- l'utilité des pratiques de conservation n'était jamais expliquée ;
- aucun dialogue n'était établi entre les agriculteurs et les personnels de vulgarisation ;
- faible coopération entre les agriculteurs ;
- les agents du vulgarisation traitaient nos champs comme les leurs.

Nouvelle approche participative

- tout le monde peut en bénéficier puisque tout le monde est maintenant libre d'assister ou non aux réunions ;
- un dialogue s'est établi ;
- la méthode est clairement expliquée (en l'enseignant par exemple) ;
- les agriculteurs sont les meneurs maintenant ;
- les cultures associées sont encouragées pour améliorer les rendements ;
- les agriculteurs sont considérés comme des partenaires et des égaux ;
- il n'y a plus de discrimination entre riches et pauvres, ou lettrés et non-lettrés ;
- nous avons choisi les options ;
- ils font attention à nous et prennent du temps pour trouver des solutions à nos problèmes ;
- on nous incite à tenter de nouvelles pratiques ;
- le travail en coopération stimule les agriculteurs ;
- les agriculteurs pratiquent les méthodes de CES avec des connaissances suffisantes sur ce qu'ils doivent faire ;
- apprendre des autres grâce à des visites fructueuses en apprenant à partager ;
- cela aide les agriculteurs à développer leur faculté d'encourager les autres pour les activités agricoles ;
- encouragement à pratiquer des méthodes de CES en choisissant parmi des options variées ;

- elle peut mobiliser un grand nombre de gens satisfaits ;
- cette approche fait ressortir les techniques adaptées grâce à la participation ;
- les agriculteurs sont libres de demander conseil ;
- les rendements ont augmenté grâce aux techniques de CES ;
- le dévouement des agents de vulgarisation et des chercheurs ;
- cela a favorisé le développement dans cette zone ;
- elle est très efficace pour la conservation des arbres, des sols et de l'eau.

On a interrogé les agriculteurs sur leur appréciation de l'ancienne méthode de vulgarisation par comparaison avec la nouvelle approche participative pour développer les techniques de CES. Trois différences majeures ont été soulignées. Premièrement, les agriculteurs ont maintenant conscience que tout le monde peut participer aux activités de CES qui ne sont plus strictement réservées aux paysans « modèles ». La seconde différence essentielle réside dans le processus de dialogue axé sur l'explication des processus plutôt que sur l'imposition de solutions aux paysans. La troisième différence soulignée par les agriculteurs est qu'ils sont maintenant encouragés à coopérer et à partager leur savoir entre eux et avec les chercheurs.

L'approche participative semble avoir initié une tendance majeure vers l'amélioration du « leadership » des institutions locales. Comme la coopération est, avec le choix de la voie à suivre, l'un des principaux problèmes souvent mentionnés par les agriculteurs, ces résultats indiquent que le renforcement des institutions a eu un effet positif sur la capacité des agriculteurs à s'organiser eux-mêmes et à accroître leur participation dans le développement agricole grâce aux associations paysannes. Dans la zone nord, le nombre d'associations paysannes qui font de la CES est passé de 120 en 1991 à 800 en 1994 ; ces progrès sont dus à des changements dans le « leadership » des associations : les villageois ont choisi et élu des leaders populaires et capables de les motiver.

L'impact sur le développement et l'extension des techniques de CES

Dans le district de Chivi, 80 % au moins des 1 136 ménages du district mettent en œuvre sous une forme ou une autre des méthodes de CES. La gamme des techniques actuellement utilisées comprend le paillage, les billons cloisonnés, l'utilisation de tuyaux en argile, de sacs plastiques et de bouteilles renversées pour l'irrigation des jardins, les puits d'infiltration, les cultures associées et la collecte de l'eau de ruissellement des impluviums rocheux. L'évolution de l'adoption des techniques durant les trois premières années est indiquée dans le tableau 12.2.

Tableau 12.2

Adoption des techniques de CES à Chivi (arrondissement 21)

Technique adoptée	Nombre de paysans			Origine de la technique
	1992-93	1993-94	1994-95	
Champs principaux				
Billons/fossés cloisonnés	28	>100	>500	Projet ConTill, Station Chiredzi
Cuvettes d'infiltration	20	289	>800	Innovation de M. Phiri, paysan
Fanya juu	0	4	?	Projet ConTill
Paillage	0	2	3	Projet ConTill
Culture intercalaire	~50	>450	?	Pratique traditionnelle
Épandage de termitières	78	>128	?	Pratique traditionnelle
Outils de labour	0	96	?	Projet ConTill
Jardins irrigués				
Irrigation par tuyaux enterrés	~50	68	?	Station de recherche Chiredzi
Bouteilles renversées	10	>200	?	Paysan inconnu
Compost	4	14	?	Paysans et projet ConTill
Paillage des jardins	85	>300	?	Paysans

Le développement de la traction animale étant très limité, les agriculteurs continuent de construire les billons cloisonnés manuellement, surtout dans le cadre de l'entraide paysanne. Les cuvettes d'infiltration sont devenus très populaires et ont été multipliées par l'autodiffusion paysanne bien au-delà de leur zone de vulgarisation ; ce n'est pas le cas des banquettes *fanya-juu* mais leur vulgarisation vient seulement de commencer. Le paillage est particulièrement populaire dans les jardins où 60 % des maraîchers le pratiquent dans le but d'économiser l'eau. L'épandage des termitières est une technique traditionnelle qui a été réactualisée. Le test des outils nécessaires au labour a seulement débuté la saison dernière : l'accent est mis sur les possibilités de réaliser des économies de travail avec les animaux de traction et sur le recours à la traction asine. En général, les techniques de CES sont plus populaires dans les jardins irrigués car elles contribuent directement à la réduction du travail et augmentent la production parce que l'eau dans les puits dure plus longtemps ; ces techniques sont particulièrement appréciées parce que le jardinage est une source essentielle de revenu dans la région.

Dans le projet ConTill, l'expérimentation par les agriculteurs s'est élargie pour inclure d'autres thèmes relatifs à la CES et qui sont à l'origine de nombreuses idées et d'essais agricoles. De nombreux tests ont été élaborés en détail par les agriculteurs et ont été mis en œuvre sur les thèmes suivants : ouvrages de conservation mécanique, colmatage des rigoles, haies vives, cultures fourragères, nouvelles variétés, techniques de semis et de plantation, espacement des plantes, cultures associées, cultures en bandes, paillage, mise en culture des marécages et compost.

Une approche interactive entre les chercheurs et les agriculteurs a été mise en œuvre ; elle a permis d'accroître la confiance en soi et de bâtir un savoir fondé sur l'expérience. Ceci a été manifeste lors des journées organisées par les agriculteurs pour partager leurs connaissances avec leurs voisins et avec les chercheurs et les agents de vulgarisation qui ont participé en tant qu'invités et non comme experts.

Conclusion

La diffusion de la charrue depuis plus de soixante-dix ans a provoqué des changements essentiels dans le système agricole et l'abandon de nombreuses techniques de CES. La politique de développement fondée sur la supériorité supposée de la technologie occidentale sur l'agriculture africaine a réduit la confiance que les agriculteurs avaient dans leur propres solutions. L'organisation sociale a été affaiblie car les institutions traditionnelles et modernes ont été juxtaposées tandis que les conflits entre les générations ont empiré par suite des changements socioculturels.

Des approches participatives ont été employées pour raviver les savoirs locaux et pour combiner, d'une manière interactive, les capacités de recherche des communautés agricoles locales avec celles des institutions de recherche et de développement. Le travail en étroite collaboration avec les institutions locales a fait renaître la confiance des agriculteurs en leurs propres capacités dans le domaine de l'expérimentation ; cette démarche a permis d'élaborer une nouvelle génération de techniques de CES à la fois fondées sur le savoir traditionnel et adaptées aux conditions actuelles.

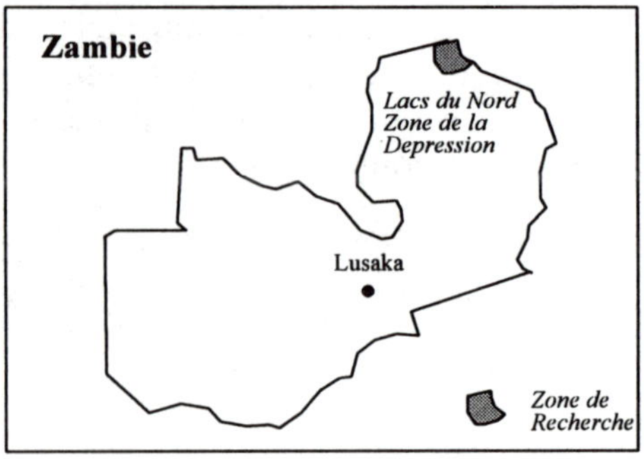
Zambie
Lacs du Nord
Zone de la
Depression
Lusaka
Zone de
Recherche

13

La modification des pratiques agricoles dans la zone de subsidence des lacs (Zambie du Nord)

Changements environnementaux et survie

Patrick M. SIKANA et Timothy N. MWAMBAZI

Quand ce travail de recherche a débuté, le premier réflexe fut d'aller dans les champs pour observer les structures physiques construites et gérées par la population locale. On avait choisi le district de Kaputa pour son climat chaud et sec et parce qu'il est l'une des régions les moins développées du pays. On pensait que cet environnement austère était un terrain propice à l'épanouissement de l'ingéniosité et aux innovation locales. Au terme du premier jour passé dans les champs, l'ambiance au campement était morose et désespérée car il n'y avait pas de digue de terre, pas de terrasse, pas de culture selon les courbes de niveau, ni aucune autre structure physique permettant la collecte des eaux ou le contrôle de l'érosion ; et, pourtant, on savait que le déficit d'humidité dû à des précipitations à la fois insuffisantes et capricieuses est un des facteurs limitants de la production agricole dans le district.

Résistant à la tentation de blâmer la population locale pour son manque d'imagination, on a résolu d'être un petit peu plus imaginatif. On a réalisé qu'on s'était mépris en pensant que les techniques existaient d'abord en termes de structures physiques dépendantes des systèmes de gestion locale des sols et de l'eau plutôt qu'en termes de « performance » (Richards, 1989). Il est important de rechercher une « gamme de stratégies » plutôt que de limiter son choix à une seule technologie et de reconnaître l'importance de la différenciation sociale en identifiant les stratégies propres à chaque catégorie socioprofessionnelle.

Ce texte tente de montrer que le débat habituel sur la conservation endogène de l'eau et des sols (CES) n'a pas atteint son terme à propos du problème fondamental de la « survie ». L'empressement à promouvoir les techniques locales de CES a souvent eu pour conséquences que la spécificité des besoins de la population locale a été ignorée et que leur capacité à composer avec les changements écologiques a été sous-estimée. La tendance à « scientiser » (Thrupp, 1987) et à modéliser les techniques locales de CES pour les diffuser à grande échelle n'a pas obtenu les résultats attendus parce que le succès de la CES traditionnelle ne dépend pas seulement de l'efficacité scientifique des techniques. On doit aussi prendre en compte la situation socio-économique et historique de la communauté locale dans laquelle la technologie est appliquée. Dans ce contexte, la participation locale est souhaitable, non seulement pour des raisons idéologiques d'« habilitation » mais pour garantir que les stratégies de CES sont en harmonie avec les priorités locales et sont applicables durablement.

Présentation de la zone d'étude et de la population

Le district de Kaputa est situé dans la province du Nord, la plus grande des neuf provinces de Zambie. Son climat est subtropical par suite de son altitude relativement basse. L'aire d'étude correspond à la dépression des lacs septentrionaux et comprend tout le district de Kaputa et les parties nord-ouest du district de Mbala. Cette zone est parmi les plus densément peuplée de la province du Nord avec une densité supérieure à 10 habitants au km^2 sur des terres cultivables (ARPT, Northern Province, 1986). Au recensement de 1980, la population du district était de 44 334 habitants, dont 97 % étaient des ruraux ; en 1990, la population a augmenté de près de 50 % et atteignait 66 000 habitants, devançant ainsi le taux de croissance des districts voisins.

Dans le district de Kaputa, l'afflux de population, amorcé dans les années 50, était largement fondé sur le développement de l'industrie de la pêche. Avec le déclin irrémédiable de la pêche dans le lac Mweru, dans la province de Luapula, la population a été contrainte de chercher de nouveaux bancs de poissons le long des rivages occidentaux du lac Tanganyika et autour du lagon Kapinda, dans le district de Kaputa. Selon les populations locales, le lac actuel, objet de cette étude, n'existait pas autrefois ; à sa place, il y avait seulement une petite rivière qui alimentait le lagon Kapinda. De fortes précipitations successives, dans les premières années 60, ont abouti à un développement progressif de la rivière et du lagon Kapinda en un grand lac connu sous le nom de Mweru na ntipa (Mweru avec de la vase).

Auparavant, la pêche se pratiquait à très petite échelle dans un but de subsistance. Mais, le développement du lac et l'introduction de nouvelles espèces de poissons ont amené un nouvel afflux de population des districts et des provinces voisines et même de contrées aussi lointaines que le Zaïre, la Tanzanie et le Malawi. En outre, la réduction des offres d'emploi dans les villes principales situées sur la ligne de chemin de fer a fait chuter le nombre de jeunes gens qui quittent la région pour trouver des emplois salariés. Ces facteurs expliquent la croissance rapide de la population de la zone de subsidence des lacs. Ces mutations ont provoqué des changements stratégiques dans les modèles d'utilisation des ressources, changements influencés aussi par des modifications du climat et du couvert végétal. Des études d'évaluation rurale participative (ERP) ont été réalisées afin d'obtenir des données sur les tendances pluviométriques de la région, à court et à long terme. Les années 1992 et 1993 ont été particulièrement sèches et ont connu un déclin drastique de la culture du riz. En remontant plus loin dans le temps, il est apparu que les précipitations avaient augmenté à la fin des années 50 pour atteindre leur maximum au début des années 60 ; cette hausse a provoqué l'expansion du lac. Pendant cette période, la sécheresse était supportable, si bien qu'on pouvait semer des superficies relativement abondantes de mil. Cependant, les précipitations ont diminué et l'impact de la sécheresse s'est aggravé au cours des années 70 ; depuis lors, les précipitations sont restées plutôt stables ou ont continué à régresser mais elles restent au-dessous de leur niveau d'avant 1960.

Dans le district, la végétation varie en fonction de l'altitude et des conditions climatiques plus ou moins sèches. Sur les parties hautes, les terres boisées (*mutengo*) sont clairsemées d'arbustes épars ; elles sont aussi le lieu de formation du *mateshi,* une végétation de fourrés. Le *mateshi* a tendance à s'étendre sur les pentes plus basses qui se caractérisent par l'existence de *chipya*, décrit par Trapnell (1953) comme « des terres boisées avec des hautes herbes » ; cette situation résulte de la destruction par le feu des forêts denses primaires (Mansfield *et al.,* 1976). Autour du lac, des situations topographiques spécifiques correspondent aux grandes unités biogéographiques constituées par les marais, les vasières littorales saisonnières et les *dambo* appelés aussi *ilungu* ; chaque micro-environnement pose des problèmes particuliers et offre une opportunité pour l'agriculture.

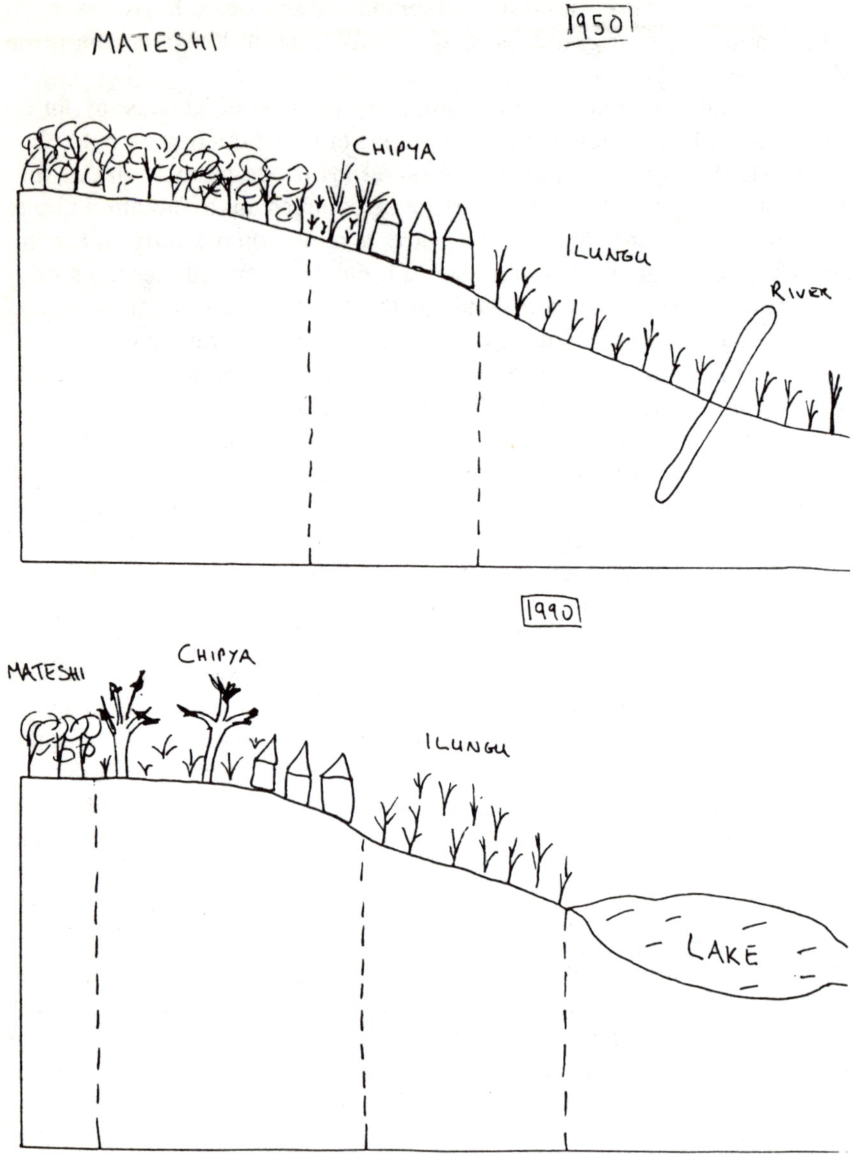

Figure 13.1

Schémas dessinés par les agriculteurs lors d'une séance d'évaluation rurale participative

L'activité humaine a modifié continuellement les limites des unités végétales autour du lac ; leur taille varie en fonction du défrichement agricole et de l'extension ou de la contraction du lac. Dans les années 60, selon des informations locales, le lac s'est étendu et a submergé certains *ilungu* ou a réduit sensiblement leur taille. Plus récemment, l'*ilungu* s'est à nouveau étendu à cause des caprices des pluies et du retrait du lac qui en a résulté. La coupe, le brûlis et la culture ont réduit la superficie du *mateshi* au profit du *chipya*. Les terres boisées du *mutengo* sont souvent des superficies protégées et peuvent conserver une superficie relativement constante. A partir d'une étude ERP, on a obtenu une illustration schématique de ces dynamiques interprétées par comparaison avec les situations des années 1950 et 1990 (figure 13.1).

Tableau 13.1

Caractéristiques des unités biogéographiques de la zone de subsidence des lacs

	Ilungu	Chipya	Mateshi	Mutengo
Sols	Gorgé d'eau, dépend des pluies	Sableux, moins fertile, faible capacité de rétention de l'eau	Riche, argileux retient bien l'humidité	Lourd, sol riche.
Végétation	Marais, vasière littorale, dambo	pâturages	arbustes, fourrés toujours verts	Forêt
Exploitation	Riz (durant les années humides); maïs, légumes modernes, canne à sucre (dans les années très sèches	Manioc ; maïs car les paysans ont évolué vers de nouvelles stratégies de conservation de l'humidité (buttage)	Millet avec du maïs et du manioc comme cultures auxiliaires (avec ou après le mil)	Pas cultivé, utilisé pour la chasse.

L'aire d'étude comporte essentiellement des sols sableux ayant une faible capacité de rétention d'eau. Les sols *chipya* ont traditionnellement été considérés par les agriculteurs comme très peu fertiles et d'intérêt agricole limité sauf pour la culture du manioc capable de pousser même sur des sols pauvres ; cependant, et bien qu'ils soient intrinsèquement pauvres, la valeur des sols *chipya* est considérée comme forte aujourd'hui parce que la population lui accorde une solide confiance pour la production alimentaire. En conséquence, des stratégies locales de CES se sont développées spontanément pour exploiter les sols *chipya*. Le tableau 13.1 décrit les caractéristiques principales des zones biogéographiques entourant le lac.

Les évolutions dues à l'interaction entre les hommes et l'environnement naturel sont caractérisées par un processus continu d'adaptation. L'activité humaine provoque des changements dans l'environnement naturel ; ces changements réclament à leur tour l'adaptation des activités humaines et ainsi de suite. L'environnement fragile et difficile de la zone de subsidence des lacs est de plus en plus mis à contribution pour supporter une population en expansion. Lorsque les ressources écologiques sont soumises à une pression croissante, des formes nouvelles et plus efficaces d'utilisation des ressources se développent spontanément.

Mise en place de nouveaux moyens d'existence dans un environnement modifié

Le paragraphe précédent annonçait les prémices d'un désastre écologique : les fourrés de *mateshi,* auparavant cultivés en mil, se réduisent ; les terres riches sont progressivement converties en sols moins fertiles *chipya* et les précipitations, selon la population locale, sont devenues imprévisibles ; dans le même temps, la terre est sollicitée pour nourrir de plus en plus de personnes. La gamme des stratégies utilisées par les différentes catégories de population pour répondre à ces défis écologiques est analysée ci-après.

De nombreuses stratégies sont orientées vers une utilisation plus efficace de l'humidité disponible depuis que la sécheresse est devenue une variable importante dans le système de production. Le choix d'une stratégie d'utilisation de l'humidité du sol dépend beaucoup de la situation socio-économique des différentes catégories de la population et il est souvent influencé par les opportunités et les contraintes présentées par les solutions de rechange utilisées pour assurer l'alimentation familiale.

Il y a environ cinquante ans, la culture du mil sur les terres défrichées et les brûlis du *mateshi* était l'élément dominant de l'exploitation des terres dans la zone de subsidence des lacs (Trapnell, 1953). Le mil semé dans ces conditions pouvait nourrir les petits agriculteurs mais la famine était fréquente parce que la sécheresse faisait avorter bien des récoltes. Pour résoudre les problèmes de disette, on importait du mil des hautes terres voisines du district de Mporokoso. Le troc était la principale forme d'échange : les produits tels que le poisson, le sel, la viande de gibier, les paniers, etc., provenant de Kaputa étaient échangés contre des grains. La croissance de la population a rendu cette stratégie caduque car, lors de mauvaises récoltes, la demande de grains est devenue très supérieure à l'offre ; les communautés locales n'avaient donc pas d'autre choix que de concevoir de nouvelles stratégies.

On ne pouvait pas faire face à une demande plus forte en intensifiant la production du mil pour trois raisons. Premièrement, l'augmentation de la population a exercé une pression énorme sur le défrichement et le brûlis traditionnel du *mateshi*, aboutissant à son épuisement progressif et à sa transformation en un *chipya* moins fertile. Deuxièmement, à cause de ses faibles rendements, le mil était incapable de satisfaire des besoins croissants ; cette contrainte s'ajoutait à l'incapacité d'augmenter la superficie cultivée. Troisièmement, l'exploitation de la terre fondée sur le défrichement du *mateshi* et le système du brûlis étaient concurrencés de manière croissante par la pêche dans l'emploi de la main-d'œuvre familiale ; or la pêche était devenue de plus en plus commerciale et occupait une proportion importante de la main-d'œuvre productive masculine de la communauté.

Cette situation réclamait des stratégies d'exploitation de la terre plus efficaces et les adaptations stratégiques devaient répondre à la fois au défi des précipitations capricieuses, à la nécessité d'utiliser les sols *chipya* moins abondants mais plus fertiles, au besoin d'équilibrer les besoins de travail entre les activités de pêche et d'agriculture et, par-dessus tout, à la nécessité de fournir des rations caloriques suffisantes pour une population en croissance rapide.

Les nouvelles cultures : le manioc

Le manioc est aujourd'hui la production principale du district de Kaputa : presque toutes les familles le cultivent depuis 1930 (ARPT, Northern Province, 1986 ;1987). Les variétés locales plantées étaient tardives et très amères et le manioc était planté uniquement à très petite échelle, généralement en assolement avec le mil dans les jardins du *mateshi* ; les tubercules de manioc étaient utilisées seulement pour suppléer au manque de mil pendant les disettes car ils étaient trop amers.

Vers le milieu des années 40, de nouvelles variétés ont été introduites dans la région par les immigrants zaïrois. Dans les années 80, le manioc est devenu le principal féculent de base planté dans cette région et n'a plus été confiné dans les champs du *mateshi*. La plus grande partie du manioc est actuellement plantée dans les champs *chipya* parce que seule une faible partie de la population peut encore cultiver dans le *mateshi*. La modification des systèmes de culture du mil et du manioc et le glissement de l'agriculture du *mateshi* au *chipya* présentent à la fois de nouvelles opportunités et de nouveaux défis.

Le manioc apporte des réponses au risque endémique de sécheresse, à l'augmentation de la population, à la concurrence entre la pêche et l'agriculture et à la réduction du *mateshi*. Premièrement, il est bien adapté aux conditions de sécheresse prédominantes et peut ainsi être cultivé à une échelle relativement large. Deuxièmement, le manioc se comporte relativement bien sur les sols *chipya*, très épuisés qui ne peuvent pas supporter le poids de la culture du mil sans de coûteux intrants tels que les engrais ; ses hauts rendements potentiels sur des sols peu fertiles permettent au manioc de nourrir plus de gens que le mil ou les autres céréales de base. Troisièmement, la culture du manioc réclame moins de travail que le défrichement traditionnel du *mateshi* et le système du brûlis ; le passage des champs de mil avec défrichement et brûlis aux champs de manioc réduit d'environ 40 % le travail réclamé par l'autosuffisance alimentaire des familles (Holden, 1993) ; c'est un grand avantage dans la zone de subsidence des lacs où le poids du travail agricole est supporté par les femmes et les hommes âgés.

L'autre raison de l'importance croissante du manioc est la concentration de la population dans les centres de pêche et la commercialisation croissante des produits de la pêche. La demande des négociants professionnels de poisson et des pêcheurs a créé un marché pour le manioc qui était jusque-là seulement une culture de subsistance. En effet, dans les grands centres de pêche, les pêcheurs professionnels qui travaillent pour de grosses compagnies n'ont aucune activité agricole alors que les familles de pêcheurs et de non-pêcheurs qui vivent dans les villages de l'aire d'étude cultivent tous le manioc.

Le troc du manioc permet à certaines familles et à certaines catégories d'individus (dont les femmes) qui ne pêchent pas de participer quand même à l'économie de marché. Bien que l'accès des femmes à la culture du manioc doive être négocié, elles n'en exercent pas moins un large contrôle sur la consommation et la vente du manioc parce que toutes les tâches de post-récolte sont prises en charge par elles (arrachage, pelage, trempage et séchage). Le troc du manioc est également une stratégie importante pour les jeunes hommes qui aspirent à gagner des revenus monétaires pour les investir dans l'activité de pêche plus lucrative ; le fait que le manioc réclame une attention minimale pendant la plus grande partie de sa croissance permet aux jeunes hommes de combiner sans difficultés la plantation de manioc avec le troc et la pêche.

La production de maïs

Avec le déclin du mil, le maïs est devenu une céréale de base importante qui complète le manioc. Le maïs est ancien dans la zone d'étude ; c'était essentiellement une espèce locale de maïs connue sous le nom de *kalinwa*. Dans le passé, il était cultivé à très petite échelle, dans des parcelles dispersées, avec une faible densité, soit dans les champs de mil du *mateshi*, soit sur des sols *ilungu* plus riches et plus humides ; les deux types de sol ont été utilisés parce que le maïs exige beaucoup d'éléments nutritifs et d'humidité. Dans les champs *mateshi,* le maïs bénéficie des éléments nutritifs résultant du brûlis et de sols plus lourds qui retiennent plus efficacement l'humidité ; cependant, pendant les sécheresses prolongées, le maïs *mateshi* périt comme le mil.

Le développement ultérieur de la culture du maïs dans le district de Kaputa est liée à des tendances nationales plus larges. La politique du gouvernement postcolonial était orientée vers la promotion de la production de maïs. L'État contrôlait les institutions de soutien agricole telles que les coopératives de commercialisation, la fourniture d'intrants, le crédit, la recherche et le développement, etc. ; toutes furent réorientées vers la promotion du maïs comme culture de rente. Les nouvelles semences hybrides vulgarisées par le département de l'agriculture n'ont pas réussi dans le Kaputa à cause de ses rudes conditions climatiques ; ce sont donc les variétés locales plus robustes qui ont été semées à une échelle plus grande que jamais auparavant.

L'augmentation significative de l'importance du maïs dans l'économie locale s'est accompagnée de stratégies pour adapter cette culture aux conditions écologiques et socio-économiques locales. Le recul de la mise en culture du *mateshi* impliquait que toutes les cultures semées avec ou après le mil dans les parcelles du *mateshi* devaient être semées ailleurs (ou abandonnées). Les agriculteurs ont fait évoluer leurs pratiques pour pouvoir utiliser plus efficacement le *chipya* pour des cultures autres que le manioc, dont le maïs. C'était un véritable défi technique pour la population locale car le *chipya* est peu approprié au maïs dans des conditions pluviométriques capricieuses ; il a fallu développer des pratiques de gestion visant à conserver l'humidité et à améliorer la fertilité des sols.

Dans les autres zones de la province, le maïs est semé à plat et en lignes droites ou sur des billons minces et bas ; sur les sols *chipya,* les agriculteurs ont tendance à semer le maïs à la volée sur des buttes qui sont exceptionnellement grandes (photo 18). Ces buttes sont souvent semées avec une faible densité, vraisemblablement pour réduire la concurrence vis-à-vis de l'humidité limitée du sol. Par contre, sur les marges des *dambo,* le maïs planté peut être semé à plat ou sur des billons bas et minces comme ailleurs dans la province.

Traditionnellement, l'objectif premier de la construction des buttes est d'améliorer la fertilité des sols pour les cultures de tubercules, tels que le manioc et les patates douces, grâce à la décomposition de la matière organique incorporée ; dans ces conditions, l'amélioration de la conservation de l'humidité peut être simplement considérée comme un bénéfice inespéré. Dans le Kaputa, les buttes énormes destinées au maïs remplissent une double fonction d'amélioration de la fertilité des *chipya* qui sont épuisés, ainsi que de protection contre les effets de la sécheresse. Les agriculteurs locaux soutiennent aussi que c'est un travail moins intensif de faire et de sarcler de grandes buttes plutôt que de produire du maïs à plat.

Il est probable que les ménages d'âge moyen et les ménages âgés sont plus impliqués dans l'agriculture à partir du moment où ils sont moins engagés dans la pêche. Cela leur donne une plus grande opportunité pour diversifier la gamme des cultures. En outre, ces ménages comprennent généralement une plus grande proportion de retraités des emplois urbains qui disposent de revenus qu'ils sont tentés d'investir dans la culture de rente du maïs. Les hommes et les femmes participent également dans la préparation des semis alors que les opérations postérieures telles que le sarclage, le traitement et la récolte sont réalisées par les femmes.

Le degré d'orientation vers le marché semble influencer la division du travail dans la production du maïs. Pour de nombreux ménages orientés vers le marché, la culture du maïs est considérée comme une entreprise économique sous le contrôle du chef mâle de la famille. Dans ce cas, les hommes ont tendance à participer beaucoup plus à la plupart des opérations, préparation de la terre, récolte, battage et mise en sac. Ils peuvent aussi aider les femmes de leurs familles en embauchant une main-d'œuvre salariée féminine pour accomplir des tâches considérées comme féminines, telles que le sarclage et le battage.

L'utilisation du dambo

L'utilisation du *dambo* est une stratégie supplémentaire qui vise à améliorer l'efficacité des ressources en eau très limitées dans des conditions climatiques défavorables. Contrairement à d'autres techniques locales de CES qui tentent de collecter ou de conserver l'eau, cette stratégie est fondée sur la localisation de cultures dans les sites cultivables humides. Cette distinction est importante parce que l'accès à cette technologie n'est pas seulement conditionné par les efforts et la volonté des familles mais aussi par la disponibilité de sites adéquats. Dans les *dambo*, les cultures sont fréquemment changées pour s'adapter aux régimes fluctuants des inondations, elles-mêmes dépendantes de l'extension ou de la rétraction saisonnière du lac.

Avant l'expansion du lac, les *dambo* étaient utilisés pour des cultures telles que le riz et le maïs. Au milieu des années 80, 20 % environ des ménages de la région produisaient du riz (ARPT, Northern Province, 1986) ; or, en 1994, plus personne ne cultivait le riz dans la zone d'étude à la suite de pluies exceptionnellement faibles pendant les deux saisons précédentes. A la place du riz, les paysans ont cultivé du maïs, des légumes « modernes » tels que le chou, le navet et l'oignon, de la canne à sucre, des bananes et même des arachides ; ces cultures de plateaux se sont développées dans les *dambo* pour profiter d'une meilleure humidité du sol et pour éviter les risques de sécheresse sur les hautes terres.

Le degré de participation des différentes catégories sociales dans la mise en culture des *dambo* dépend de la gamme des cultures semées au cours d'une saison donnée. Durant les années humides, quand le *dambo* est utilisé pour la culture du riz, les femmes ont tendance à participer plus parce que le riz est une culture exclusivement réservée aux femmes ; ceci s'explique par le fait que, au moment de la préparation des champs de riz, les hommes sont occupés par la pêche et par la préparation des champs de manioc (ARPT, Northern Province, 1987). Pendant les années sèches, les *dambo* sont utilisés pour des cultures telles que le maïs, les arachides et la canne à sucre ; les hommes et les femmes participent également à ces cultures.

Conclusions

Les pressions démographiques et écologiques ont conduit à de nouvelles adaptations dans la zone de subsidence des lacs. La population locale est continuellement en train d'ajuster ses pratiques pour faire face aux défis du moment. L'intervention extérieure doit donc tenir compte de ce que la population locale a déjà réalisé au lieu de rechercher des solutions importées ; les interventions doivent aboutir au développement d'une gamme flexible d'options pour les différentes composantes de la communauté afin de se mettre en cohérence avec les opportunités et les contraintes très changeantes de la production.

Comme on l'a montré plus haut, le passage de la culture du manioc sur des sols *chipya* a fait naître de nouveaux défis pour les agriculteurs et pour lesquels on devra rechercher de nouvelles solutions. Les sols *chipya* étant moins fertiles, les variétés de manioc existantes sont plus longues à mûrir que dans le système *mateshi*. Le défi du développement est donc d'identifier les pratiques existantes d'amélioration de la fertilité des sols *chipya* sans mettre en danger l'avantage que représente la faible exigence de travail du manioc, avantage qui justifie l'intérêt de cette culture pour les ménages occupés par des activités non agricoles telles que la pêche. De même, les interventions ne doivent pas alourdir le fardeau du travail des femmes qui sont déjà chargées de la plus grande partie des opérations de culture du manioc.

Les progrès significatifs du maïs, comme aliment de base en complément du mil, ont également été soulignés. Le fait que la population prenne la peine de construire de grandes buttes pour la culture du maïs indique l'importance qu'elle lui accorde pour sa subsistance. Il existe peut-être la possibilité de rendre cette stratégie plus rémunératrice en optimisant les rendements par unité de surface. Une autre option de développement réside dans la possibilité d'intensifier et de développer l'utilisation des *dambo* ; comme on l'a déjà souligné, les stratégies de la population locale pour exploiter les *dambo* sont souvent très complexes et exigent plus de compréhension de la part des agents de l'extérieur.

Les méthodes de conservation de l'eau et des sols sont seulement l'une des nombreuses stratégies d'adaptation destinées à améliorer la productivité agricole dans des conditions écologiques difficiles et dans le but fondamental d'obtenir la sécurité alimentaire. Pour la population, et dans de nombreux cas, le choix de la production agricole n'est pas la stratégie d'adaptation la plus rémunératrice ; dans ces situations, la réussite des pratiques locales de CES repose sur la façon dont on les mesurera et dont on les comparera à d'autres options dans la gamme des stratégies d'adaptation qui sont à la disposition de la collectivité.

La pêche, en tant que stratégie d'adaptation, a un rapport direct avec les stratégies locales de CES car l'agriculture et la pêche se complètent bien l'une l'autre. Toute intervention de CES qui perturbe la complémentarité entre la pêche et la culture du manioc risque de ne pas être acceptée par la communauté locale. La pêche est la principale source de revenus de la zone de subsidence des lacs mais la culture du manioc joue un rôle central en comblant les exigences caloriques de la communauté. Selon les populations locales, la plupart de ceux qui cultivent sont également des pêcheurs ; ainsi, ils s'assurent un revenu et parviennent en même temps à l'autosuffisance alimentaire.

Ce chapitre a montré que l'expansion ou la contraction des unités biogéographiques et des systèmes d'utilisation des terres est, dans le district de Kaputa, un déterminant essentiel des modes d'exploitation de la terre. La plupart des stratégies de CES identifiées dans l'aire d'étude sont des adaptations locales à ces changements. Dans ce cadre, les méthodes de conservation de l'eau et des sols doivent être comprises comme des dynamiques d'adaptation continues, élaborées à partir d'expériences historiques concrètes plutôt que comme un ensemble de « techniques » qui peuvent être scientifiquement déployées ou diffusées massivement.

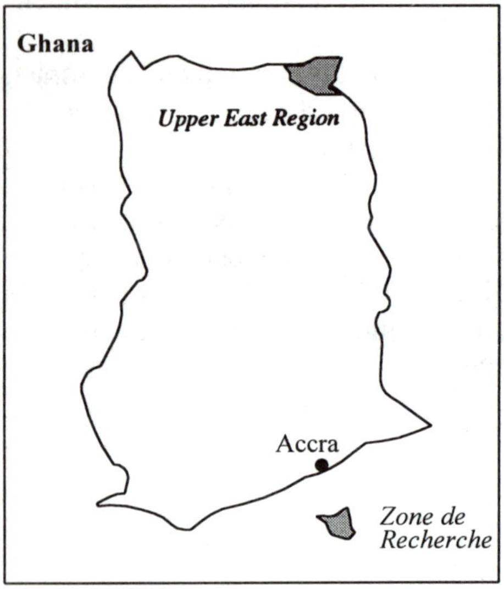
Ghana
Upper East Region
Accra
Zone de
Recherche

14

« A la manière des ancêtres »

Relations de genre et système yaba-itgo *dans l'Upper East Region du Ghana*

David MILLAR avec Roy AYARIGA et Ben ANAMOH

Présentation de la zone d'étude

De nombreuses études de conservation de l'eau et des sols (CES) sous-estiment le rôle des femmes dans l'utilisation, la généralisation et la permanence des techniques locales adaptées. L'étude du système de culture appelé *yaba-itgo*, pratiqué par les Frafra dans l'Upper East Region du Ghana, contredit l'affirmation simpliste selon laquelle les paysans mâles seraient les seuls actifs ou les personnages clés dans les systèmes de conservation.

L'Upper East Region, située dans la zone des savanes, est bordée au nord par le Burkina Faso et à l'est par le Togo. La densité de population dans le pays frafra s'élève à 204 habitants au km^2 (IFAD, 1990). La végétation est principalement une savane arbustive avec quelques arbres dispersés. La région est soumise à l'alternance de la saison des pluies et de la saison sèche, les pluies commençant en mai et finissant en septembre. La moyenne des précipitations est de 800 à 900 mm, mais leur répartition est inégale et leur durée et leur intensité sont très irrégulières en début d'hivernage ; les périodes sèches sont fréquentes pendant l'hivernage. En saison sèche, la région est affectée par la sécheresse et par des vents (l'harmattan) chargés de poussières.

Dans la zone d'étude de Zanlergu, les sols sont généralement très peu fertiles, avec de faibles teneurs en matières organiques et de faibles capacités de stockage. Dans les horizons de surface à texture sableuse, la faible teneur en matières organiques a pour résultat une faible capacité à retenir l'humidité du sol au niveau des racines ; c'est là une contrainte sérieuse pour la mise en culture car les périodes sèches ont tendance à survenir durant la saison végétative, habituellement en juin ou juillet.

Production agricole et pastorale

L'agriculture du Zanlergu est principalement pluviale. En saison sèche, les seules cultures encore pratiquées sont celles des petits jardins potagers situés au bord des rivières ou des barrages. Les paysans pratiquent généralement les cultures associées sur des propriétés dont la taille moyenne est de 3 ha. Le sorgho, le maïs, l'igname, le manioc et les haricots sont plantés à côté de la principale denrée de base qu'est le mil. C'est, pour l'essentiel, une agriculture de subsistance, mais le riz, le coton et l'arachide sont cultivés à petite échelle comme cultures de rente. La culture permanente est la norme, bien qu'un petit nombre de paysans pratiquent un système de jachère avec un assolement biennal. La plupart des exploitations élèvent de petits animaux, poules, moutons, chèvres et, dans certains cas, chevaux. L'élevage offre une importante source de revenus pendant les périodes de disette.

La plupart des paysans ne réussissent pas à obtenir des revenus suffisants pour pouvoir réinvestir dans leur exploitation et les systèmes de production agricoles dépendent largement d'un équipement très rudimentaire, dont la houe traditionnelle, les machettes et les faucilles ; les intrants agricoles importés sont peu utilisés. 5 % seulement des paysans emploient la traction bovine dont la généralisation est freinée par le coût élevé de l'équipement et des animaux et par la topographie escarpée et caillouteuse de la zone.

La répartition du travail et la division sexuelle des tâches

Les grandes familles paysannes sont courantes au Zanlergu ; on peut trouver plus de 20 ménages résidant dans une seule concession. Les biens et les services sont à la fois produits et consommés à l'intérieur des foyers mais il existe aussi des systèmes d'échange entre les foyers qui fonctionnent lorsque les cultures ou les autres ressources sont insuffisantes.

Les exploitations sont gérées comme des entreprises familiales mais les activités agricoles sont caractérisées par de très nettes divisions, par sexe et par âge, des tâches et des responsabilités (voir Oppong, 1973, pour une première étude). Cependant, ces divisions ont tendance à s'estomper lorsque la composition des ménages change, du fait de la migration, de la séparation ou du veuvage. En général, les hommes préparent la terre et les femmes ont la responsabilité des semailles et du premier sarclage ; ensuite, les hommes se chargent du second sarclage et les femmes de la récolte et de son traitement. Il n'est pas rare que cette répartition des rôles ne soit pas strictement appliquée : dans ce cas, les hommes et les femmes peuvent contribuer ensemble aux activités agricoles spécifiques à l'un ou à l'autre. La division du travail varie parfois selon les types de culture, différentes catégories de responsabilités pouvant être associées aux céréales, aux tubercules ou aux légumes.

Ce qui est produit sur les parcelles des exploitations familiales sert à la nourriture de la famille tandis que les productions des parcelles individuelles sont gardées par les cultivateurs, qu'ils soient hommes ou femmes, pour faire face aux mois maigres ou pour être vendues pour faire face à des besoins monétaires. La plupart du temps, les hommes sèment du mil et les femmes de l'arachide, du riz et des légumes sur leurs parcelles personnelles. Certaines femmes possèdent quelques poulets et, de temps en temps, une chèvre ou un mouton. Enfin, les femmes assument seules les décisions pour la production, le traitement et la vente des cultures produites sur les parcelles qui leur sont allouées par les hommes.

La responsabilité des contributions en travail pèse le plus lourdement sur les jeunes hommes et les femmes ; en effet, lorsque leurs fils et leurs filles travaillent pour eux, les vieux et les vieilles n'assument souvent qu'un rôle consultatif pour certains travaux et ils ne participent généralement pas au travail sauf si des tâches très spécialisées requièrent leur présence.

Les activités agricoles de la famille sont planifiées au cours de discussions ou de décisions prises conjointement entre le chef de famille et sa femme. Les femmes sont souvent chargées de la responsabilité de dresser un inventaire mental des tâches à accomplir (Millar,1992). Cependant, l'inégalité est flagrante : le pouvoir de décision des hommes chefs de famille l'emporte nettement sur celui des femmes, en particulier dans les décisions finales qui ont force de loi, sur les questions relatives aux activités agricoles, ou d'ordre familial comme le mariage, ou à d'autres pratiques et événements culturels ou bien encore à l'emploi d'autres biens familiaux.

Propriété de la terre et accès à la terre

Les exploitations sont petites et n'excédent pas 2 ha par ménage. Les friches et les terres mixtes peuvent être contrôlées individuellement ou collectivement alors que les terres individuelles ou familiales sont habituellement en propriété privée. La terre du domaine familial est rarement vendue mais fréquemment louée. De nombreux litiges fonciers ont éclaté dans le Zanlergu : ils prouvent que l'insécurité foncière est devenue grave. Pour les terres louées, le droit traditionnel permet au propriétaire de récupérer sa propriété quand il le désire et, plus précisément, de conserver le contrôle sur les arbres et sur les aménagements durables réalisés sur sa terre ; ceci freine les investissements fonciers. De plus, certains propriétaires, loueurs de parcelles, préfèrent changer de locataire chaque année, ce qui est contraire à une bonne exploitation de la terre et décourage les investissements qui permettraient d'améliorer la productivité à long terme de la terre.

Les paysans locataires de parcelles doivent faire face à de graves problèmes d'insécurité foncière. Selon les règles traditionnelles, le contrôle de la terre échoit au chef de famille mâle. Dans ce cadre, les droits des femmes à la terre sont secondaires et dépendent du type de liens qui les unissent à l'homme avec lequel elles vivent. Les femmes ont des droits d'accès à l'exploitation de la terre mais le contrôle total sur la terre qu'elles cultivent leur échappe car il dépend de la décision du propriétaire qui peut leur enlever l'usage de leurs parcelles. Cela peut empêcher les femmes de s'investir dans les mesures de CES sur les terres qu'elles louent, ou les décourager d'exploiter de manière appropriée les terres qu'elles cultivent. Par exemple, les femmes interrogées pendant l'enquête ont témoigné que la culture de l'arachide protège efficacement le sol contre l'impact de la pluie et fixe l'azote ; après la récolte, elles laissent les fanes en place afin que leur décomposition enrichisse le sol. Depuis peu, les femmes sont privées du bénéfice de ces améliorations à long terme du sol parce que les hommes propriétaires ont tendance à reprendre ces terres enrichies par la culture de l'arachide pour faire pousser leur mil. Ce système explique que l'on obtienne couramment des rendements de 2 000 kg/ha de mil en des lieux apparemment surprenants et sur des sols pauvres du Zanlergu. Les hommes justifient leur attitude en affirmant que la rotation des cultures permet de rentabiliser au maximum les qualités du sol. C'est aussi une manière d'exploiter les femmes.

Interventions extérieures

La zone d'étude est pauvre en infrastructures. De nombreux paysans sont isolés durant la saison des pluies parce que les pistes sont impraticables ; ils sont donc dans l'incapacité de vendre ou d'acheter à des prix favorables sur le marché. Les intermédiaires profitent de cette situation pour acheter des produits à des prix relativement bas et les revendre avec des profits importants. Le maintien de bas prix au producteur, en dépit des coûts de production élevés, est un frein au développement agricole (Runge-Metzger, 1988). Le mauvais état des pistes entraîne également un manque à gagner pour les paysans qui ne sont pas sollicités au bon moment et dans de bonnes conditions.

Quelques actions extérieures ont été entreprises au Zanlergu : l'agroforesterie, les cultures en allées et les haies vives sont actuellement introduites. Cependant, l'approche par le « transfert de technologies » ne fait pas participer les paysans à cette vulgarisation et ils ont tendance à les abandonner dès le retrait de l'intervention extérieure ou du facteur de motivation.

En conclusion, le Zanlergu est une zone dotée de faibles ressources naturelles à vocation agricole, où la productivité et les revenus sont généralement bas et où l'intervention technique extérieure n'a pas réussi à ce jour à avoir un impact significatif sur les systèmes de culture. Le manque de sécurité foncière pèse d'abord sur ceux qui louent des terres à des paysans propriétaires mieux lotis, mais aussi sur les femmes qui n'ont que des droits secondaires et aléatoires sur la terre. Le contrôle des hommes sur le travail des femmes pour la culture des champs familiaux a pour effet d'accroître leurs charges de travail déjà importantes. Ces tâches pourront être allégées quand leurs filles ou leurs fils seront en âge de les aider.

Yaba-itgo : « à la manière des ancêtres »

Yaba-itgo, signifie « la façon de faire des ancêtres » et désigne une large gamme de techniques de conservation (voir les tableaux ci-dessous). Le but principal du système est de permettre de conserver l'humidité dans une région qui reçoit des précipitations moyennes de 800 à 900 mm et dont les pentes sont fortes. Cependant, dans de très rares cas, certaines

Tableau 14.1

Répartition par sexe des différentes tâches nécessaires aux travaux de conservation

Pratiques	Age	Techniques endogènes CES	Cultures principales	Sexe et type de travail C : construction M : entretien R : réparations
Muret de pierres (très pratiqué)	Très vieux	Lignes de pierre en courbes de niveau et dessinant une grille. Les grosses pierres forment la base des lignes, avec pierres plus petites dans espaces libres. Entretien annuel. Associé à la production de légumes : les femmes font pousser du gombo et du kenaf le long des murs ; le système racinaire de ces plantes fixe particules de sol qui s'accumulent autour de murets, à la manière d'un paillis. Utilisé sur collines escarpées sensibles à l'érosion des sols sablo-limoneux et au ruissellement.	Mil et arachide	Les hommes font C. La phase initiale (en particulier le tri des pierres) demande 20 jours de travail par ha. Les femmes font M et R. Sont aussi responsables de l'arrangement des pierres au cours de la construction. Entretien et réparation, exigés chaque année à cause des dégâts causés par le bétail, requièrent 3,5 jours de travail/personne durant 3 mois. Les enfants participent également au travail.
Labour en courbes de niveau	Très vieux (nouveau avec les bœufs)	Labour fait à la houe ou à la charrue. Sens de la pente apprécié en fonction de la densité de l'herbe, de la direction des eaux et des accumulations de cailloux. Les billons ont 0,25 m de large, 10 m de long et sont séparés par 0,5 m. Utilisé en général sur les sites en pentes douces.	Mil et sorgho	Les hommes font C avec les bœufs : 2 jours par hectare ; avec la houe 8 j/personne/ha. Les femmes font M et R. L'entretien durant le cycle cultural demande 6 j/ha. Elles n'ont pas accès en général aux bœufs.

Bordures enherbées	Vieux	On les fait pousser pour contrôler l'eau et l'érosion éolienne. Bandes d'espèces variées de 0,5 m de large densément réparties sur la pente. Plus adaptées aux terrains plats. Souvent plantées sur les limites de parcelles. Herbe coupée utilisée pour couvrir toits, comme balai, pour tisser paniers, nattes, etc. Utilisé comme matière organique lorsqu'elle est décomposée.	Mil	Les hommes font C. Les femmes font M et R. Le semis et l'entretien des herbes occupent environ 12 jours/personne au cours du cycle cultural.
Bandes cultivées	Vieux et récents	Cultures plantées en bandes et en courbe de niveau pour contrôler l'eau et l'érosion éolienne. Association légumes-céréale ou céréale-céréale. Utilisée quand la pente n'est pas trop forte et le ruissellement lent. Récemment : bandes de cultures et agroforesterie.	Mil	Les hommes font M, C et R. Les femmes font M, C et R. En moyenne, ce système nécessite 14 jours par saison.
Terrassement (très utilisé)	Très vieux	Utilisée sur pentes très fortes. Limité aux zones cultivées. Dimensions variables. Les terrasses étroites avec une contre-pente déclive sont les plus courantes et disposées en forme de grille. En association avec des murets de pierre et une culture de légumes comme bande de bordure, le ruissellement peut être réduit de façon significative. Permet de retenir sur place les matériaux fins. Ainsi, on parvient à avoir un sol superficiel riche et des rendements de légumes élevés.	Mil et arachide	Les hommes font C, M et R. La construction préliminaire requiert 15 jours. Les femmes font C, M et R. L'entretien demande 10 jours par saison. Les enfants contribuent également aux travaux.

techniques sont employées pour faciliter le drainage afin d'éviter les inondations dans les bas-fonds. Les techniques ne sont jamais utilisées seules mais en association et elles font intégralement partie du système de production agricole. Le taux de la pente détermine le choix de l'association et de l'intensité des mesures.

Rôles sexuels et travaux de contrôle de l'érosion

Dans la plupart des cas, l'application des techniques de lutte contre l'érosion des sols dépend beaucoup de la capacité familiale de travail et très peu du recours au travail collectif ou au travail salarié dans le cadre de la communauté. Une évaluation des contributions de travail selon le genre dans le domaine de la conservation (tableau 14.1) montre que celle des femmes est importante et dépasse celle des hommes en termes de temps de travail. En plus de leur contribution au travail des hommes en tant qu'« assistantes », les femmes supportent la charge principale de l'ensemble des travaux d'entretien et de réfection requis pour préserver les ouvrages de CES ; dans de nombreux cas, elles contribuent aussi au travail initial de construction mais leurs tâches sont souvent différentes de celles des hommes ; par exemple, pour la construction des murets de pierres, les hommes rassemblent les pierres et les femmes les arrangent pour faire le muret. Pour l'essentiel, les travaux qui incombent aux femmes ne demandent pas de qualification et sont répétitifs à des intervalles spécifiques tout au long de l'année, que ce soit au début ou à la fin de la saison agricole. Par contre, le travail des hommes dans la construction des murets, dans les labours en courbes de niveau et dans la mise en culture des bordures enherbées consiste en tâches spéciales et urgentes. Une différence supplémentaire réside dans le fait que les hommes paraissent plus aptes que les femmes à utiliser la traction bovine pour alléger le travail, tandis que les tâches féminines requièrent essentiellement l'utilisation d'une technologie simple mais intensive. Dans le système *yabaitgo,* l'apport en travail des enfants, dirigés par les femmes est assez significatif et tend à renforcer l'opinion selon laquelle les hommes sont les personnes clés des activités de CES.

Rôle sexuel et travaux de contrôle du drainage

Les inondations sont rares dans le Zanlergu, sauf dans quelques basfonds et plaines. Cependant, depuis que les cultures du riz et des légumes

Tableau 14.2

Répartition par sexe des différentes tâches nécessaires au contrôle du drainage

Pratiques	Age	Techniques endogènes CES	Cultures principales	Sexe et type de travail C : construction M : entretien R : réparations
Aplanissement et nivellement	Très vieux	Élimination des points bas par déplacement de terre pour améliorer le drainage. Le sens de l'écoulement est déterminé visuellement. Utilisé sur des terres semi-plates. Le but général est d'obtenir à la fois une bonne répartition de l'humidité sur les terres agricoles et une amélioration du drainage.	Arachide, riz et légumes	Les hommes font C, M et R. Les femmes font C, M et R. 12 jours sont nécessaires pour niveler un hectare à la houe. Un entretien régulier est nécessaire pour réparer les zones endommagées.
Fossés de diversion	Vieux	Excès d'eau avec un minimum d'érosion. Fossés de 0,5 m de large. Utilisés dans les vallées. Fossés en partie remplis par des pierres pour ralentir les eaux. Des diguettes de pierres sont construits à l'extrémité aval du fossé où l'écoulement est supposé être plus haut.	Rizières et jardins maraîchers	Les hommes font M, C et R. La construction initiale des sillons requiert 4 j/ha. Les femmes font M et R. Elles se chargent également de l'arrangement des pierres. Réparation et entretien demandent 10 j/ha durant la saison. L'utilisation de la houe concerne à la fois les hommes et les femmes.

sont devenues les principales activités dans ces zones basses, la population locale considère que l'investissement dans les travaux de drainage vaut l'effort car ce sont des cultures de rente. Le travail communautaire est organisé avec une précision plus grande que dans le cas des techniques de contrôle de l'érosion parce que l'amélioration du drainage sur une parcelle peut avoir un effet négatif sur les parcelles voisines. Le tableau 14.2 montre la répartition selon le sexe des types d'apports en travail pour le contrôle du drainage.

Perception des techniques

Dans les objectifs clés du système *yaba-itgo,* la collecte des eaux de ruissellement, la conservation des sols, le drainage et l'augmentation de la fertilité sont traités à la fois en termes de fonctionnalité et en termes de bénéfices escomptés. Les femmes considèrent que les techniques *yaba-itgo* de conservation sont un important moyen de rendre grâce à leurs ancêtres bien que cette croyance coutumière s'affaiblisse peu à peu ; actuellement, ce sont les bénéfices de la production qui constituent le moteur le plus puissant. D'un autre côté, les Frafra comprennent également le système *yaba-itgo* comme un investissement à long terme pour « préserver la terre », en d'autres termes, comme un moyen de préserver les ressources pour leurs descendants. Aujourd'hui, les fortes densités de population et la pauvreté conjuguent leurs effets pour donner une impulsion supplémentaire à la population locale pour conserver ses ressources de base. Ceci transparaît dans l'intérêt renouvelé pour préserver les terres sacrées, les tombeaux et les bosquets et pour restreindre les feux de brousse dans la région et dans le sentiment d'avoir un impact sur la nature et l'extension du système *yaba-itgo*.

La population du Zanlergu est convaincue que les techniques d'utilisation et de gestion de la terre doivent être développées en préservant leur faible coût de revient car elle sait qu'elles assurent une utilisation continue et durable des terres les plus délicates à cultiver, procurant des rendements plus élevés et répondant le mieux aux besoins d'une population en proie à un boom démographique. A cette fin, trois changements majeurs ont affecté le système *yaba-itgo* ces dernières années. Premièrement, les techniques de CES ont été associées à des pratiques agronomiques telles que les cultures associées, la fertilisation par les fanes d'arachide et par le paillage avec des résidus de récolte et des herbes. Deuxièmement, les paysans ont pris la décision bien mûrie de cesser la pratique du brûlis afin de régénérer les matières organiques qui permettront, à leur tour, d'améliorer la fertilité du sol. Troisièmement, de nouvelles techniques telles que les haies vives et l'emploi de bœufs pour labourer sur les pentes se sont développées et ont été incorporées, dans une certaine mesure, à ce système ; cependant, le coût prohibitif de la traction bovine et le fait qu'elle ne soit utilisée que pour certaines activités comme les labours, activité spécifiquement masculine dans le cadre de la division du travail, font que les femmes boudent cette adaptation.

Conclusions

L'investissement en CES dépend dans une certaine mesure des disponibilités financières de la population agricole. Les paysans aisés peuvent, bien plus facilement que les paysans pauvres, faire face aux exigences de la culture intensive. Cela dépend aussi des encouragements prodigués à la population pour préserver la terre et, corrélativement, pour améliorer la sécurité foncière. Les femmes en général et les locataires en particulier cultivent des parcelles sur la base d'accords temporaires et craignent à tout moment qu'elles ne soient reprises. Dans ces conditions, ces deux catégories considèrent que l'investissement à long terme est inapproprié pour améliorer la terre parce qu'ils n'ont aucune garantie d'en récolter les fruits.

Dans le Zanlergu, les femmes ont la réputation d'être beaucoup plus méticuleuses dans l'entretien courant et répétitif et de faire de meilleures réparations que les hommes. La population locale suppose que, plus il y a de bras féminins disponibles dans chaque foyer pour accomplir le travail, plus le *yaba-itgo* sera efficace. Cependant, la crédibilité du *yaba-itgo* lui-même est remise en question par le grand fossé qui existe entre le poids des contraintes de travail exigé des femmes par ce système et l'improbabilité pour elles de pouvoir bénéficier des fruits de leur travail de CES. La multiplication des encouragements aux femmes pour le travail de conservation et l'amélioration de leurs droits de contrôle sur la terre sont deux axes nécessaires de toute politique d'intervention dans la zone.

Il y a plusieurs problèmes généraux à résoudre. Le coût des techniques récemment introduites dans la zone doit être sérieusement reconsidéré. Un système de crédit, également ouvert aux hommes et aux femmes, est nécessaire pour aider les paysans qui les adoptent ; c'est particulièrement important parce que les ressources financières des femmes sont souvent bien plus faibles que celles des hommes. Le mode d'introduction des techniques est aussi un problème : tout d'abord, pour réussir le transfert des modèles technologiques, il faut recourir à une approche participative qui semble plus apte à surmonter la contrainte des différences d'intérêts, que ce soit par sexe ou pour d'autres raisons sociales, et à retenir l'attention de la population locale en la faisant participer à la sélection et à l'introduction des techniques. A ce jour, les innovations introduites au Zanlergu de l'extérieur ont souvent eu un effet limité parce qu'elles se sont trompées de cibles. La reconnaissance du rôle des femmes dans l'agriculture et dans le travail de conservation, ainsi que la prise en compte des différents groupes cibles pour les intéresser et les encourager à développer ce travail, sont les deux premiers pas nécessaires pour des interventions futures bâties sur le système *yaba-itgo* pour supporter son développement.

15

Comment la culture du riz est devenue une pratique agricole « locale » dans le district de Maswa, en Tanzanie

J.M. SHAKA, J.A. NGAILO et J.M. WICKAMA

Les techniques de conservation de l'eau et des sols (CES) ont joué un rôle crucial dans le développement de la culture du riz à petite échelle dans le district de Maswa en Tanzanie. La culture du riz ne peut pas être qualifiée de pratique endogène, pourtant elle a maintenant un statut de culture « traditionnelle » bien qu'elle ne date pas de plus d'une quarantaine d'années. Comment et pourquoi le riz a-t-il été introduit dans cette région ?

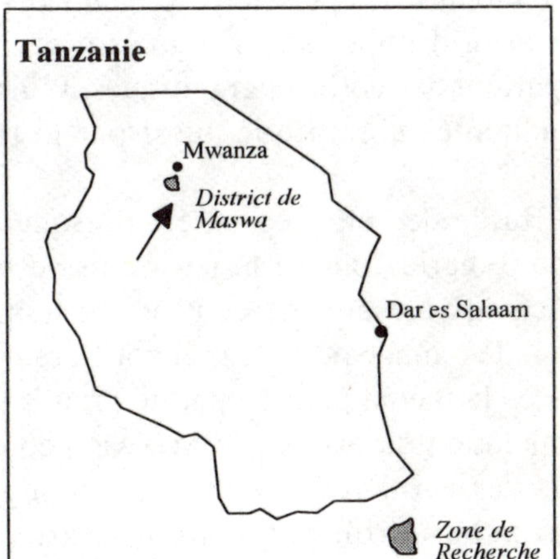

Cette étude retrace l'histoire du passage de la culture du coton à la culture du riz dans le district de Maswa et des changements significatifs dans l'utilisation de la terre qui en ont résulté. Le coton était de loin la principale culture de rente lorsque les agriculteurs ont commencé à expérimenter les techniques de collecte des eaux de ruissellement et à les adapter aux conditions locales. Encouragés par le maintien du prix du riz à un niveau élevé, les agriculteurs continuent à investir dans la généralisation des mesures extensives de CES dans tous les bassins versants afin d'utiliser à bon escient toute l'eau disponible.

La population et la région

Le district de Maswa, dans la région de Shinyanga, en Tanzanie, a peu de routes principales, et la circulation à l'intérieur du district est rendue difficile pendant toute la saison des pluies. Le chemin de fer traversant l'ouest du district est essentiel pour transporter des marchandises, notamment le coton et le riz, à Dar-es-Salaam ou à Mwanza.

Le district de Maswa se situe sur un plateau comportant des pentes douces. Le centre du district forme un escarpement plus ou moins continu, interrompu par de larges fonds de vallée et des plaines. L'escarpement est orienté vers le nord-ouest ; dans le sud-est, il se termine par une large vallée basse avec de nombreuses dépressions : c'était jadis le lit d'un lac. Les dépressions fournissent d'importantes sources d'eau pendant la saison sèche. On trouve partout des collines granitiques. L'insuffisance du débit des rivières permanentes s'explique aussi par la rareté des sources pérennes.

La population rurale de cette région est presque exclusivement de l'ethnie Wasukuma. L'agriculture et le pastoralisme se sont développés dans la région grâce aux mesures de contrôle de la mouche tsé-tsé, qui commencèrent dans les années 20 et, grâce à l'éradication de la peste bovine entreprise dès la même période par de grands programmes d'immunisation. La population du district de Maswa a continué à s'accroître fortement au cours des dernières décennies ; l'immigration de familles venues des régions moins fertiles du nord du district a porté la densité d'environ 40 hab/km^2 dans les années 60 à la densité actuelle de 50 à 70 hab/km^2.

L'importance du bétail

Les Wasukuma élèvent de grands troupeaux de bovins. Les pâturages les plus abondants se trouvent dans le nord du district, qui reçoit une moyenne de 900 mm de pluie par an, soit bien plus que les 600 mm de pluie de la région méridionale plus sèche. Les agriculteurs sont obligés de migrer vers le nord à la recherche de pâturages, particulièrement entre mai et octobre quand la pluie est rare. Pour l'essentiel, les précipitations tombent entre novembre et avril, permettant ainsi une courte saison végétative d'environ 120 à 150 jours. Pour compenser la faiblesse des précipitations, de nombreuses zones du district exploitent les sources et les minilacs au cours de la saison des pluies. La saison des pluies est interrompue par une période sèche qui va de juin à mi-septembre ; elle est caractérisée par un fort ensoleillement, une évaporation intense et par le ralentissement de la croissance des végétaux qui manquent d'eau.

La différenciation sociale s'exprime en termes de nombre de têtes de bétail et de possession ou non de bœufs de traction et d'une charrue. Celui (ou celle) qui possède de nombreuses têtes de bétail et un équipement de traction bovine est considéré comme riche car il est capable de cultiver des superficies relativement importantes, de pratiquer diverses cultures et d'appliquer des techniques de collecte de l'eau dans ses champs. L'agriculteur qui a peu ou n'a pas de bétail dépend étroitement du prêt d'une charrue ou du travail à la houe manuelle : il a généralement moins de terre.

Le bétail est aussi le moyen le plus utilisé pour investir l'argent provenant de la vente des surplus agricoles. Le bétail est considéré comme une marque de richesse qui offre la sécurité, un statut social et le pouvoir. L'apport de bétail en dot est un élément important du mariage. En même temps, les bœufs sont l'épine dorsale du système agricole. Plus de la moitié des agriculteurs utilisent des charrues tirées par des bœufs pour la préparation de leurs champs. Les charrettes sont aussi largement répandues pour transporter les produits agricoles, le bois de chauffage et l'eau. Les bouses de vaches sont aussi employées comme source d'énergie lorsqu'il y a pénurie de bois de chauffage ; l'emploi du fumier comme engrais est limité pour trois raisons : l'insuffisance des moyens de transport dû au fait que les charrettes sont peu utilisées pour le transport du fumier ; les paysans pauvres en bétail ont peu de fumier ; enfin, certains paysans évitent l'emploi du fumier dans les rizières pour limiter la croissance des mauvaises herbes et réduire ainsi le travail du sarclage (Projet de recherche des systèmes agricoles Tanzanie/Pays-Bas, 1989).

Utilisation et propriété de la terre

Les sommets des collines et les crêtes ont été les premières zones mises en cultures dans le district de Maswa car leurs sols légers étaient plus faciles à travailler. Lorsqu'ils furent épuisés, les agriculteurs ont défriché les versants des collines et, finalement, les fonds de vallées dont les sols sont lourds et, dans certains cas, sensibles à l'engorgement.

Tableau 15.1

Classification locale des sols

Nom local	**Luseni**	**Itogoro**	**Mbuga**
Description	Sols sableux bien drainés jaunâtre-marron, structure lâche	Drainage imparfait, limono-argileux gris foncé	sols mal drainés, argile gonflante et argile noire
Localisation	Crêtes, pentes supérieures	Pentes moyennes et inférieures	Fonds de vallée
Caractéristiques	Faible capacité à stocker l'eau, faciles à travailler, bonne infiltration, horizon de surface fertile, riche en matières organiques mais enclin au lessivage	Calcaires, infiltration difficile de l'eau due au sous-sol argileux, modérément sujet au ruissellement intense	Calcaires, eau utilisable limitée, très fertile, difficile à travailler, prédisposés à la saturation
Cultures	Arachides, patates douces, manioc parfois maïs et coton	culture intensive du riz (où il y a saturation) coton, maïs et pois chiches partout	Pâturage communal, un peu de coton et de sorgho dans zones bien drainées
Classification des sols de la FAO	utric régosols, petroferric phase	Calcaric phaezems, sodic phase	Calcic vertisols, sodic phase

Les types de sols de la région varient en fonction de la topographie et de la roche mère sous-jacente. Les Wasukuma désignent les sols par des noms spécifiques (Milne, 1947). La terminologie locale classe les sols en fonction de leur aptitude à la culture de telle ou telle plante (aptitude qui dépend souvent de leur situation dans le paysage) ; elle est basée principalement sur la profondeur des sols, sur la facilité avec laquelle on peut les travailler et sur leur sensibilité à la saturation (Milne, 1947). Le vocabulaire des Wasukuma désignant les sols est très riche, plus riche que celui des autres ethnies de l'Afrique de l'Est, et leur système de classification des sols correspond étroitement au concept de séquences des sols (Williams et Eades, 1939). Les principaux sols avec leurs caractéristiques principales et leurs roches mères sont présentés dans le tableau ci-contre.

Au Maswa, l'exploitation de la terre est fondée sur les droits d'usage et sur la propriété coutumière de la terre. Les terres qui relèvent des autorités villageoises sont allouées aux ménages en fonction de leur disponibilité ; l'attributaire cultive les parcelles qui lui ont été allouées jusqu'à ce qu'il décide de quitter le village pour un autre. Le droit d'usage de la terre est transmis aux enfants du lignage de l'époux.

Un individu qui ne possède pas de terre peut en louer ou en emprunter une aux villageois qui en ont suffisamment, soit à court terme (une saison culturale), soit à long terme (plusieurs saisons). Les droits d'usage des locataires ou emprunteurs sont plus incertains que ceux des propriétaires coutumiers ; ils sont aussi moins enclins à investir dans des actions de développement à long terme comme les techniques de collecte de l'eau ; inversement, ceux qui ont des droits d'usage plus sûrs sont plus disposés à investir dans la CES.

La CES dans le paysage

L'évolution historique de l'utilisation de la terre

Comme dans de nombreuses parties de l'Afrique, l'utilisation de la terre dans le district de Maswa était habituellement fondée sur la culture itinérante, et le système agricole était basé entièrement sur la culture vivrière. La nourriture de base était le mil (surtout dans la partie septentrionale) et le sorgho (principalement au sud). Peu à peu, ces cultures ont largement été remplacées par le maïs, bien que le sorgho soit encore semé dans certains sites car il résiste bien à la sécheresse (Collinson, 1972).

La fin de la seconde guerre mondiale apporta des changements importants dans l'exploitation de la terre. L'agriculture avec jachère a été remplacée par des systèmes permanents par suite de l'augmentation de la densité démographique et de l'introduction de la charrue (Von Rotenhan, 1966). Le coton a été introduit par l'administration allemande au début du siècle, et sa culture s'est étendue au cours des années 50 qui virent le district de Maswa devenir le principal producteur de coton de Tanzanie ; il approvisionna le marché d'exportation jusque dans les années 70, époque où la production de coton baissa sensiblement par suite de la chute des prix au producteur et de la détérioration des conditions du marché. Le coton a depuis lors été remplacé par le riz comme principale culture de rente ; il profite d'un marché porteur et est cultivé selon des techniques déjà bien testées en matière de collecte des eaux. Un tiers environ de la surface cultivée totale de la région est maintenant réservée au riz et les agriculteurs consacrent jusqu'à la moitié de leur temps à cette culture.

La collecte des eaux de ruissellement pour les rizières

Pourquoi les techniques de collecte des eaux sont-elles devenues si importantes dans le district de Maswa ? La culture du riz n'était pas entièrement nouvelle dans cette région : dès 1930, des Indiens qui travaillaient à l'usine locale de coton ont planté du riz pour satisfaire leurs propres besoins. Au cours de l'année 1949, une disette conduisit la population locale à expérimenter la culture du riz dans les fonds de vallée et dans les dépressions où l'eau avait tendance à stagner. Aucun billon n'a été construit dans ces toutes premières rizières : il suffisait simplement de choisir une terre à défricher dans une zone favorable à la rétention des eaux. Les dépressions des fonds de vallée apparaissaient comme des aires idéales pour installer les rizières étant donné les conditions de saturation des sols.

Les terres libres des dépressions et des vallées se sont raréfiées au fur et à mesure que la population a pris conscience de l'importance de cette culture. La culture du riz a entraîné des changements sur les rives des vallées où les techniques pour la collecte des eaux de ruissellement ont été développées. Dans le but de collecter les eaux de ruissellement provenant des pentes situées en amont, des petites digues de terre ont été construites autour des champs. Des billons, appelés *migoka,* ont été initialement construits sur le périmètre de la rizière qui, selon la taille de l'exploitation et le degré de la pente, est devenue plus tard rectangulaire ou carrée.

C'est la pression démographique croissante qui a poussé beaucoup de paysans à entreprendre la culture du riz et les techniques de collecte des eaux de ruissellement.

La principale fonction des diguettes en terre est de conserver l'eau dans les rizières ; elles permettent aussi de délimiter les rizières et elles servent de sentiers entre les rizières. Elles sont renforcées par des herbes telles que l'herbe à éléphant et *Hyparrhenia* sp.

Les méthodes de construction et d'entretien

La construction des diguettes en terre pour les rizières exige beaucoup de temps et de travail. Cette activité a lieu normalement au début ou à la fin de la saison des pluies quand les sols sont encore humides et peuvent être facilement travaillés. Le temps nécessaire varie avec la taille des champs, les dimensions des diguettes et la disponibilité de la main-d'œuvre. Les principales sources de travail que les paysans ont à leur disposition sont :

– la famille
– les salariés
– les groupements traditionnels
– les voisins et amis
– les animaux de trait

Les membres de la famille, c'est-à-dire le père et les fils, sont les forces de travail les plus fiables. Une grande famille est capable de cultiver une superficie plus importante. Les femmes de la famille participent rarement à la construction des diguettes de terre et seulement dans des conditions très spéciales.

Si la main-d'œuvre familiale ne suffit pas ou si l'exploitant décide d'agrandir sa rizière, il peut avoir recours à l'aide de ses voisins dans la mesure où il a avec eux des relations de bon voisinage ; les amis et les voisins sont rétribués en nature et non en argent. La main-d'œuvre salariée est habituellement coûteuse et n'est donc pas souvent utilisée ; elle est meilleur marché pendant les années de sécheresse ; les ouvriers agricoles sont recrutés dans le village ou dans d'autres villages plus éloignés. Les groupements traditionnels de travail comprennent de 10 à 40 personnes qui travaillent ensemble et dont l'emploi reste relativement bon marché. Les tracteurs sont utilisés par un tout petit nombre d'agriculteurs car ils sont trop onéreux ; c'est pourquoi, même pour les diguettes en terre réalisées avec des tracteurs, la finition (incluant le nivellement) doit encore être faite à la houe par les agriculteurs eux-mêmes.

Les animaux de trait apportent sans doute la plus forte contribution de travail. Leur travail le plus intensif est la préparation de la partie ensemencée de la rizière. L'agriculteur qui ne possède pas de bœufs peut faire appel à ceux de ses voisins ou de ses relations ; il rétribuera le propriétaire des bœufs en lui désignant un espace pour faire paître les animaux ; dans certains cas, les propriétaires des bœufs s'associent pour préparer la terre avant que les champs ne soient inondés. Les diguettes faites avec l'aide des bœufs sont petites et peuvent aussi avoir besoin d'une finition manuelle.

Un autre aménagement exige aussi beaucoup de travail : c'est le nivellement des rizières pour obtenir une meilleure répartition de l'eau ; c'est un travail intensif réalisé seulement à la houe et à la bêche. Les agriculteurs préparent leurs rizières avant les pluies et les nivellent au cours de la saison des pluies pour mieux se rendre compte comment s'effectue la répartition de l'eau.

La division sexuelle du travail dans la culture du riz

La division sexuelle du travail est fondée sur les normes traditionnelles des Wasukuma. Normalement, le père est uniquement responsable de la culture du riz : il mobilise les hommes de la famille, et des groupements de travail si nécessaire, pour préparer les diguettes des rizières. La mère assure l'approvisionnement alimentaire de la famille grâce à d'autres cultures, en particulier celle des patates douces dans les champs sur lesquels elle a un droit d'usage et dont elle a la responsabilité. L'entretien de leurs champs est déjà un travail lourd pour les femmes ; il devient un fardeau lorsqu'elles doivent participer à la construction des diguettes quand la famille manque d'hommes pour le travail des rizières. Par contre, les semailles, le sarclage et la récolte du riz sont réalisés à la fois par les hommes et les femmes de la famille.

L'entretien des rizières, en particulier celui des diguettes en terre, est réalisé durant la saison végétative pour que l'eau ne s'échappe pas des rizières. Il relève de la responsabilité paternelle de vendre la production au marché, mais la mère le fera si la famille n'a pas de chef mâle.

L'utilisation des versants pour favoriser le ruissellement de l'eau

Afin de collecter un maximum d'eau, les sols à mi-pente (*itogoro*) sont dénudés par surpâturage. Ces terres surpâturées sont laissées à dessein par les agriculteurs pour leur bétail durant la saison sèche. Avec les premières pluies, ces sols développent une croûte de surface qui réduit l'infiltration et qui provoque un ruissellement maximum pour les rizières situées à l'aval. Des ouvertures sont pratiquées dans les diguettes en terre pour permettre à l'eau d'entrer dans les rizières. Dans certains sites, des canaux peu profonds sont construits pour conduire l'eau jusqu'à ces ouvertures. Les intervalles de captage des eaux ne sont jamais trop longs pour éviter la formation des rigoles et des ravines et les dégâts dans les rizières. Sur les versants très longs, les agriculteurs construisent deux ou plusieurs rizières séparées par des intervalles de captage, ce qui leur permet de réduire la longueur de la pente et de contrôler l'érosion. Les agriculteurs ont appris, grâce à leur expérience et à leurs erreurs, à ajuster la taille de leurs rizières et celle des bassins versants situés en amont pour obtenir le volume d'eau adéquat dans les rizières. La régénération de la végétation sur les zones de pâturage est lente, mais elle se reproduit à chaque saison et n'inquiète donc pas les paysans à court terme. Dans certains cas, la partie supérieure du bassin versant est aussi cultivée lorsque les exploitants manquent de terres pour les cultures autres que le riz ; dans ce cas, des talus sont construits dans le sens de la pente pour canaliser le ruissellement vers les rizières.

Lorsqu'ils sont ravinés, ces champs peuvent être réhabilités par des diguettes en terre construites perpendiculairement à la direction des ravines ou des passages d'eau. Pour limiter la formation des ravines, les agriculteurs contrôlent le développement des rigoles et des petites ravines dans leurs champs en plantant des barrières de piquets en travers des lits d'écoulement.

Les méthodes de CES développées au cours des quarante dernières années ne sont pas sans présenter quelques inconvénients. Comme on l'a souligné précédemment, le travail à fournir est considérable, surtout pour la construction et l'entretien des diguettes et pour le nivellement. S'il y a plus d'eau dans la rizière, le sarclage demandera plus de temps. Durant la période récente, les pâturages ont été réduits et, parfois, les chemins sont détruits pour obliger l'eau qu'ils canalisent à se diriger vers des rizières. Cependant, les agriculteurs ne considèrent pas forcément que ces inconvénients soient un problème parce que l'important, pour eux, est d'accroître la production des rizières.

Conclusion

L'introduction des rizières dans le district de Maswa a apporté de profonds changements dans l'exploitation de la terre, en particulier, l'amélioration de la sécurité alimentaire. Le coton était planté sur les versants sableux des hautes vallées et il était associé au maïs, principale culture vivrière. Les rendements de maïs n'ont jamais été très élevés à cause des faibles précipitations capricieuses et des conditions pédologiques défavorables. Le riz a donc permis une diversification des cultures bien nécessaire parce que, contrairement au coton, il sert à la fois à l'alimentation humaine et à la vente ; il offre aussi la possibilité d'échanger des produits vivriers (du riz contre du maïs). Un autre avantage de la culture du riz est qu'elle demande des investissements plus faibles que celle du coton. Ce dernier a besoin de pesticides et, donc, aggrave la dépendance des agriculteurs vis-à-vis des intrants importés. Par contre, et bien qu'elle exige un travail intensif, la construction des diguettes en terre peut être effectuée par n'importe quel agriculteur même si les paysans qui ont de grandes familles et qui possèdent des bœufs sont plus enclins à investir dans les techniques de collecte de l'eau de ruissellement que les familles pauvres qui n'ont pas de bétail.

Contrairement aux champs de coton et de maïs, les rizières offrent la possibilité de retenir les eaux excédentaires dans des parcelles entourées de diguettes en terre construites à un faible coût. Avant l'introduction du riz, le coton était surtout planté sur les versants et l'excès d'eau pouvait s'écouler pendant les grosses averses, évitant ainsi la saturation. Aujourd'hui, sur les terres où le coton est encore planté, la culture en billons épouse bien souvent la pente pour fournir de l'eau aux rizières situées à l'aval ; en conséquence, ce système retient dans les rizières les eaux de surface et les limons riches en éléments nutritifs qu'elles transportent. L'eau et la terre ne sont plus déversées sur les sols *mbuga* des fonds de vallée ; aujourd'hui, les *mbuga* sont rarement saturés car les rizières absorbent tous les excès d'eau et ils sont souvent cultivés avec du coton et du sorgho ; les mares situées dans les *mbuga* ne s'envasent plus aussi vite qu'autrefois.

Il n'est pas surprenant que les agriculteurs soient de plus en plus nombreux à investir leur travail, leur temps et leur argent dans les techniques de collecte des eaux de ruissellement pour les rizières dans le district de Maswa. Les rentrées d'argent apportées par la culture du riz sont plus élevées que celles fournies par les autres cultures de rente ; les prix du riz à la production sont d'autant plus compétitifs que le rendement obtenu est de 15 à 20 sacs de riz décortiqué par acre (0,5 ha).

Pour réaliser un système de culture tout à fait réussi, le paysan essaie d'avoir un domaine continu depuis le sommet du versant jusqu'au fond de la vallée afin de produire toute la gamme des cultures en utilisant toute la séquence des sols. Le maïs, les arachides, les patates douces, le manioc et le coton sont cultivés sur les crêtes et sur le haut des versants et le riz est cultivé sur les sols *itogoro* des pentes moyennes ou faibles. Les sols *mbuga* des fonds de vallée sont principalement des pâturages communautaires pour le bétail. Le système local d'exploitation des sols développé dans le district de Maswa remplit donc actuellement deux fonctions importantes pour les Wasukuma : assurer la sécurité alimentaire et fournir des revenus par la culture du riz.

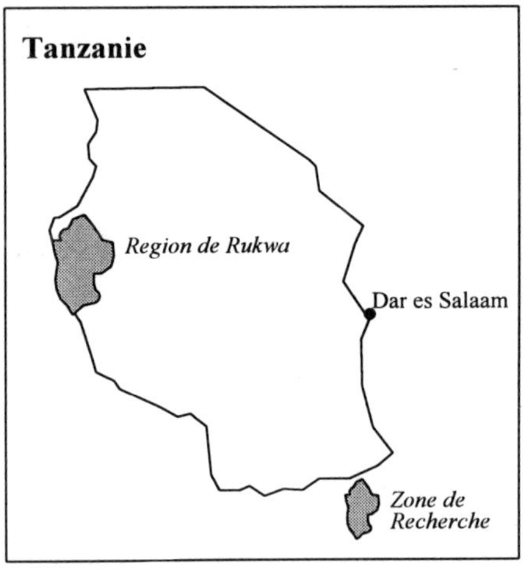
Tanzanie
Region de Rukwa
Dar es Salaam
Zone de
Recherche

16

Exploiter au mieux le compost

Les buttes wafipa en Tanzanie

A.C. MBEGU

L'existence du système de culture *wafipa* en tant que méthode traditionnelle de culture vivrière dans le sud-ouest de la Tanzanie est plus ancienne que les premiers écrits qui la signalent : dès 1880, les voyageurs et les missionnaires qui traversaient le plateau Ufipa ont décrit ce système comme étant « primitif, inefficace et dévastateur pour les ressources forestières ».

C'est pourquoi les législations appliquées par les gouvernements successifs l'ont presque complètement ignoré. Aucun effort n'a été fait pour étudier cette technique traditionnelle simple. Beaucoup de paysans ont eux-mêmes largement oublié la méthode du *wafipa* dont la vie de leurs ancêtres dépendait.

Ce chapitre tente d'analyser le système tel qu'il est vu par les agriculteurs eux-mêmes : comment perçoivent-ils cette méthode agricole endogène ? Cette analyse s'appuie également sur les observations recueillies au cours de sorties effectuées sur le terrain dans de nombreux villages du plateau Ufipa pour déterminer l'extension actuelle de la culture sur buttes *wafipa*.

Présentation de la zone et de sa population

Le plateau Ufipa est situé dans l'extrême sud-ouest de la Tanzanie ; il est limité par le Zaïre à l'ouest et par la Zambie au sud. Situé entre les lacs Rukwa et Tanganyika, le plateau est une haute plaine ondulée (1 600 à 2 000 m) formée de collines qui s'étendent sur 225 km de long du nord au sud et sur 50 à 80 km de large de l'est à l'ouest. La plus grande partie du plateau Ufipa est défrichée. Il reçoit une moyenne de 900 à 1 000 mm de précipitations annuelles au cours d'une saison des pluies qui s'étend d'octobre-novembre à mars-avril.

Le plateau compte actuellement 443 000 habitants environ, répartis dans 214 villages, ce qui en fait la partie la plus densément peuplée de la région Rukwa (30 habitants au km^2 alors que la moyenne de la région n'est que de 13 hab/km^2. Le programme national de villagisation, qui s'est déroulé dans les années 70, a entraîné la création d'un grand nombre de « nouveaux » villages. La plupart des habitants de ces nouveaux villages font partie du groupe ethnique Wafipa et ont continué à vivre sur le plateau Ufipa en cultivant la terre. Hors de ces nouveaux villages, le mode de vie reste traditionnel dans des villages très denses mais en même temps très espacés entre eux. Les vieux villages sont très peu touchés par l'exode rural : 4 % seulement des personnes interrogées ont déclaré avoir des membres de leur famille en quête de travail ailleurs.

Les sols du plateau Ufipa sont fréquemment de mauvaise qualité ; ils se sont développés sur du matériel granitique ou gneissique et renferment peu d'argile ou de matière organique ; ils ont donc une faible capacité d'échange et une capacité limitée de rétention de l'eau. Malgré cela, les Wafipa sont réputés pour avoir vécu et travaillé ces sols médiocres durant plus d'un siècle : comment ont-ils pu le faire ?

Origine et évolution de la culture sur buttes wafipa

Selon Thomson (1880), « le Fipa est entièrement voué à l'agriculture et n'a aucun penchant pour la guerre ou la chasse... ». Les discussions avec les paysans ont montré que les Wafipa connaissent les différents types de sols de leur région depuis longtemps et qu'ils ont, en conséquence, développé des méthodes efficaces de gestion de la fertilité des sols et de conservation de l'eau et des sols (CES). Dans leur tradition, les Wafipa reconnaissent les sols suivants (tableau 16.1).

Afin de tirer un maximum de profit des sols peu fertiles des plateaux, les agriculteurs ont développé une méthode locale pour fabriquer des buttes de compost appelées *intuumba.*

Tableau 16.1

La classification des sols des Wafipa

Nom local	Description	Usage
Chisenga	sableux	pas destinés à la culture
Mbulo	sols argileux noirâtres que l'on trouve près des marécages	parfois utilisés pour la canne à sucre et les patates douces, mais plus souvent pour fabriquer des pots et des briques ainsi que du plâtre pour la décoration des maisons
Chipau	sols blanchâtres (riches en bicarbonate de calcium ?) affleurant sur versants des collines	utilisés pour fabriquer les plâtres des maisons
Lusumba	riches en éléments nutritifs, localisés sur des termitières	destinés aux cultures et à la fabrication des briques
Chisenga et mubulo	limon (composé de sols sableux et argileux)	destinés aux cultures
Itandala	horizon induré très fréquent sur le plateau (se distingue par l'arrêt de la croissance des plantes)	non cultivé

La fabrication de buttes wafipa

Le paysan sélectionne le site où il veut faire ses buttes en fonction de sa couverture végétale. On préfère les surfaces recouvertes par de hautes herbes que l'on appelle localement *kasanza* et qui portent si possible des arbustes et des acacias ; plus la végétation est dense, mieux c'est.

De mars au début du mois d'avril, les nouvelles herbes, les vieilles herbes à moitié décomposées et les petits arbustes sont coupés et empilés en tas de forme ovale auxquels on met le feu. Les surfaces ovales qui portaient les tas sont ainsi recouvertes de cendres ; elles sont alors ensemencées avec des cucurbitacées (courges). Dans le reste du champ, on a construit des buttes d'environ 90 cm de haut et de large et disposées en rangs espacés de 30 cm ; au sommet des buttes, on entasse des mottes d'herbe la tête en bas.

Une fois que les buttes sont construites, on les ensemencent avec des légumineuses telles que les haricots, les pois de terre, etc., ou on les laisse ainsi en attendant que les herbes se décomposent. Occasionnellement, on plante des boutures de manioc à la base des buttes. Les haricots et les pois précoces sont récoltés en juin-juillet et on enlève le restant des mauvaises herbes en octobre, vers la fin de la saison sèche.

La plus grande partie du travail de préparation du compost est accomplie par les hommes. Quand les pluies ont commencé, à la fin de novembre-décembre, les buttes sont détruites par les hommes et les femmes sèment du mil ou du maïs sur la surface de la zone aménagée dont les sols sont maintenant enrichis en éléments nutritifs. Après la récolte du mil et du maïs en juin-juillet, on fait de petites buttes à l'emplacement des tas de mauvaises herbes et de résidus de culture. Ces petites buttes sont à leur tour détruites par les hommes en janvier, quand la zone toute entière est à nouveau semée en mil et en maïs. A la saison des pluies suivante, l'ensemble de la parcelle est mis en culture sur des billons ensemencés avec du maïs, des haricots, des pois et d'autres cultures (sauf le mil). Après cela, la parcelle est laissée en jachère pendant quatre à dix ans, selon la disponibilité de la terre dans le secteur concerné.

La culture sur buttes, qui porte localement le nom de *intuumba,* est un travail difficile. Le Wafipa utilise encore une longue houe qui était fabriquée par les forgerons locaux et qui est maintenant produite en usine. C'est un travail physique ardu, que les garçons apprennent dès l'âge de 15 ans environ. Un paysan peut construire seulement 150 à 300 buttes par jour, soit un maximum de 1,6 ha cultivé par famille au cours d'une saison. Si elle veut cultiver une superficie plus grande, la famille peut demander l'aide de ses voisins pour une culture-invitation, après le travail, on sert une boisson locale, le *chimpumu*. Les buttes *wafipa* des champs des veuves et des personnes âgées sont construites gratuitement par les villageois dans le cadre de la solidarité communautaire.

Perception actuelle des agriculteurs de la culture sur buttes

Cette technique culturale a survécu depuis des siècles mais les observations faites sur le terrain ont montré qu'elle est en voie de disparition rapide en tant que méthode locale de CES.

Le facteur qui semble le plus important est l'utilisation de la culture attelée bovine sur le plateau Ufipa par plus de 80 % des agriculteurs qui ont participé à l'enquête. Au début des années 60, le gouvernement a pris la décision de favoriser la vulgarisation de la culture attelée ; cette décision a eu un impact négatif sur la culture sur buttes dans la zone. En effet, beaucoup de paysans se servent de la charrue pour compenser les bas rendements en cultivant une superficie plus grande. Dans le même temps, on a encouragé l'utilisation des engrais chimiques qui ne sont, cependant, utilisés que par les agriculteurs peu nombreux qui peuvent se le permettre.

La plupart des agriculteurs qui ont commencé à avoir recours à la charrue ont donc abandonné la pratique de la culture *intuumba*. Quand on leur en demande les raisons, la plupart argumentent que la culture *intuumba* exige un travail beaucoup plus lourd que la charrue et beaucoup de temps.

On a donc constaté sans surprise que les observations directes sur le terrain et les entretiens avec les paysans soulignaient le déclin du système traditionnel de culture *intuumba*. Seule une petite minorité de paysans qui n'ont pas les ressources suffisantes pour utiliser des bœufs, une charrue et des fertilisants chimiques pratiquent encore cette technique ; la plupart d'entre eux estiment que son emploi est en forte diminution et considèrent qu'elle n'a plus d'avenir.

Utilisations agricoles actuelles des buttes wafipa

Bien qu'en déclin généralisé, la culture sur buttes reste encore la technique que les agriculteurs privilégient pour certaines cultures comme le manioc et l'igname. Sur les 80 exploitants questionnés qui pratiquent maintenant la culture attelée bovine, 15 ont déclaré qu'ils utilisent encore la culture *intuumba* pour produire des tubercules.

L'usage du compost est aussi largement considéré comme une solution de rechange par rapport aux engrais chimiques dont l'emploi continuel rend les sols de moins en moins productifs d'après les observations faites par les agriculteurs. De nombreux paysans ont formulé le souhait de poursuivre la culture *intuumba* si elle était mécanisée ou, en tout cas, si elle exigeait moins de travail ou si elle permettait de supprimer les coûteux achats d'engrais chimiques.

Conclusion et résumé

La technique des buttes de compost est née pour faire face à de mauvaises conditions de fertilité des sols sur le plateau Ufipa. Ces buttes de compost sont une technique locale d'emploi des engrais verts, non seulement pour améliorer la fertilité du sol par le compost, mais aussi par l'effet de symbiose dû aux légumineuses qui fixent l'azote dans le sol et augmentent sa fertilité.

De plus, l'alignement des buttes sur les pentes, recommandé pour lutter contre l'érosion des sols, est un frein appréciable contre le ruissellement des eaux, et permet de conserver à la fois le sol et l'eau.

Autrefois, le groupe ethnique des Wafipa qui habite sur le plateau était capable de produire suffisamment de nourriture pour satisfaire ses besoins de consommation et il pouvait même vendre des excédents dans les mines d'or. Les paysans sont aujourd'hui encore fermement convaincus que la superficie cultivée et la production agricole seraient très limitées sans apport de fertilisant, soit par les engrais chimiques, soit par le fumier, soit par le compost des buttes *intuumba.*

Après trente ans d'efforts gouvernementaux pour introduire la culture attelée bovine, il est important de souligner qu'un nombre non négligeable d'agriculteurs continue à compter sur la culture *intuumba,* même parmi ceux qui ont opté pour la charrue ; en particulier, les tubercules comme le manioc et l'igname sont encore fréquemment plantés sur les buttes *intuumba.*

En résumé, il semblerait qu'il y ait des possibilités pour que l'*intuumba,* ou la culture sur buttes, coïncide mieux avec les besoins des paysans habitant aujourd'hui sur le plateau Ufipa. La culture *intuumba* englobe le compostage et l'engrais vert qui sont encore considérés comme efficaces par l'ensemble des petits agriculteurs. Aux yeux de la plupart des paysans, l'inconvénient principal de la culture sur buttes de compost semble être la somme de temps et de travail exigée pour leur construction. Pour tirer parti de la bonne volonté que les agriculteurs manifestent pour la culture *intuumba,* il est important de lui accorder la même considération et le même soutien qu'aux méthodes agricoles modernes, en particulier qu'à la culture attelée, et faire participer les agriculteurs à un programme d'information intégrant les avantages supplémentaires que peut apporter la culture sur buttes.

1. Terrasses traditionnelles dans le Haut Atlas, Maroc.

2. Terrasses traditionnelles dans le Rif central, Maroc.

3. Terrasses en pierres le long des fleuves créant des champs étroits pour les cultures, Maroc.

4. Des tassa *construits à la fin de la saison des pluies quand les sols sont plus faciles à creuser. Tahoua, Niger.*

5. Des demi-lunes permettent la réhabilitation des terres dégradées et la production du mil. Tahoua, Niger.

6. Cuvettes traditionnelles améliorées dans la région de Djenné, Mali.

7. M. Fofana fait la description de ses expériences avec des cuvettes améliorées. Région de Djenné, Mali.

8. La culture du riz dans des champs créés sur les roches. Plateau dogon, Mali.

9. Oignons et piments cultivés dans des micro-parcelles construites sur les roches nues et irriguées à la main. Plateau dogon, Mali.

10. Le creusement des zaï dans un champ de M. Sawadogo. Yatenga, Burkina Faso.

11. Une bonne récolte de sorgho dans un champ réhabilité. Yatenga, Burkina Faso.

12. M. Sawadogo dans un champ réhabilité à l'aide de zaï. Yatenga, Burkina Faso.

13. *Transport de l'herbe pour le paillage. Plateau central, Burkina Faso.*

14. *Femmes de Tagalla étalant le paillis sur leurs champs, Burkina Faso.*

15. Un petit marigot parmi les dunes, avec du sorgho mouskouari, près de Maiduguri, nord-est du Nigeria.

16. Billons cloisonnés peu après la pluie. Zimbabwe.

17. *Culture de maïs dans des demi-lunes, Zimbabwe.*

18. *La culture de maïs sur plates-formes dans la zone de subsidence des lacs. Zambie du Nord.*

19. L'association d'arbres et de maïs dans le village d'Itulike en Tanzanie.

20. L'agriculture vinyungu *de fond de vallée en Tanzanie.*

21. Des cuvettes matengo dans le district de Mbinga, Tanzanie.

22. La culture du maïs entre des bandes enherbées au Swaziland.

23. Des cordons de pierre dans la région de Harerge, Éthiopie.

24. Fossés de drainage traditionnels dans le Shewa du Nord, sur les hautes terres d'Éthiopie.

25. Fossés de drainage traditionnels dans le Shewa du Nord, Éthiopie.

26. Pente aménagée par des mesures de conservation. Konso, Éthiopie du Sud.

27. Combinaison de diverses mesures de conservation : cordons de pierres, terrasses et cultures en bandes, Éthiopie centrale.

28. Hameaux du Transkei entourés par des haies vives, Afrique du Sud.

29. Haies faites de broussailles et de tiges au Transkei, Afrique du Sud.

30. Érosion des billons sur courbes de niveau au Transkei, Afrique du Sud.

31. Billons construits dans le sens de la pente dans un champ de manioc, de maïs et de jeunes bananiers. En attendant la construction de billons sur une partie du champ, un paillis protège le sol contre l'impact des pluies.

32. Utilisation intensive des terres à Bafou, au Cameroun. Des arbres, des haies et des billons sur courbes de niveau protègent les sols contre l'érosion.

17

L'agriculture *vinyungu* en Tanzanie

Anderson J. LEMA

Ce chapitre analyse une technique traditionnelle de conservation de l'eau et des sols (CES) dans le sud-ouest de la Tanzanie connue sous le nom d'agriculture *vinyungu* de fond de vallée. L'agriculture *vinyungu,* conduite principalement par les femmes, joue un rôle de plus en plus important dans la sécurité et la régularité de l'approvisionnement alimentaire local ; c'est une réponse à la pression démographique croissante et à la dégradation des terres. Cette activité est essentiellement une occupation de saison sèche mais elle diffère beaucoup des cultures de saisons sèche et humide pratiquées dans les hautes terres avec lesquelles elle est étroitement liée. Cependant, et comme nous le soulignons ici, on n'accorde pas à la culture *vinyungu* l'importance qu'elle mérite parce qu'elle est considérée par l'extérieur comme une activité agricole informelle et marginale.

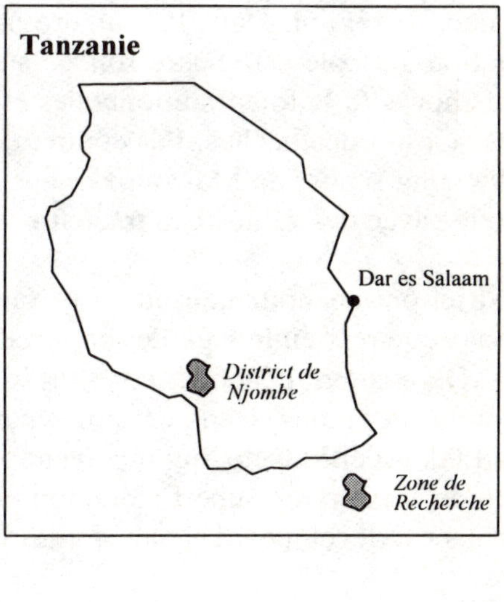

Présentation du sud-ouest de la Tanzanie

Le district de Njombe est une région montagneuse accidentée située dans les hautes terres méridionales de la Tanzanie. L'altitude varie de 2 000 m au-dessus du niveau de la mer autour de la ville de Njombe à 1 200 m dans le secteur de Makambako dans le nord de la zone. La topographie montagneuse du district donne naissance à de nombreuses petites et moyennes vallées de montagne que les populations cultivent ; à l'aval, les vallées confluent et l'agriculture s'étend sur des plaines.

Le principal groupe ethnique habitant le district de Njombe est la tribu Wabena (pour le contexte historique, voir Culwick et Culwick, 1935 ; Mwenda, 1963 ; Graham, 1979 ; et Wardell, 1991). Les Wabena (« les hommes qui coupent le mil ») sont environ 315 000 (Bureau des statistiques, 1988). L'émigration de la main-d'œuvre masculine est une caractéristique majeure du district de Njombe car elle a un impact négatif sur son économie et sur la disponibilité en main-d'œuvre familiale. En conséquence, le travail exigé par l'agriculture familiale de subsistance a été et est encore largement fourni par les femmes et les enfants.

L'agriculture wabena est traditionnellement fondée sur la culture du petit mil, des patates douces, des pommes de terre, des haricots de plein champ et des bambous. Le *numbu* joue un grand rôle comme culture de garantie contre la famine ; il est cultivé sur des sols pauvres à plus haute altitude. L'importance du petit mil semble avoir décliné alors que les autres cultures traditionnelles sont encore bien cultivées. Plus récemment, des variétés hybrides et composites de maïs sont devenues les semences les plus utilisées dans la région. Dans la majeure partie du district de Njombe, la production agricole est encore fondée sur l'emploi d'outils manuels comme les houes (à la fois traditionnelles et de type moderne), des machettes, des scies et des haches. Par contre, dans les plaines des subdivisions de Wanging'ombe, de Makambako et de Mdandu, on pratique la culture attelée avec des zébus. Les tracteurs sont aussi employés dans certains cas.

Les sols du district ont généralement une très faible valeur agronomique et ont une capacité restreinte à garder en réserve et à restituer les engrais chimiques. De manière générale, ces sols se présentent sous la forme d'argiles rouges et jaunes. Dans certaines parties du district de Njombe telles que Ludewa et Makete, qui reçoivent plus de pluies et ont un climat plus humide, un horizon superficiel humifère à forte teneur en matières organiques s'est développé dans les argiles lessivées. Les techniques qui permettent de préserver ou d'accroître la fertilité constituent donc une composante essentielle de l'agriculture locale.

Dans la zone étudiée, on passe d'un climat semi-aride et tropical dans le nord et le nord-ouest à un climat tropical froid d'altitude dans le centre et le sud. Les précipitations sont unimodales, avec une seule saison des pluies qui s'étend de novembre à mai et une saison sèche pendant le reste de l'année. La moyenne annuelle des précipitations varie d'environ 900 mm dans l'extrême nord-ouest jusqu'à plus de 1 600 mm dans les hautes terres méridionales et occidentales. Des études détaillées effectuées dans ce district (et dans l'ensemble de la région) confirment de manière générale qu'aucun changement significatif ne s'est produit depuis plus de 50 ans dans le régime pluvial (URT/EEC 1987). Les deux principales cultures de cette région coïncident avec la saison humide (*masika*) et avec la saison sèche (*kiangazi*).

L'agriculture *vinyungu* de fond de vallée

Pendant la saison sèche, les Wabena cultivent de petites zones de lits élargis dans les fonds des vallées et le long des ruisseaux : elles sont connues sous le nom de *kilimo cha vinyungu*. Le mot *vinyungu* est une version swahili des mots bena *kinyungu* (singulier) ou *fiyungu* (pluriel). Pour un Bena, un *kiyungu* est simplement une butte de terre, une terrasse ou une plate-forme surélevée ; un ensemble de *kiyungu* forme un *vinyungu*. D'une manière plus générale, les Bena utilisent le mot *vinyungu* pour désigner de petits jardins de fond de vallée. Les *vinyungu* fournissent de nombreux légumes verts, des haricots et du maïs vert qui sont une source additionnelle d'argent provenant de la vente de choux, tomates, oignons et autres légumes introduits.

La culture *vinyungu* est pratiquée dans une grande partie de la région d'Iringa mais elle est plus fréquente dans le district de Njombe. Il n'existe aucune information pouvant préciser où et quand la culture *vinyungu* a débuté, ce qui laisse à penser que cette pratique est aussi ancienne que l'ethnie elle-même. Cependant, les récits historiques sur les Wabena comme ceux de Culwick et Culwick (1935) semblent suggérer les dernières années du XIXe siècle comme point de départ. Dans le passé, les *vinyungu* étaient de petite taille ; de nos jours, ils sont plus larges et plus étendus et un *kinyungu* peut être considéré comme constituant à lui seul un jardin maraîcher (photo 20).

Dans le district de Njombe, les secteurs de culture *vinyungu* font figure de parcelles de terres humides s'étendant dans les nombreuses vallées de cette zone montagneuse et dans certains sites des hautes terres. En saison pluvieuse, ces terres humides de fond de vallée sont normalement gorgées d'eau ou inondées pendant un certain temps, ce qui gêne le travail de préparation du sol ou sa mise en culture. La plupart des zones de culture *vinyungu* sont situées à proximité d'un ruisseau ou d'une rivière qui reçoit le ruissellement de surface des hautes terres environnantes. Le ruissellement de sub-surface se déverse dans les bas-fonds par l'intermédiaire de sources qui peuvent être pérennes ou temporaires. Les nappes d'eau sont ordinairement sub-affleurantes et le drainage peut être mauvais en pleine saison des pluies.

Habituellement, plus la vallée est petite et profonde, plus les *vinyungu* sont rares et plus la taille des plates-formes est petite. Les vallées de grandes rivières comme le Ruhudji ont des *vinyungu* plus extensifs. Les bas-fonds où la culture *vinyungu* est pratiquée diffèrent des hautes terres environnantes par plusieurs aspects : non seulement ils ont une humidité du sol plus élevée pendant la saison sèche et dans les périodes de forte sécheresse mais aussi ils emmagasinent les matières organiques et les éléments nutritifs du sol qui devient plus lourd et plus riche en éléments nutritifs.

L'agriculture *vinyungu* est pratiquée par toutes les classes sociales du district et tous les foyers ruraux cultivent au moins deux ou plusieurs *vinyungu*. Quelques riches paysans sont de grands producteurs maraîchers pour des centres urbains comme Dar-es-Salaam, en particulier de tomates et de choux.

Les méthodes de construction

Pour préparer un *vinyungu,* les paysans défrichent tout d'abord la terre et ramassent l'herbe et les autres types de végétaux comme les buissons, les petits arbres et les tiges de maïs restant après la récolte. On laisse ces produits végétaux sécher et, quand le temps des cultures arrive, ils sont recouverts par une fine pellicule de sol pour former de grands billons ou plates-formes. Une ouverture est laissée sur un côté, devant ou derrière, pour pouvoir mettre le feu à la végétation. Quand tout est consumé, la cendre est mélangée au sol en utilisant une houe pour former une belle plate-forme sur laquelle les cultures sont plantées. Tout matériau solide qui n'est pas brûlé est enfoui dans ce qui est localement connu sous le nom de *kubonda tuta*. Une plate-forme ou *tuta* a ordinairement 4 à 10 m de large, 10 à 40 m de long et 0,5 m de haut ; les plates-formes sont séparées les unes des autres par des fossés de 1 à 2 m de large.

Cette technique est mise en œuvre à la fois dans les fonds de vallée (*vinyungu*) et sur les parcelles des hautes terres. Dans les bas-fonds, elle est connue comme *kilimo cha mkuha* tandis que sur les hautes terres, elle est appelée *kilimo cha suvi* ou *ngereka*. L'unique différence entre *mkuha* et *suvi* réside dans le site où elles sont réalisées. Dans les deux cas, il est important de souligner que les paysans ne font pas de labour profond quand ils préparent les plates-formes. *Suvi* est adapté à la culture des pommes de terre rondes, du blé, du mil, des citrouilles et des légumes sur les hautes terres. Dans les bas-fonds, *mkuha* est utilisé pour cultiver des légumes, du maïs, des haricots et des citrouilles.

Une légère variante de la pratique culturale décrite plus haut consiste à ne pas brûler les produits végétaux. Comme dans la pratique du *suvi* ou du *mkuha*, la végétation est ramassée, entassée sur les plates-formes et recouverte de terre mais elle n'est pas brûlée : on la laisse se décomposer et les plates-formes sont ensuite semées ou plantées. Cette technique est localement connue comme *kilimo cha kusopel* ; elle existe à la fois sur les hautes terres et dans les bas-fonds mais elle est plus commune sur les hautes terres. Le travail profond du sol est l'exception plutôt que la norme dans cette technique de culture.

Lors de la préparation des *vinyungu* dans les terres des fonds de vallée, des sillons ou des fossés sont ouverts pour séparer les billons les uns des autres. L'orientation de ces sillons ou fossés et des billons eux-mêmes peut varier d'un endroit à l'autre. De plus, les fossés peuvent être orientés dans des sens différents à l'intérieur d'un même site : ils peuvent être alignés parallèlement ou perpendiculairement au lit de la rivière. Les principaux facteurs qui déterminent leur orientation sont la pente et les conditions hydrologiques (drainage). Aux endroits où il y a beaucoup d'eau dans le sol (comme c'est souvent le cas là où il y a plusieurs sources) les fossés et les plates-formes sont généralement construits perpendiculairement au canal de drainage ; si la surface n'est pas très plate, les billons et les fossés suivent les courbes de niveau.

Les constructions *vinyungu* soulignent la rationalité des paysans en matière d'utilisation du sol et de conservation de l'eau et des sols. Le brûlis des végétaux verts est une technique pour accroître la fertilité des sols ; la végétation qui n'est pas brûlée fournit de l'humus au sol (matières organiques) tandis que la végétation brûlée apporte de la cendre (potasse) au sol. La construction de canaux de drainage améliore le milieu pour la croissance des cultures. L'édification et la mise en culture des plates-formes permettent aux paysans de résoudre le grave problème de l'eau de nappe ; elles aident aussi à conserver l'humidité du sol lorsque la période végétative s'avance. La couleur et la texture du sol des fonds de vallée sont aussi d'une grande importance pour les paysans et leur permettent de déterminer sa fertilité avant de réaliser les premiers semis ; par exemple, ils se réfèrent souvent aux sols *vinyungu* comme des *mganga mtitu* ou des *lidope fiviya* (c'est-à-dire des sols noirs) ; ce type de sols peut être constitué par des argiles limono-sableuses ou des sables argileux ou des argiles limoneuses.

Propriété et accès à la terre dans les vallées

Le nombre de plates-formes (*vinyungu*) par foyer diffère d'un village à l'autre de la zone d'étude. La plupart des familles en possèdent de 10 à 20 mais certaines n'en ont pas plus de deux tandis que d'autres en ont une trentaine. Ces plates-formes peuvent être toutes situées à l'intérieur de la même vallée ou éparpillées dans plusieurs vallées en fonction de leur taille et de leur accessibilité. La superficie totale des terres *vinyungu* possédées par un foyer varie entre des valeurs aussi faibles que 0,05 et 0,5 ha.

La culture *vinyungu* est essentiellement une activité féminine même si les hommes participent à certaines tâches ; dans la plupart des cas, le travail masculin se cantonne à la préparation de la terre et plus particulièrement à la construction des plates-formes. Depuis que les femmes travaillent aussi les parcelles situées dans les hautes terres, le travail féminin est devenu crucial à Njombe pour assurer la sécurité alimentaire des foyers. Le travail des femmes s'étale tout au long de l'année à la fois sur les hautes terres et dans les bas-fonds. Le travail payé à la tâche n'est pas rare sur les *vinyungu* ; en particulier, on embauche des bras masculins supplémentaires au moment de la préparation de la terre pour la réalisation des plates-formes.

Les paysans ont habituellement des terres de fonds de vallée dans leurs propriétés. Cependant, il est fréquent que les paysans qui n'ont qu'une petite propriété ou qui veulent cultiver plus de *vinyungu* demandent l'accès aux bas-fonds appartenant à des voisins ou amis de leur village ou même à des personnes étrangères à celui-ci. De telles ententes n'impliquent aucune transaction en argent. Aucun marché de terres *vinyungu* ne s'est créé depuis que les Wabena sont engagés dans cette culture. Dans les vallées larges, la terre *vinyungu* est souvent communautaire ; c'est le cas, par exemple, dans une vallée du village d'Igagala dont les terres *vinyungu* sont exploitées en commun par une vingtaine de paysans.

La copropriété des bas-fonds dans le district de Njombe est devenue relativement courante car les terres étaient propriétés collectives pendant la période de l'Ujamaa. A cette époque, toutes les terres du village, hautes terres ou bas-fonds, étaient placées sous l'autorité du conseil du village et celui-ci en attribuait à chacun. L'affaiblissement des villages ujamaa, la hausse de la valeur de la terre consécutive de la libéralisation de l'économie tanzanienne et la réforme de la tenure foncière ont modifié sensiblement l'accès et le contrôle des terres de bas-fonds.

L'insécurité qui pèse sur les droits d'utilisation de la terre menace la maîtrise des populations sur la terre qu'elles cultivent en *vinyungu*. Les conflits portant sur l'accès aux terres *vinyungu* n'existaient pas auparavant, au temps de la tradition. Aujourd'hui, dans le village d'Idunda, les paysans soulignent que les conflits sur les terres de bas-fonds sont en nette augmentation ; ceci démontre *a contrario* l'importance croissante de la culture *vinyungu*. En fait, il ne suffit de dire que l'agriculture *vinyungu* est un élément clé de l'approvisionnement alimentaire de base pour les familles ; il faut souligner aussi qu'une partie de ses productions est commercialisée et contribue au revenu monétaire des familles.

Dans certains sites, les parcelles *vinyungu* sont cultivées deux fois par an pour rentabiliser au maximum la terre et l'eau disponible. Les premières semailles sont faites en août-septembre, période pendant laquelle on cultive du maïs, des haricots, des pois, des pommes de terre ainsi que d'autres légumes. Les secondes semailles ont lieu en mars-avril. Les haricots et les pommes de terre sont récoltés en décembre et janvier. Puis, c'est la récolte de maïs qui suit en avril ou mai. Les récoltes étant échelonnées à la fois dans les *vinyungu* des fonds de vallée et les hautes terres, les familles ont quelque chose à manger tout au long de l'année.

Les paysans suggèrent que l'importance croissante prise par la culture *vinyungu* est due à trois facteurs : la croissance de la population, la baisse des rendements agricoles sur les hautes terres et les caprices du temps. La croissance de la population a entraîné une plus forte demande alimentaire et, en conséquence, une dépendance accrue par rapport à la mise en culture des bas-fonds. Dans le district, les statistiques sur la production agricole et les rendements montrent généralement une tendance au déclin ou tout au moins à la stagnation dans les zones des hautes terres. Par ailleurs, les fonds de vallée profitent de l'érosion des sols des hautes terres dont la fertilité est comparativement plus grande ; le fait que les rendements sont en baisse dans les hautes terres pousse à élargir la mise en valeur des parties basses. Les paysans entretiennent l'idée commune que, depuis peu de temps, les précipitations ont changé, c'est-à-dire que les pluies arrivent plus tard et s'arrêtent plus tôt. Dans ce contexte, les paysans sont attirés par les bas-fonds et les exploitent de plus en plus.

Conclusion

La mise en culture des fonds de vallée, dans le district de Njombe est une des plus anciennes pratiques d'utilisation de la terre en Tanzanie méridionale. L'agriculture *vinyungu* joue de plus en plus un rôle clé en assurant l'approvisionnement familial en nourriture et en fournissant des revenus monétaires. Plus de 90 % des familles du district dépendent des produits fournis par la culture *vinyungu* et de nombreuses observations montrent que cette dépendance est croissante. Néanmoins, les apports positifs de la culture *vinyungu* sont menacés par un certain nombre de facteurs, dont un est la dégradation des terres de bas-fonds qui résulte, d'une part, de mauvaises pratiques de gestion des terres telles que la surexploitation autour des points d'eau, la pollution de l'eau et l'érosion des rives des vallées et, d'autre part, des changements qui ont affecté les conditions hydrologiques dans les vallées. Ce faits entraînent un tarissement des sources, une réduction de l'écoulement des cours d'eau et une colonisation envahissante des terres par les mauvaises herbes. Les paysans souffrent également de l'insuffisance des services de vulgarisation. L'opinion dominante parmi les cadres du ministère de l'Agriculture semble être de considérer l'agriculture *vinyungu* comme une occupation secondaire, une activité de gestion informelle de la terre et qui ne concerne guère que les femmes. Cette façon de penser les empêchent d'accorder à l'agriculture *vinyungu* l'importance qu'elle mérite.

18

La culture en cuvettes sur les hautes terres du Matengo en Tanzanie

A.E.M. TEMU et S. BISANDA

Ce chapitre décrit une technique de culture dans des cuvettes, localement connue sous le nom de *ngoro* ou *ingolu,* et pratiquée par le groupe ethnique des Matengo qui habitent le district de Mbinga sur les hautes terres méridionales de Tanzanie. Cette technique est probablement vieille de plus de 200 ans et a été créée quand les Matengo ont migré dans la zone de Mbinga et occupé les montagnes boisées ; ils habitaient alors dans des grottes pour se protéger des guerriers ngoni, groupe ethnique originaire d'Afrique du Sud. Les Matengo étaient menacés par la famine et ils

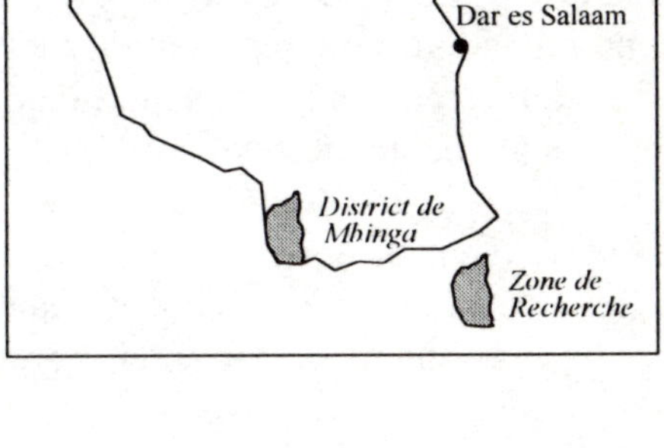

n'ont pas eu d'autre choix que celui de cultiver les versants escarpés des collines. La technique des cuvettes a été développée par les Matengo pour contrôler l'érosion des sols et en améliorer la fertilité ; elle est encore utilisée aujourd'hui et offre un bon exemple de technologie endogène qui a permis de contrôler l'érosion sur des versants à forte pente.

Présentation de la région et de la population

Le district de Mbinga est limité au sud par le Mozambique et à l'ouest par le lac Malawi. D'une surface totale supérieure à 11 000 km^2, la région est pour un quart sous les eaux et pour un autre quart composée de forêts naturelles. Les terres arables occupent les trois quarts des terres disponibles, dont 16 % seulement sont cultivées.

Les hautes terres du Matengo sont localisées dans le centre du district de Mbinga dont l'altitude s'élève de 900 m au bord du lac Malawi à plus de 2 000 m. Le climat des hautes terres varie de tempéré à tropical froid avec des températures maximales de 30°C et minimales de 13°C dans les plus hautes altitudes où il peut y avoir quelques gels exceptionnels. Le début de la saison des pluies est très net en octobre ou en novembre ; la saison la plus arrosée est comprise entre les mois de décembre et d'avril ; le total des précipitations est de l'ordre de 900 à 1 200 mm.

Les sols sont profondément dégradés et sont constitués par des argiles sableuses rougeâtres ou brunâtres dont la teneur en matière organique et le pH sont variables (oxisols et ultisols). Leur profondeur varie avec l'altitude ; en haute altitude, les sols ont moins de deux mètres de profondeur avec un horizon de surface brun et argilo-sableux ; à une altitude inférieure à 1 500 m, les sols sont très profonds (plus de 3,5 m), argilo-sableux, de couleur rouge et bien drainés.

Quatre grands groupes ethniques occupent le district de Mbinga, chacun ayant son dialecte et sa culture. Les Matengo constituent le groupe ethnique le plus nombreux ; leur nom provient du mot *kitengo,* qui signifie pays boisé (forêt) par référence à leur installation dans la forêt. On les trouve actuellement sur les hautes terres centrales, qui sont la partie la plus densément peuplée du district de Mbinga. Les groupes ethniques Nyasa, Manda et Ngoni vivent sur les rives orientales du lac Malawi qui sont moins peuplées. La densité moyenne de la population de cette région est faible et estimée à 35 habitants au km^2 mais certains secteurs situés autour de la ville de Mbinga, dans la partie centrale du district, comptent plus de 120 habitants au km^2.

Utilisation et possession de la terre

La terre est la ressource agricole la plus importante pour les familles des hautes terres du Matengo. La propriété foncière est communautaire avec des droits d'usage individuels. L'attribution de la terre est faite par le conseil du village et elle est libre de toute charge. Une fois que la terre est donnée au chef de famille (un homme habituellement), la famille a le droit d'utiliser cette terre pour la vie. Personne n'est autorisé à vendre sa terre mais certaines familles arrivent à les vendre secrètement.

Dans la famille, la terre passe du père au fils aîné. Les femmes ne peuvent pas hériter de la terre mais elles obtiennent des droits d'usage de leurs maris ou de leurs pères. Le prêt de la terre est pratiqué mais ce n'est pas fréquent dans les zones de forte densité. Dans la plupart des cas, l'emprunteur offre un cadeau au prêteur en marque d'estime et de reconnaissance. Une caractéristique importante est que l'emprunteur n'est pas autorisé à planter des cultures pluriannuelles ou pérennes sur les terres qui lui ont été prêtées. Les pâturages sont une propriété communautaire dans les secteurs peu peuplés. Dans les hautes terres du Matengo, tous les animaux sont attachés à la longe car il n'y a pas suffisamment de terres disponibles pour faire paître le bétail. Les terres boisées font également partie de la propriété communautaire mais les foyers individuels possèdent leurs propres parcelles boisées qui à la fois donnent de l'ombre aux caféiers et fournissent du bois de chauffage. La taille moyenne d'une exploitation du district de Mbinga est d'environ 1,5 ha ; c'est un peu moins dans le haut pays de Matengo où la terre est plus rare.

Il existe une vague de migration continue des hautes terres du Matengo central vers les zones moins peuplées du district. Dans certains cas, il semblerait que les parents encouragent leur fils à aller vivre dans les endroits où la terre manque moins, par exemple dans la partie orientale du district. Comme la terre est plus abondante, les périodes de jachère sont plus fréquentes et plus longues, de sept ans et plus. En conséquence, la mise en culture des sommets des collines n'est pas nécessaire dans les zones de colonisation agricole. On a remarqué que les migrants qui quittent les hautes terres du Matengo pour aller vivre dans ces régions continuent à utiliser le système de la culture en cuvettes et le répandent donc parmi les hautes terres du district.

L'agriculture des hautes terres

Les hautes terres du Matengo disposent d'une large variété de cultures : le maïs, le blé et le mil pour les céréales ; les haricots et les pois pour les légumineuses ; le manioc, les patates douces, les pommes de terre et le macabo pour les tubercules. Le tournesol est également cultivé pour produire de l'huile. Les légumes et les fruits sont produits dans les fonds de vallées pendant toute l'année. Les bananes sont utilisées soit sous forme de plats cuisinés (bananes vertes), soit comme fruits lorsqu'on les laisse mûrir. Le café (arabica) est la principale culture des hautes terres. Toutes les cultures vivrières se font en cuvettes mais ce n'est pas le cas pour le café, les arbres fruitiers, les bananiers et les légumes.

Le système des cuvettes

Son histoire

Les premiers peuplements des hautes terres du Matengo se sont installés autour de Litembo, à l'ouest de l'actuelle ville de Mbinga. Litembo passe pour être « le centre de diffusion du système des cuvettes ». Pour répondre à leurs besoins alimentaires, les Matengo n'avaient pas d'autre solution que de cultiver les versants escarpés des collines. Interrogés pour savoir depuis quand ce système est utilisé, les vieux et les vieilles de plus de 65 ans ont seulement pu répondre que leurs arrière-grands-parents avaient construit les cuvettes. Les premiers Allemands qui arrivèrent dans la région du Matengo, vers 1890, constatèrent que la tribu des Matengo pratiquait le système des cuvettes dans la terre fertile du Litembo.

L'objectif des cuvettes est de réduire l'érosion des sols par le contrôle du ruissellement des eaux sur les versants escarpés des collines. Les eaux de pluie sont collectées dans ces cuvettes et s'infiltrent ainsi dans le sol sans provoquer de dégâts. Si la cuvette n'est pas assez profonde, les eaux s'écoulent dans la cuvette la plus proche à l'aval, ce qui réduit ainsi la quantité d'eau et de sol emportée par le ruissellement.

La préparation

La préparation des cuvettes est faite en trois étapes :

– on coupe l'herbe dans le champ qui sera aménagé en cuvettes ;

– cette herbe est ramassée lorsqu'elle est sèche et elle est épandue sur le champ par bandes croisées qui forment un damier sur toute la superficie à mettre en culture ; les champs peuvent être carrés ou rectangulaires et ont des côtés qui varient de 100 à 200 cm ;

– l'herbe est ensuite recouverte par de la terre qui provient des cuvettes (*ingolu*) que l'on a creusées dans les mailles du damier. Les cuvettes ont entre 15 et 60 cm de profondeur et, de loin, elles ressemblent à des nids d'abeille ou à un damier. Le travail d'excavation est exclusivement réalisé par les femmes.

Les hommes emploient un outil simple que l'on appelle un *nyengo* pour couper l'herbe sèche ; il a une grande lame (sabre) avec le bout incurvé. L'épandage de l'herbe sous forme de damier est fait à la main et c'est à partir de l'expérience acquise que l'on définit la taille des mailles du damier. Les femmes enlèvent la terre du centre de la cuvette avec une simple houe, ce qui permet ainsi d'être sûr que l'herbe du damier est correctement recouverte par la terre avant de passer à la cuvette suivante. Les billons qui entourent les cuvettes sont renforcés par l'herbe, ce qui permet de diminuer les risques de rupture durant les gros orages. Les glissements de terrain, qui pourraient être potentiellement désastreux, sont peu probables parce que les sols ont généralement une haute capacité d'absorption.

Les cuvettes sont généralement efficaces pour prévenir l'érosion des sols, comme le prouve le faible niveau de sédimentation dans les rivières et les ruisseaux au cours de la saison des pluies. Mais elles réclament un travail intensif par comparaison avec la culture sur les terres planes. Pourtant, le système des cuvettes est utilisé par plus de 70 % des agriculteurs des hautes terres du Matengo. La plupart des cuvettes sont situées sur des pentes d'environ 50 %, la pente minimale étant de 10 % tandis que la plus forte dépasse largement 60 %.

Maintien de la fertilité des sols

Les cuvettes creusées dans la terre qui vient juste d'être défrichée ou après une longue période de jachère, sont cultivées avec du mil, des haricots ou du manioc. Au sud du district, où l'on défriche la forêt, tous les paysans sèment du petit mil comme première culture (ICRA, 1991). Sur le plateau Hagati, dont les champs sont cultivés de manière intensive, la plupart des exploitants plantent du manioc après la période de jachère. Cependant, plus des deux tiers des agriculteurs sèment des haricots en tête de la rotation des cultures. Quand on leur demande pourquoi ils privilégient les haricots, les exploitants répondent qu'« ils ont un effet fertilisant ». Les agriculteurs sèment les graines sur les billons dans lesquels se trouve du compost. Au moment du sarclage, les mauvaises herbes sont jetées dans la cuvette où on les laisse se décomposer. A la fin de la saison, tous les résidus de culture sont mis au fond des cuvettes. Les haricots sont en général semés en mars-avril et récoltés en juin. Le blé et les pois sont également récoltés en juin lorsqu'ils sont semés dans les cuvettes. A la saison agricole suivante, ces cuvettes seront semées en maïs en novembre-décembre. Les billons sont détruits après la récolte du maïs : on creuse de nouvelles cuvettes à leur emplacement et de nouveaux billons sont construits à l'emplacement des anciennes cuvettes : le cycle de rotation recommence.

Durée de la jachère et fertilité des sols

La durée de la période de jachère varie d'une région à l'autre des hautes terres du Matengo. Lorsque la densité de population est élevée, le cycle de culture continue dans le même champ est en moyenne de 6,5 ans (ICRA, 1991). Dans les régions moins peuplées, cette durée est réduite à quatre années. La jachère est fréquemment utilisée sur les hautes terres et sa durée dépend de la superficie de l'exploitation et de la pression démographique. La durée de la jachère est donc très variable, entre 2 et 10 ans, mais la durée la plus fréquente est de trois années. La réduction de la jachère et l'allongement du cycle de culture continue expliquent que la fertilité des sols paraît avoir diminué. Un agriculteur de plus de 70 ans a précisé que, autrefois, ils étaient habitués à récolter 3,75 t/ha environ, ou pour reprendre ses propres termes, « 15 sacs par acre » ; aujourd'hui, les paysans ne récoltent que 7 ou 8 sacs par acre. Il est important de souligner que les rendements seraient encore plus bas sans l'apport de matière organique dans le système des cuvettes, sans la rotation des cultures et sans la pratique de la jachère dans la mesure du possible.

Les types d'exploitation de la terre

Les facteurs qui ont déterminé les types d'exploitation de la terre autour des villages sont à la fois la connaissance locale des différents types de sol et la disponibilité de la main-d'œuvre. Par exemple, le café et les bananes, qui sont des cultures intensives, sont normalement plantés près des habitations ; ceci réduit le temps nécessaire pour transporter l'eau pour la pulvérisation des fongicides et pour enlever la pulpe du café. A côté des caféiers, on trouve les cultures vivrières de base comme le maïs, les haricots, les pois, le blé, le manioc et le mil en fonction des types de sol. Par exemple, le mil et les patates douces sont plantés sur les terres récemment défrichées ou tout de suite après la jachère. Dans les fonds de vallée, on sème habituellement en novembre des haricots précoces. On plante également les arbres fruitiers près des habitations pour faciliter la récolte des fruits.

La main-d'œuvre

La répartition des tâches obéit à la division sexuelle du travail. Au début de la saison, les hommes défrichent les terres et épandent l'herbe sèche en damiers. Puis, les femmes (adultes et jeunes filles) creusent les cuvettes au cours des mois de mars-avril. C'est la tâche la plus intensive et la plus laborieuse en termes de force de travail mobilisée. Une femme forte peut arriver à creuser 150 cuvettes dans une journée et mettra 6 jours pour aménager un acre (< 0,5 ha). Sur le piémont, les hommes, les femmes et les enfants participent à la construction des billons dans les zones où cette technique est utilisée. En règle générale, la préparation des cuvettes reste une tâche exclusivement féminine alors que les plantations et le sarclage sont des activités qui peuvent être partagées. La moisson est aussi une activité partagée, tandis que la culture proprement dite est sous la responsabilité des femmes. Celles-ci ont donc un rôle essentiel dans le système des cuvettes employé par les Matengo.

La main-d'œuvre est constituée généralement par les membres de la famille. Cependant, certaines familles manquent de bras en pleine saison et doivent embaucher de la main-d'œuvre salariée ou avoir recours à des groupements d'entraide paysanne connus sous le nom de *ngokela* ; le besoin de main-d'œuvre pour exploiter 1 ha de terre se situe aux alentours de 15 personnes par jour pour réaliser environ 2 250 cuvettes. Il n'est pas possible de faire des économies de main-d'œuvre en faisant appel à la motorisation ou à la traction animale parce qu'elles ne peuvent être utilisées sur les hautes terres du Matengo dont les pentes sont trop fortes.

Conclusion

Pike (1939) relatait que, « depuis l'arrivée des Britanniques, de nombreux agriculteurs avaient migré vers des secteurs plus fertiles des hautes terres et que plus ils s'éloignaient de Litembo et moins ils avaient envie de suivre le système que la tribu avait mis au point pour sa sécurité par le passé ». Stenhouse (1944) ajouta ultérieurement que « les plus jeunes Matengo adoptent des méthodes de culture qui les incitent plus à la paresse et l'introduction des cultures de rente provoque une accélération de ce déplorable effondrement ».

L'étude n'a pas confirmé les opinions anciennes ou plus récentes (Raldo, Ruvuma, communication personnelle, 1994) qui prétendent que les Matengo sont en train d'abandonner leur système de cuvettes pour des types d'agriculture permettant d'avoir plus de loisir. Les agriculteurs ont affirmé à plusieurs reprises que tant qu'ils vivront sur les pentes escarpées des hautes terres du Matengo, ils continueront à faire des cuvettes et à les cultiver. Les paysans ne veulent pas prendre le risque de voir leurs bons sols emportés dans les fonds de vallée par l'érosion ; tous reconnaissaient le rôle important du système des cuvettes dans l'entretien et l'amélioration de la fertilité des sols. Ce système n'est pas en recul ; au contraire, il s'étend en particulier grâce aux migrations des paysans dans de nouvelles zones de Mbinga.

Le gouvernement de Tanzanie soutient complètement le système des cuvettes et a souvent incité les paysans du pays à visiter les hautes terres du Matengo pour l'étudier et l'adopter dans leurs propres exploitations. L'érosion des sols est un problème grave dans de nombreuses régions de Tanzanie ; elle résulte principalement d'une déforestation excessive, du surpâturage, des feux incontrôlés et des systèmes agricoles qui n'intègrent pas des techniques de CES. En utilisant le système des cuvettes, les exploitants installés sur les pentes escarpées, qui sont parmi les plus sensibles à l'érosion des sols, ont été capables de maintenir des rendements modestes sur leurs parcelles pendant plusieurs décennies avec peu ou pas de fertilisation minérale. Les nouvelles interventions entreprises pour améliorer le système local des cuvettes contribueront à la continuité de son utilisation et, peut-être, à sa vulgarisation dans les autres régions accidentées de la Tanzanie et d'autres pays.

19

Le retour aux bandes enherbées

Méthode de conservation des sols au Swaziland

Matthew Osunade et Chris Reij

Le royaume du Swaziland est l'un des plus petits États africains, avec une superficie de 17 346 km^2. Malgré cette petite taille, quatre grandes régions géographiques s'étendent du nord au sud : le Highveld, le Middleveld, le Lowveld et le Lebombo. Les précipitations décroissent fortement, de 1 500 mm sur le Highveld à 900 mm sur le Middleveld et à moins de 550 mm sur le Lowveld.

La majeure partie de la population vit dans le Highveld et le Middleveld où, en 1986, les taux de densité humaine étaient respectivement de 43 et 56 habitants au km^2. Cependant, par suite de la raréfaction des ressources dans ces deux régions, il existe un important flux d'émigration au profit du Lowveld.

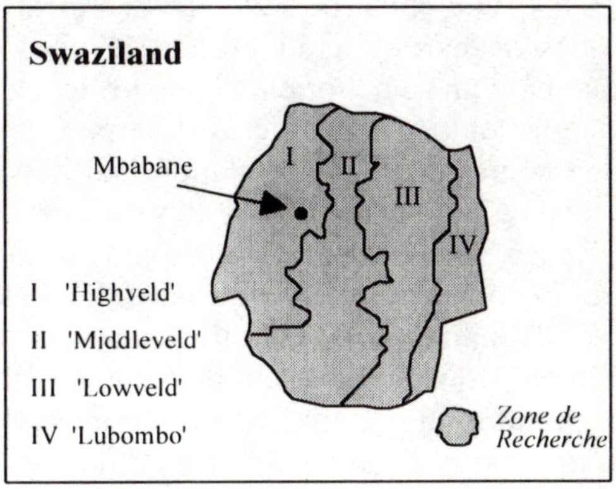

Au Swaziland, il y a deux systèmes principaux d'exploitation des terres : terres appartenant à l'État et fermes individuelles en pleine propriété. Dans le premier cas, les terres sont tenues par fidéicommis, au nom du roi, pour le peuple, mais elles sont administrées par des chefs ; la taille moyenne des exploitations familiales était d'un peu moins de 2 ha en 1986 ; la culture dominante est le maïs. Dans le second cas, les propriétés individuelles participent pleinement à l'économie de marché.

Le Swaziland est traditionnellement un pays d'élevage. Le cheptel a été estimé à 740 000 têtes en 1991, ce qui signifie une moyenne d'un peu plus d'une tête de bétail par habitant.

L'histoire et l'évolution de la conservation des sols au Swaziland

Dans l'histoire de la conservation des sols au Swaziland, on peut distinguer six périodes.

La période antérieure à 1949

Dans son rapport annuel, le département vétérinaire et agricole correspondant aux années 1942-1946 fait mention de quelques efforts dans la lutte pour la conservation des sols :

– des bandes enherbées en courbes de niveaux ont été installées sur des terres qui appartenaient soit à la population swazi, soit à des Européens et qui étaient semées en herbe à éléphant (*Tripsacum laxum*),

– certaines zones érodées ont été clôturées et mises en défens à titre d'exemple et ont montré une amélioration si rapide que le rapport n° 29 de 1946 indiquait que la solution avait été trouvée pour prévenir l'érosion.

L'augmentation constante de la population mais aussi du cheptel sur les terres d'État a eu comme conséquence directe une distribution extrêmement inégale de ces terres entre la population swazi et la population européenne. Cette situation a été à l'origine des difficultés que connaissent les Swazis dans le domaine de l'agriculture, suivies de détériorations constantes dans le pays qui rendent son devenir incertain. Ceci aboutit non seulement à prendre un certain nombre de mesures pour pallier le problème du manque de place mais aussi à entreprendre un ambitieux programme de conservation des sols.

La période de 1949 à 1960

En 1948, le huitième plan de développement pour le Swaziland a été approuvé. L'introduction de méthodes mieux appropriées à l'utilisation du sol était un objectif majeur du plan et la conservation des sols apparaissait comme le premier pas vers une agriculture intensive (Mc Daniel, 1966 : 507-508). Pendant cette période, près de 140 000 km de bandes enherbées ont été réalisées (photo 22). En 1960, plus de 114 000 ha étaient ainsi protégés contre l'érosion des sols. Cela avait pu être réalisé parce que le roi Sobhuza II, qui régnait alors, avait accordé tout son soutien à la conservation des ressources naturelles du Swaziland. Sans son appui, il faut souligner que jamais les bandes enherbées n'auraient pu être installées en une si courte période, à cette échelle.

La période de 1960 à 1970

En 1960, la majeure partie des terres cultivées étaient aménagées avec des bandes enherbées et, en 1966, le gouvernement du Swaziland déclarait que « le but escompté, dans un futur proche, par la politique agricole du gouvernement du Swaziland est le développement rapide de l'agriculture dans les terres de l'État ». Pour atteindre cet objectif, un certain nombre de secteurs de développement rural (RDA) ont été individualisés et ont bénéficié de programmes de développement intensif mis en œuvre par tous les départements concernés qui devaient travailler en étroite collaboration. Les méthodes de conservation des sols avaient été incluses dans le programme RDA, parce que le gouvernement pensait que les mesures de lutte contre l'érosion n'étaient pas suffisantes. L'USAID décida de promouvoir les activités de lutte contre l'érosion dans les quatre premiers secteurs choisis, mais les réalisateurs du plan ont, par contre, écarté les bandes enherbées, parce que celles-ci ne leur apparurent pas d'une réelle efficacité. Ils ont même proposé de les supprimer et de les remplacer par un système de terrasses malgré l'absence de preuves envers les défauts qu'on leur attribuait.

La période de 1970 à 1977

En 1971, le gouvernement du Swaziland acheta un important équipement lourd pour construire des terrasses, avec un emprunt d'environ

1,8 million de dollars contracté auprès de l'USAID, auquel s'est ajoutée en 1972 une subvention de 1,885 million de dollars destinée à des tâches techniques, à la formation des participants ainsi qu'à d'autres types d'assistance de l'AID, qui étaient étroitement liées à des activités prévues par le prêt de 1971. De 1971 à 1977, 7 200 ha ont été équipés en terrasses et les bandes enherbées y ont été enlevées. A la fin de cette période, le terrassement fut l'objet de violentes critiques : « Au cours des dernières années, les mesures de conservation des sols les plus courantes, à savoir le terrassement et les fossés enherbés, se sont caractérisées par leur coût élevé, par une grande consommation d'espace et parfois même par le fait qu'elles occasionnent de l'érosion » (Spaargaren, 1977). A la place, Spaargaren recommandait l'utilisation de bandes enherbées spécialement adaptées, bien entretenues et qui pourront être généralisées. Ses conclusions et recommandations étaient en grande partie adoptées par l'équipe de l'USAID chargée de la faisabilité de l'étude et qui devait examiner, en 1977, les coûts concernant des pratiques de conservation des sols efficaces.

La période de 1977 à 1983

Bien que le terrassement ait été sévèrement critiqué en 1977, on n'en tint pas compte pour autant dans les objectifs du Programme des secteurs de développement rural. Les plans de travail, qui concernaient les 18 secteurs ou RDA, soulignaient les objectifs à atteindre : terrassement de 16 500 ha, suppression de 17 950 ha de bandes enherbées, suppression et réalignement de bandes enherbées sur 5 500 autres hectares. L'USAID a pourvu à un autre prêt destiné à des équipements (5,6 millions de dollars) ainsi qu'à une subvention (7,1 millions de dollars) destinée à une assistance technique. En fait, le programme de terrassement fut très modeste par rapport aux objectifs et peu de bandes enherbées furent supprimées.

La période de 1983 à nos jours

Le programme de développement rural s'est achevé formellement en 1982 et ses activités n'ont pu être poursuivies à partir du moment où le gouvernement était le seul à le financer. Cette période n'a pas été marquée par des travaux majeurs dans le domaine de la conservation des sols, surtout parce que l'érosion des sols n'était plus considérée comme une menace et désormais, la priorité du gouvernement se focalisa sur d'autres problèmes qui affectaient les secteurs considérés. Récemment, l'intérêt pour la conservation des sols semble à nouveau accru. En 1988, une étude a été réalisée sur l'existence de ravines provoquées par l'érosion au Swaziland (WMS Associates, 1988). Celle-ci a mis en relief le fait que les Highveld et les Middleveld avaient de nombreuses ravines très actives, dont l'origine est due à la combinaison du surpâturage et des pistes suivies par le bétail. La grande sécheresse, qui a affecté l'Afrique du Sud en 1992, a atteint également le Swaziland et la mortalité du bétail a été élevée. Ceci a eu comme conséquence directe le fait que le gouvernement et les exploitants de la terre sont devenus plus conscients des limites de leur ressources naturelles, et plusieurs ONG ont pu alors initier des activités de type CES.

L'importance des bandes enherbées

Actuellement, il apparaît sage en matière de conservation de délaisser les structures mécaniques antiérosives au profit des barrières végétales au coût beaucoup plus modeste. Ainsi, les Swazis avaient déjà fait, il y a quarante ans, ce que les spécialistes de la conservation des sols préconisent maintenant. Les bandes enherbées réalisées dans les années 50 demeuraient un trait commun aux petites exploitations swazis du Highveld et du Middleveld mais pas aux grands domaines à vocation commerciale. Les bandes enherbées furent introduites systématiquement, parce que le roi Sobhuza II promulgua un ordre en 1954, obligeant tous les Swazis à les installer sur leurs exploitations. Bien que le roi Sobhuza II soit mort depuis quinze ans, les paysans swazis conservent généralement les bandes enherbées dans leurs champs.

Ces dernières n'étaient pas toujours en courbes de niveau et leur existence même réduisait la largeur des terres cultivées, mais l'accumulation de sédiments derrière elles avait abouti, dans de nombreux endroits, à la formation progressive de terrasses. Les bandes enherbées présentent des points positifs mais aussi négatifs aux yeux des paysans swazis. Cependant, dans le Highveld, le Middleveld et le Lebombo où les terres planes sont rares, la plupart des paysans disent qu'il est impossible de cultiver sans les bandes enherbées et il n'est pas surprenant de voir des paysans qui en créent spontanément.

Les bandes enherbées sont importantes pour les femmes, car elles sont une source de matières premières destinées à leurs activités artisanales. Pendant l'hiver, elles fournissent du fourrage. Par contre, les paysans soulignent comme inconvénient le fait qu'elles réduisent la superficie à cultiver et qu'elles sont le paradis des rats. D'autre part, leur existence gêne les labours mécanisés. Bien que, dans certains cas, les bandes enherbées aient été abandonnées, la tendance aujourd'hui consiste à les garder et même à les étendre, ce qui signifie que, pour les paysans, leurs avantages priment sur leurs inconvénients.

L'avenir des bandes enherbées

La pression foncière s'accentue au Swaziland et il est donc important de savoir si la productivité peut être accrue. Les bandes enherbées ont été créées en laissant des bandes de terre sans culture, les bandes étaient alors composées d'herbes qui poussaient spontanément. L'*Hyparrhenia hirta,* qui est une herbe utilisée comme chaume pour couvrir les toits, est la plus répandue. Aucun effort n'a été fait pour introduire de nouvelles espèces d'herbes ou d'arbustes, par exemple pour accroître la qualité du fourrage des bandes enherbées. Une telle évolution se heurte en effet à d'importantes contraintes. Avant tout, le bétail broute les chaumes après la récolte ; il serait donc difficile d'introduire des fourrages à moins que le pâturage soit contrôlé. Dans la perspective de réduire les pertes en sol, l'herbe vétiver pourrait permettre d'améliorer l'efficacité des bandes enherbées mais sa faible qualité comme fourrage rend peu probable le fait que les paysans swazis acceptent d'investir leur temps et leur peine pour planter des bandes de vétiver. D'autre part, il est important de considérer que les femmes ont un intérêt tout particulier à conserver les bandes enherbées telles qu'elles sont pour leurs activités artisanales et les efforts entrepris pour modifier les bandes doivent impérativement prendre en compte les besoins des femmes.

L'évolution des pratiques de conservation des sols au Swaziland a été particulièrement influencée par le jugement que les experts portaient sur la gravité de l'érosion. Cependant, ces jugements manquaient d'objectivité. Il n'y a jamais eu d'analyse et de mesure des processus d'érosion au Swalizand, ce qui est d'autant plus surprenant que beaucoup d'argent a été investi, durant des années, dans des ouvrages de CES.

En 1940, les responsables de l'agriculture coloniale croyaient que la dégradation des ressources naturelles était due à la répartition très inégale des terres entre les Swazi et les Européens et au surpâturage sur de vastes espaces non enclos (Faulkner, 1944 ; Scott, 1951). C'est pourquoi, un vaste programme de conservation des sols par les bandes enherbées avait été lancé en 1949.

En 1970, à l'occasion d'un séminaire sur l'élevage (Ministère de l'Agriculture, 1978), la situation était décrite de la manière suivante : « En de nombreux endroits, la couverture végétale a été détruite et le sol se trouve exposé à l'érosion. 228 000 ha doivent être traités immédiatement (...) si les pertes en terre continuent de la sorte 30 000 ha se retrouveront sans sol en moins de 50 ans ». Un rapport de l'USAID (1978 : 16) décrit la situation en employant les mêmes termes dramatiques. Mais les références prises concernent davantage les zones cultivées que les zones de pâturage : « (...) une partie importante de l'épaisseur du sols a été érodée (...) dans la majeure partie des cas, il reste moins de 45 cm de profondeur pour les racines ».

Une première appréciation raisonnable de la gravité de l'érosion au Swaziland est apparue dans l'évaluation réalisée au cours de la seconde phase du Programme de développement rural, qui concluait : « Sur les terres arables, il n'y a jamais eu de problèmes graves d'érosion (en nappe) et, en conséquence, la réalisation progressive du programme de terrassement n'a eu aucun impact » (Hunting Technical Services Ltd, 1983). Compte tenu du déficit de recherche sur ce thème, il était difficile de savoir si l'érosion en nappe était ou non un problème sérieux ; cependant, le fait que les paysans swazi continuent à maintenir et à installer des bandes enherbées démontre qu'ils perçoivent l'érosion comme un problème grave.

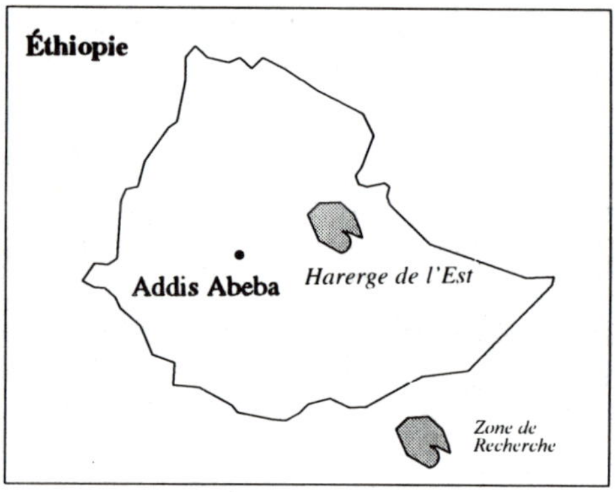
Éthiopie
Addis Abeba
Harerge de l'Est
Zone de
Recherche

20

La flexibilité des techniques traditionnelles de CES

Les hautes terres de Harerge, Éthiopie

par Kebede ASRAT, Kederalat IDRIS
Mesfin SEMEGN et Million WORKU

Face aux pressions démographiques croissantes et à la diminution des surfaces cultivables, les paysans des hautes terres de Harerge en Éthiopie sont devenus de plus en plus attachés à un ensemble de techniques de CES qui leur permet d'exploiter durablement les ressources locales et de survivre dans leur pays accidenté. Cependant, cette région étant exposée à des risques élevés de dégradation des sols, les hautes terres de Harerge intéressent les agences gouvernementales et les donateurs étrangers qui souhaitent y mettre en œuvre des programmes de CES à grande échelle. Cependant, les interventions des projets oublient souvent de respecter la diversité des conditions et des besoins locaux : de ce fait, ils peuvent gêner la flexibilité des approches traditionnelles de CES.

Introduction à l'étude de la région et de la société

Les hautes terres de Harerge couvrent une surface de 1 500 000 ha qui s'étend de la chaîne de montagnes Gelemso-Asebeteferi, à l'ouest de Éthiopie, jusqu'aux montagnes Kundudo à l'est. Au sud se trouvent les déserts d'Ogaden et au nord le Danakil ou désert des Afars. Ce sont des collines au relief modéré à faible, interrompu par des vallées encaissées. La forte densité de population combinée avec la topographie escarpée ainsi que les orages tropicaux érosifs fréquents dans la région rendent l'agriculture très difficile dans cette zone. Cette étude a été conduite dans trois *woreda* dans la zone est de Harerge ; un *woreda* est la plus petite unité administrative en Éthiopie : elle est composée d'un certain nombre d'associations de paysans.

Trois *woreda* ont été sélectionnées pour témoigner des conditions essentielles des trois zones agro-écologiques en fonction de l'altitude et des différents systèmes de culture trouvés en Harerge (voir tableau 20.1). Seulement 10,1 % des terres des *woreda* se trouvent en haute altitude dans la zone agro-écologique appelée *dega,* tandis que les zones *woinadega* et *kolla* occupent respectivement 71,4 % et 18,5 % de la surface totale.

Tableau 20.1

La distribution des zones agro-écologiques par *woreda* (en hectares)

Woreda	Dega (haut)	Woindega (moyen)	Kolla (bas)
Fedis		33 359	1 756
Alemaya		39 840	7 031
Meta	13 857	24 943	16 629
Total	13 857	98 142	25 416

Les *woreda* étudiées connaissent une terrible pression démographique. La population totale est d'environ 407 400 habitants (Ministère de l'Agriculture, 1988), avec 6,4 personnes en moyenne par famille. La densité de la population varie de 231 habitants par km^2 dans les terres basses de Fedis à 281 et 409 habitants par km^2 respectivement en Alemaya et Meta. La pyramide des âges montre une forte proportion d'enfants. Bien que la polygamie soit commune et pratiquée souvent par des paysans relativement aisés, quelque 5 % des exploitations sont dirigées par des femmes. La majorité de la population paysanne appartient au groupe ethnique Oromo, mais on trouve aussi quelques Amhara dans les hautes terres de Meta.

Le tableau 20.2 illustre bien les différents modes d'utilisation des terres dans les *woreda* étudiées. On peut trouver des différences considérables en fonction de l'altitude. Dans les plus hautes terres de *woindega* et *dega* la plupart des terrains sont trop pentus pour l'agriculture. A cause de la forte pression démographique, les gens manquent de terre pour la culture et pour l'élevage. Dans les terres basses de *kolla*, le problème foncier est moins grave. La proportion de terres consacrées à l'élevage et à la culture est plus forte par rapport aux forêts.

Tableau 20.2

Le mode d'utilisation des terres par *woreda*

Woreda	Fedis	Alemaya	Meta
Nombre d'exploitations	16 544	25 064	22 066
Total terres cultivées (ha)	35 722	24 687	14 890
Moyenne par exploitation	2,16	0,98	0,68
Total pâturage (ha)	3 827	1 077	520
Moyenne par exploitation	0,23	0,04	0,02

La plupart des sols étudiés dans les *woreda* sont des limons et souvent aussi des sols argileux. Leur couleur varie du gris foncé au brun foncé avec quelques sols rouges et noirs. Les sols sont souvent rocailleux et localement l'épierrage est une opération fréquente. Les précipitations sont irrégulières et bimodales avec des hauteurs de pluies annuelles variant de 700 à 1 100 mm. La saison des pluies principale (*kiremt*) dure de juin à septembre, tandis qu'une brève saison des pluies a lieu de février à mai. Les paysans locaux racontent que depuis les dernières années, les pluies sont irrégulières rendant difficile le choix de la meilleure période pour semer.

La dynamique du changement dans les systèmes de culture locaux

Les paysans ont essayé de répondre de différentes façons aux changements se produisant ces dernières années en Harerge. A cause de l'augmentation de la pression démographique et des redistributions fréquentes des terres par les comités exécutifs des associations paysannes, les exploitations dans la région sont devenues très morcelées. Les paysans peuvent acquérir des terres de différentes façons : par héritage, par métayage et par défrichement de terres incultes. Les paysans ont acquis des droits sur les terres qu'ils possèdent mais selon la loi du gouvernement de transition, ils ne peuvent la vendre. Des 150 paysans étudiés dans cette enquête, seulement 24 % n'ont qu'une seule parcelle tandis que les autres en ont deux ou plus.

L'expansion des terres cultivées par défrichement des brousses arbustives semble avoir atteint son sommet actuellement, en particulier dans les hautes terres. Dans l'histoire récente cette expansion a été la plus marquée lors des changements de gouvernement. Ce fut le cas en 1974 lorsque la monarchie féodale fut renversée et de nouveau en 1991 après la chute du régime socialiste de Mengistu. De larges espaces forestiers mis en défens ou des parcours communaux ont été défrichés par des paysans.

Les pressions croissantes sur l'agriculture et l'élevage ont augmenté l'importance de l'agriculture mixte où sont développés les interactions entre l'élevage et la production végétale. Les grains de maïs et de sorgho ainsi que les résidus de culture, y compris les feuilles d'arbres, sont utilisés comme ressources fourragères pour le bétail. En retour, les vaches fournissent l'énergie de traction et le fumier utilisé pour fertiliser les cultures. L'utilisation d'engrais minéraux est un phénomène croissant durant les trente dernières années, favorisé à la fois par le déclin de la fertilité des sols et par l'extension de la production de cultures commerciales.

L'élevage reste donc une composante intégrale du système de production, bien que le nombre d'animaux par famille soit en baisse ces dernières années dans toutes les zones. Ceci peut s'expliquer par un déficit fourrager causé par l'extension des cultures, par les maladies du bétail et par la vente des vaches pour répondre aux besoins pressants des exploitants. Les paysans semblent préférer les chèvres aux moutons et les vaches aux bœufs avec plus de la moitié des familles possédant un bovin ou moins. Les vaches sont préférées non seulement parce qu'elles produisent du lait et d'autres produits commercialisables mais aussi parce qu'elles produisent des veaux et des génisses à vendre et peuvent être échangées selon des accords de partage du bétail. Les paysans organisent leur labour à l'aide de *dongora* et d'*akaffa*, outils aratoires locaux.

Alors que le café et le khât sont traditionnellement les cultures commerciales pérennes les plus communes dans la région, l'extension du réseau de pistes d'accès a favorisé l'organisation des marchés qui ont fait du khât la culture actuellement dominante. L'ouverture de nouveaux marchés dans les régions voisines a aussi augmenté l'importance des pommes de terre et favorisé l'introduction de légumes très rentables tels que les choux, les oignons, les aubergines, etc.

Dans la région étudiée, la productivité agricole est donc de plus en plus affectée par les pluies irrégulières, par le déclin de la fertilité des sols résultant de la pression foncière croissante, du manque d'engrais (fumier et engrais minéral), du manque de bœufs de labour et de l'extension des plantes adventices, des insectes ravageurs et des maladies. Les problèmes d'érosion et de dégradation du sol augmentent particulièrement avec l'altitude. Ces difficultés ont contribué à la migration de la main-d'œuvre paysanne vers les centres urbains de certaines régions. Ailleurs, la dynamique de l'évolution des systèmes de production a créé de nouvelles opportunités aboutissant à l'émergence d'une nouvelle classe de paysans commerçants.

Les techniques traditionnelles de conservation de l'eau et des sols

La diminution de la productivité agricole et les changements climatiques locaux ont eu pour effet de donner plus d'importance aux techniques de CES. Ces techniques couvrent un large éventail de mesures agronomiques, biologiques et mécaniques ; elles s'appuient sur les connaissances accumulées au cours du temps et elles répondent progressivement aux besoins locaux. Elles comprennent la rotation des cultures, les cultures associées et la plantation de cactus ou de bandes d'herbes pérennes qui servent à la fois à diversifier la production, à augmenter la fertilité du sol et à réduire l'érosion. La construction de cordons de pierres et de diguettes en terre, en particulier, illustre bien comment la flexibilité des techniques locales ont été menacées par l'introduction de nouvelles techniques dans le cadre des programme de CES.

Les cordons de pierres

Les lignes ou cordons de pierres (localement connus sous le nom de *dhagga*) sont des barrières de pierres placées à intervalles réguliers le long des limites des exploitations (photo 22). Cette technique est utilisée dans la région étudiée depuis des générations et est très fréquente dans les zones de *woindega* et de *kolla*. Certains auteurs attribuent l'introduction des cordons de pierres et d'autres pratiques endogènes aux commerçants venus d'Arabie saoudite où les techniques des terrasses empierrées étaient employées pour la culture du café et du khât (*Catha edulis*) (Ministère de l'Agriculture et Shawel, 1988).

Les dimensions des cordons pierreux dépendent de la disponibilité en pierres et de la topographie. Sur les pentes fortes et lorsque les pierres sont disponibles en grand nombre, les cordons sont plus rapprochés, plus hauts et plus larges que sur les pentes douces où les pierres sont rares. Les cordons sont surélevés et étendus d'année en année selon les besoins. La hauteur moyenne des cordons dans les champs est d'environ 0,5 m, et un peu moins en largeur, mais il n'est pas rare de trouver des cordons anciens de 2 mètres de haut.

Les paysans construisent des cordons de pierres pour différentes raisons. Dans les régions où les champs sont pierreux, les paysans nettoient les champs et disposent les pierres en courbes de niveau pour pouvoir labourer. Dans d'autres cas, les cordons sont construits délibérément en vue de la conservation de l'eau et des sols. Ils retardent ou retiennent le ruissellement pour prévenir l'érosion. Leur influence sur la production des cultures par l'amélioration de l'infiltration et de l'humectation du sol et par la réduction des pertes de nutriments est particulièrement sensible dans les zones les plus sèches.

Les diguettes en terre

Les diguettes en terre se trouvent le plus souvent dans les zones de *woindega* et de *kolla,* particulièrement dans les champs cultivés en khât, en maïs et sorgho. Les méthodes de construction, l'espacement et les dimensions varient en fonction de la région et de l'objectif poursuivi. Mais, contrairement aux cordons pierreux, les diguettes en terre peuvent être facilement détruites et reconstruites selon les besoins.

Dans les champs de maïs et sorgho, les diguettes sont construites lors de la préparation du sol ou après plantation. Ces diguettes sont construites en creusant une tranchée de 25 cm de profondeur et en formant un talus en aval de la tranchée. Après plantation, quand apparaissent les rigoles d'érosion après une grosse averse, les diguettes sont construites en creusant le sol et en formant un talus ou un billon. Dans ce cas la houe plate traditionnelle (*akaafa*) est utilisée. Ces diguettes sont souvent détruites au bout d'un mois et demi afin de contrôler l'extension d'un adventice dangereuse connue sous le nom de *buranna* (*Digitaria* sp.).

Des diguettes en pierres ou en terre sont construites dans les champs de khât. Elles doivent conserver l'eau (des pluies et d'irrigation) et le sol : elles sont généralement construites à l'époque de la préparation du sol. Dans certaines circonstances, la diguette est construite un an après la plantation de khât pour s'assurer que le champ est dépourvu de la mauvaise herbe *buranna*. Cependant et contrairement aux diguettes en terre dans les champs cultivés, les diguettes dans les champs de khât sont permanentes et durent toute la durée de la culture de khât, c'est-à-dire 20 à 30 ans.

L'espacement entre les diguettes dans les plantations de khât varie de 2 à 5 mètres sur les pentes les plus raides et de 5 à 10 mètres là où la pente est plus faible. Dans les champs ayant des sols moyens à profonds et des pentes modérées, c'est-à-dire de faibles risques érosifs, les diguettes sont faites en terre et sont relativement larges. Dans les zones où les sols sont superficiels et les pentes plus raides, les diguettes sont plus basses et sont couvertes de pierres quand on en trouve.

Les terrasses construites à la main sont le produit de la réalisation de ces diguettes ou de bandes de terre non travaillées. Les paysans ont confirmé qu'il y a plusieurs années des bandes de terre non travaillées étaient laissées en jachère. Avec le temps, les bandes ont capturé les sédiments et en grandissant en hauteur ont formé des terrasses. Ces terrasses sont utilisées d'habitude pour la culture du khât, du café, des arbres fruitiers ainsi que des légumes. On les trouve d'habitude dans les vallées. Les murs de soutènement des terrasses sont généralement couverts de pierres et légèrement à contrepente ; ils peuvent atteindre une hauteur d'environ un mètre ou plus ; sur les pentes plus fortes, les terrasses sont plus rapprochées et leur hauteur est supérieure.

Le billonnage cloisonné est une autre technique spéciale qui consiste à relier les billons avec des billons perpendiculaires ou des cloisons qui sont situés grossièrement à un mètre les uns des autres pour créer des alignements de bassins rectangulaires qui ont une profondeur d'environ 25 cm. Connus sous le nom de *kotera,* ces billons sont généralement associés à la culture des patates douces et des pommes de terre. Cette technique de CES est largement répandue dans les zones du *woindega* et du *kolla* où la profondeur des sols est supérieure à 50 cm. Le billonnage cloisonné permet également de cultiver et de récolter les patates douces à maturité. Les billons sont généralement détruits après une saison et reconstruits lorsque le besoin s'en fait sentir.

Les diguettes introduites

La dégradation du sol étant considérée comme un problème sérieux, les hautes terres de Harerge ont été choisies pour promouvoir des programmes de CES à grande échelle, tel que le grand programme associant le PAM, la FAO et le ministère éthiopien de l'Agriculture. Il y a une différence importante entre les méthodes de construction des ouvrages de CES par la population et celles des projets, peu adaptées aux conditions locales.

Les méthodes traditionnelles comportent une approche souple de telle sorte qu'elles répondent à la dynamique des conditions changeantes du milieu. Par exemple, en fonction de la disponibilité en travail et en pierres, la construction de cordons est menée en phase progressive commençant par une ligne de pierres de quelques mètres de long qui s'étend graduellement avec le temps, sur quelques années, jusqu'à ce que tout le champ soit couvert. L'espacement et les dimensions des structures sont ajustées par le paysan après une averse en regardant la façon dont le ruissellement s'organise. Par contraste, les méthodes généralement préconisées par les projets sont rigides et définitives. Les structures sont prédéterminées et accordent peu d'importance aux caractéristiques physiques de la surface cultivée. Les structures ont tendance à être calculées d'après des formules simplistes basées sur l'inclinaison des pentes.

Les méthodes introduites ne s'appuient pas sur les connaissances spécifiques accumulées par les paysans. Le travail est généralement mené sans consulter les paysans pour l'espacement ou les dimensions des structures. Les techniques traditionnelles, par ailleurs, font partie des systèmes de production qui sont le fruit de l'expérience concernant l'environnement local. Un exemple donné par les paysans est celui de l'attention apportée traditionnellement à la construction des passages et des seuils pour le bétail et les êtres humains dans les aménagements de CES. Dans les projets conventionnels, ceci est généralement ignoré, ce qui contribue à l'échec des diguettes sur les champs.

Les méthodes introduites peuvent réduire la flexibilité et l'adaptabilité des techniques mais elles offrent aussi quelques leçons utiles. Certains paysans de la zone étudiée ont noté que leurs connaissances sur la façon d'incliner les terrasses s'est développée par l'observation des diguettes introduites. Malgré ces quelques avantages, il apparaît nécessaire de prendre plus de précautions lorsque de grands projets de CES viennent de l'extérieur ; par exemple, lorsque ces techniques sont introduites avec l'appui du PAM, elles peuvent casser le marché du travail d'une façon qui n'est pas encore parfaitement comprise.

Conclusion

La croissance démographique et la pression foncière qui en découle ont conduit les paysans des hautes terres de Harerge en Éthiopie à utiliser de plus en plus efficacement les différentes techniques de CES. Ceci inclut une grande diversité de techniques traditionnelles, mécaniques, biologiques et agronomiques adaptées aux différentes cultures, aux systèmes de cultures et aux conditions physiques trouvées dans les trois zones agroécologiques d'altitude.

Comme l'illustre le cas des diguettes en terre et en pierres, les structures sont construites progressivement pour répondre aux besoins et circonstances locales. Les structures introduites ne peuvent pas s'adapter ainsi. Elles ont été imposées de l'extérieur et sont basées sur des formules mathématiques simplistes ; à long terme, elles peuvent rompre la flexibilité des systèmes traditionnels.

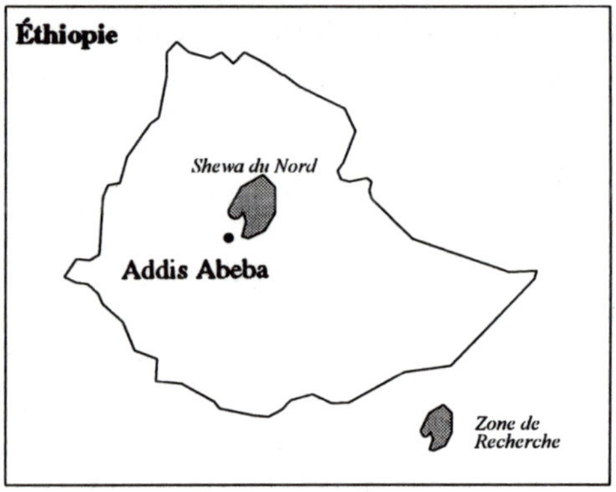
Éthiopie
Shewa du Nord
Addis Abeba
Zone de
Recherche

21

Fossés de drainage traditionnels dans le Shewa du Nord des hautes terres d'Éthiopie

Million ALEMAYEHU

La dégradation des terres est devenue un grave problème dans la majeure partie des hautes terres éthiopiennes à cause de l'érosion des sols. Depuis plus d'une décennie, le gouvernement d'Éthiopie a lancé un grand programme de conservation de l'eau et des sols axé sur la construction de terrasses. Cependant, dans de nombreuses régions de l'Éthiopie, surtout dans le Shewa du Nord, on constate que certaines de ces terrasses ont été détruites par les agriculteurs alors qu'ils continuent d'utiliser certaines méthodes locales de conservation de l'eau et des sols comme les terrasses en pierre, les fossés d'écoulement, etc. L'une de ces techniques locales, celle des fossés traditionnels de drainage, est largement employée par les paysans à des fins différentes dans de nombreuses zones des hautes terres (photos 24 et 25). Ces fossés sont construits au cours de chaque saison végétative et traversent les terres cultivées de manière oblique ; ils sont construits à l'aide d'une profonde charrue *maresha* et peuvent être distingués des sillons obtenus avec une charrue normale.

Ce chapitre analyse les raisons qui incitent les paysans à construire et à utiliser des fossés traditionnels. L'étude a utilisé des techniques permettant d'évaluer le degré de participation rurale, par exemple les sondages et les enquêtes individuelles formalisées par un questionnaire. Des interviews informelles et des discussions ont été menées de manière individuelle ou collective dans le but d'obtenir un maximum d'informations sur les opinions des agriculteurs locaux.

Présentation de la zone d'étude

A Keyit Wereda, dans le Shewa du Nord, deux associations paysannes, Andit Tid PA et Denqwan-Gunagunit PA ont été choisies pour cette étude parce qu'elles sont typiques de régions où les fossés traditionnels ont été largement utilisés dans des situations très diverses.

La moyenne annuelle des précipitations concernant l'ensemble des zones est d'environ 1 350 mm qui tombent au cours des deux saisons des pluies. La saison des pluies principale (*meher*) s'étend de juin à octobre tandis qu'une saison pluvieuse plus courte (*belg*) dure du mois de mars au mois de mai.

Les paysans des deux zones pratiquent une agriculture pluviale de subsistance associée à l'élevage du bétail. Leurs cultures principales sont l'orge, les haricots, les pois, le blé, les lentilles et le lin. En général, les céréales sont destinées à la consommation tandis que les légumineuses et le lin représentent des cultures de rente. Les cultures pérennes ne sont pas cultivées, probablement à cause du climat froid qui règne à cette altitude : les deux zones sont situées en altitude avec des cultures sur des pentes fortes, passant de 2 850 m au-dessus du niveau de la mer dans le Denqwan-Gunagunit à 3 000-3 500 m au-dessus du niveau de la mer dans l'Andit Tid. Les sols de l'Andit Tid sont des andosols, des régosols (localement connus sous les noms respectifs de *tikur afer* et *merere*) et des cambisols qui possèdent une texture variant de moyenne à fine (Bono et Seiler, 1984 ; Yohannes, 1989). Bien qu'aucune étude détaillée n'ait été réalisée, les sols du Denqwan-Gunagunit sont pour la plupart des argiles de couleur brun foncé à noir, localement connues sous le nom de *tikar merere,* de texture variant des argiles épaisses aux limons sablo-argileux. La fertilité des sols de ces deux zones varie de basse à relativement bonne.

Il n'y a aucune modification récente dans le système agricole bien que dans l'Andit Tid il y ait quelques plantations d'eucalyptus sur les terres communales. La plupart des paysans ont une attitude négative au sujet de ces plantations parce qu'elles ne leur rapportent rien. Par contre, dans chaque zone, de nombreux paysans ont planté des eucalyptus autour de leurs fermes et aux lisières de leurs champs parce qu'ils poussent vite et produisent du bois de chauffage et des matériaux de construction en un laps de temps très court.

L'élevage occupe une place essentielle dans le système agricole puisque la quasi-totalité de la préparation de la terre est obtenue grâce à des charrues tirées par des bœufs. La vente des animaux et des produits de l'élevage contribuent à procurer d'importants revenus aux agriculteurs. Les chevaux et les ânes sont destinés au transport tandis que les petits ruminants et la volaille fournissent de la nourriture et sont aussi une importante source de revenus.

Quelques différences essentielles opposent les deux zones bien qu'elles soient presque identiques par leur pluviométrie et par leurs modèles de culture. Avec une densité de population estimée à 69 habitants au km^2, Andit Tid PA est moins densément peuplé que Denqwan-Gunagunit PA dont la densité moyenne est de 205 habitants au km^2. Andit Tid PA a une superficie de 1 840 ha, tandis que le Denqwan-Gunagunit PA couvre seulement 720 ha. La taille moyenne d'une famille dans l'Andit Tid PA est de 3,7 personnes ; elle est très nettement inférieure à celle du Denqwan-Gunagunit PA qui est de l'ordre de 6 personnes.

Dans l'Andit Tid PA, de nouvelles mesures de conservation de l'eau et des sols (CES), terrasses (*fanya-juu*) et banquettes, ont été introduites en 1982 par le ministère de l'Agriculture, et quelques parcelles de terres sont déjà cultivées. Les seuls travaux de CES existants dans le Denqwan-Gunagunit PA sont locaux car l'intervention du ministère a été moins importante et sans réalisation.

La population et les modèles de différenciation sociale

La population de chaque zone appartient au groupe ethnique des Amhara qui parlent amharic et sont chrétiens orthodoxes. Il n'y a pas d'émigration significative dans ces zones. Depuis le décret sur la terre rurale promulgué en 1975, la terre est devenue la propriété du gouvernement. Chaque chef de famille a des droits d'usage sur les terres allouées à sa famille et il est possible de transmettre, de son vivant, les terres à son fils. La terre ne peut pas être vendue ou louée par les agriculteurs, ce qui restreint leur désir d'investir dans la construction des fossés de drainage.

Il y a une différence socio-économique considérable dans la communauté en ce qui concerne la propriété de la terre et la disponibilité de main-d'œuvre. La taille des exploitations n'a aucune influence directe sur la construction de fossés mais des différences notables apparaissent à propos du temps nécessaire à leur construction. Les chefs de famille qui disposent de nombreux membres actifs peuvent construire les fossés au cours du dernier labour dans un laps de temps plus court que ne le fera le chef de famille qui est seul pour tout faire ou qui doit faire appel à d'autres personnes.

Les deux zones ont une longue histoire en ce qui concerne leur peuplement et leur agriculture. Plus récemment, l'augmentation de la pression démographique des hommes et du bétail, la mise en culture à la fois intensive et continue et les précipitations relativement élevées ont provoqué dans les deux zones une dégradation extrême des terres. Selon les mesures réalisées par le Projet de recherche sur la conservation des sols (SCRP) entre 1983 et 1986, la moyenne annuelle de perte en sol était de 152,54 t/ha sur les terres cultivées non protégées par des mesures de conservation des sols, la perte variant de 77,94 t/ha à 218,14 t/ha (Yohannes, 1989).

Techniques introduites de CES

Le Département pour la protection de l'environnement et pour le développement des ressources naturelles (NRDEPD) du Shewa septentrional réalise différents types d'activités de CES et de foresterie ; ces activités sont fondées sur une participation entière des paysans. Cependant, aucun effort n'a été fait pour étudier les différentes sortes de techniques locales de CES et, à ce jour, aucun effort n'a été fait pour améliorer l'efficacité des fossés traditionnels. Dans l'Andit Tid PA, de 1982 à 1992, le ministère de l'Agriculture a distribué des céréales et de l'huile aux paysans pour les encourager à réaliser des travaux de conservation tels que différents types de terrasses, des contre-barrages et des fossés de drainage dans les terres cultivées ainsi que la construction de passages pour le bétail et la production et plantation de différentes espèces d'arbres. Cependant, la plupart de ces réalisations, et plus particulièrement les ouvrages de conservation du sol ont été détruites par les agriculteurs. La plupart des plants forestiers ont été plantées sur les terres communales si bien que les arbres ont été fréquemment maltraités.

Dans l'ensemble, il apparaît que l'introduction de nouvelles techniques et de foresterie n'a pas réussi à atteindre ses objectifs parce que les paysans n'ont pas participé pleinement à tous les niveaux de la planification et à son exécution ; les agriculteurs étaient uniquement intéressés par les dons de céréales et d'huile bien que les travaux de conservation portent sur leurs terres.

Les tendances actuelles

Les agriculteurs pensent généralement que les rendements de leurs récoltes ont chuté à cause de la taille réduite de leurs exploitations, de la pression démographique et de la faible fertilité des sols. La culture intensive, le surpâturage, les pentes escarpées et les précipitations intenses ont provoqué un lessivage important des sols de surface ; en conséquence, les sols sont très peu profonds et ont perdu de leur fertilité dans une grande partie des deux zones. Dans le souci de maintenir ou d'améliorer la fertilité des sols, les agriculteurs ont recours à des pratiques traditionnelles telles que la rotation des cultures, la jachère, le brûlis (connu localement sous le nom de *gay*) et, dans une certaine mesure, l'emploi de fumier. Selon les paysans, leurs rendements augmenteraient sensiblement si, à chaque saison de culture, ils épandaient suffisamment de fumier, mais l'emploi du fumier comme engrais reste limité car il est aussi utilisé comme combustible. Les agriculteurs reconnaissent que les céréales donnent de meilleurs rendements s'ils sont plantés après la culture des légumineuses. La durée moyenne de la jachère a également diminué de 2 à 3 ans, à cause du manque de terres cultivées.

Le *gay* est une des méthodes largement pratiquées pour préserver ou améliorer la fertilité des sols. Il est essentiellement employé pour les cultures *belg,* telles que l'orge. Le *gay* a été conçu pour accroître les rendements, spécialement lors de la première année qui est considérée comme ayant des rendements plus élevés que les terres traitées avec des engrais chimiques. Cependant, la plupart des agriculteurs sont conscients que les rendements agricoles diminuent rapidement si la terre cultivée est utilisée pendant plus d'une année. Cela indique que les agriculteurs ont compris à la fois quels étaient les avantages et les inconvénients du *gay,* qui permet d'augmenter les stocks en éléments nutritifs tels que le calcium, le potassium et le phosphore sans détruire la matière organique du sol (Tahal, 1988 ; Yohannes, 1989).

Description et fonctionnement des fossés traditionnels

Les agriculteurs des deux zones ont recours aux fossés de drainage traditionnels sur leurs terres cultivées, indépendamment de l'existence d'autres formes de CES. Les paysans plus âgés ont mentionné qu'ils utilisaient les fossés traditionnels depuis longtemps et qu'un grand nombre de ces fossés étaient hérités du passé. C'est pour cette raison qu'il existe de nombreux dictons locaux sur les fossés traditionnels : *Arso yalefesses temwagto yalewass* (de l'ouest du Gojam), « Il est impensable d'imaginer pouvoir labourer sans connaître de litiges, en dehors du bail, à propos des fossés traditionnels », et *Kezera gebere yaboyew yibelthal* (du Shewa du Nord), « Un agriculteur qui réalise des fossés traditionnels est de loin un bien meilleur agriculteur que celui qui sème ». Ces dictons soulignent l'importance historique des fossés dans les pratiques agricoles traditionnelles.

Méthodes de construction et d'entretien

Les fossés traditionnels sont construits au cours de chaque saison végétative après la préparation du sol et les semailles en utilisant une charrue *maresha* tirée par une paire de bœufs. Les houes sont employées dans certains sites difficiles à cultiver tels que les pentes très fortes ou les fonds de terrasses. Les chefs de famille (hommes) sont les principaux artisans de la construction et de l'entretien des fossés traditionnels ; l'adolescent peut également participer à ce travail après avoir reçu de son père l'apprentissage nécessaire. Dans certains cas, d'autres membres de la famille peuvent être concernés, par exemple la fille ou la mère, spécialement pour remonter le sol qui est parti à l'aval ; ce travail limite la perte en sol provoquée par le ruissellement de surface jusqu'à ce que les cultures aient suffisamment poussé pour réduire le ruissellement.

La position des fossés traditionnels dans les champs cultivés peut changer à chaque saison végétative ; en effet, les agriculteurs modifient l'emplacement des fossés traditionnels afin d'éviter leur élargissement et leur creusement progressifs au cours du temps. La plupart des agriculteurs sont donc conscients du risque encouru. Si la terre cultivée protégée par des fossés traditionnels est mise en jachère après la récolte, les fossés ne se transformeront pas en ravines parce qu'ils seront déjà stabilisés et parce que l'herbe et d'autres plantes le recouvriront pendant la durée de la jachère.

Description technique

La largeur, la profondeur, la longueur, l'espacement et la pente des fossés varient d'un endroit à un autre. La largeur est déterminée par la largeur de la charrue tirée par les bœufs (30 à 50 cm). La profondeur est définie par l'épaisseur du sol (5 à 25 cm). La pente des fossés traditionnels est décidée par chaque paysan et varie donc considérablement (3 à 20 %). L'espacement des fossés dépend de la raideur de la pente. Les fossés traditionnels sont plus denses dans les sites à fortes pentes que sur les terres cultivées à pentes douces ; ils existent également sur des terres quasi planes et marécageuses. La longueur des fossés traditionnels est déterminée par la longueur ou la largeur de chaque lopin de terre agricole. Bien que la plupart des agriculteurs construisent leurs fossés traditionnels en diagonale par rapport aux terres cultivées, certains drains sont perpendiculaires aux bordures de la terre cultivée. Ainsi, dans la majorité des cas, la longueur des fossés traditionnels est proportionnelle à la longueur ou à la largeur du champ cultivé.

Les paysans construisent différentes formes de fossés en fonction de leurs besoins, depuis les fossés rectilignes jusqu'aux fossés en courbe de niveau ou en forme d'arc ou de croix. Sur les terres cultivées à tendance marécageuse, les fossés s'entrecroisent afin d'obtenir un meilleur drainage. Cependant, la forme des fossés traditionnels diffère d'un lopin de terre à un autre en fonction des intérêts du propriétaire de la terre. Sur les terres planes, là où le drainage est un problème sérieux (sols argileux épais), les paysans associent les fossés avec des monticules ; ces fossés sont construits essentiellement en diagonale ou perpendiculairement aux lignes de crête ; les buttes qui bordent les fossés n'empêchent pas l'écoulement des eaux parce que les eaux excédentaires s'infiltrent aisément dans le sol et sont drainées à l'extérieur des champs cultivés.

On observe différents types de drains sur les terres cultivées et déjà protégées par des méthodes de CES. Certains agriculteurs construisent des fossés qui drainent les excès d'eau jusqu'aux voies d'eau naturelles ou artificielles. D'autres creusent des fossés qui coupent transversalement les ouvrages de CES, en particulier les banquettes.

Les paysans construisent des fossés d'évacuation larges et profonds en amont de leurs exploitations dans le but de protéger leurs champs contre le ruissellement qui provient de l'amont. Sur les pentes douces ou fortes, les fossés servent à intercepter et à canaliser le ruissellement jusqu'aux voies d'eau artificielles ou naturelles. Dans les terres cultivées pratiquement planes, les agriculteurs construisent des fossés traditionnels dans différentes directions pour drainer les eaux excédentaires.

Pourquoi construit-on les fossés traditionnels ?

Il semble que les fossés traditionnels aient généralement deux objectifs :

– protéger le sol pour qu'il ne soit pas emporté par le ruissellement ou par les flux d'eau venus des plateaux et réduire le ruissellement de surface généré sur les terres cultivées, en pente douce ou forte, tout au long des saisons pluvieuses ;

– drainer l'excès d'eau des terres cultivées qui sont quasiment planes au cours de la saison des pluies.

Les agriculteurs mentionnent presque uniquement les avantages des fossés traditionnels : protection des terres cultivées contre le ruissellement provenant des versants en amont, réduction du ruissellement de surface et minimisation des problèmes de drainage sur les terres cultivées marécageuses ; ces avantages permettent d'obtenir de meilleurs rendements.

Bien qu'aucun paysan n'ait abordé le problème des inconvénients des fossés traditionnels, on observe des cas graves d'érosion des sols par suite de leur emploi inadapté. Certains agriculteurs les construisent de manière perpendiculaire aux lisières de leurs champs cultivés et leur donnent une pente plus forte. La plupart des agriculteurs drainent le surplus d'eau de leur exploitation vers les voies d'eau naturelles ou artificielles sans tenir compte des effets que cette eau supplémentaire exerce sur la stabilité des voies d'eau : ainsi, les berges des voies d'eau naturelles ou artificielles ont été érodées par l'eau provenant des terres cultivées ; à la longue, il y a risque de formation de grandes ravines à moins que des mesures de protection soient mises en œuvre par les propriétaires des terres menacées.

Ce manque de discernement dans l'emploi de fossés traditionnels laisse à penser que dans un laps de temps relativement court (de 7 à 45 ans), la majeure partie de la zone d'Andit Tid sera transformée en zone dégradée (Yohannes, 1989). Les fossés traditionnels de drainage ne sont pas une pratique essentielle pour la conservation physique des sols, mais apparaissent plutôt comme une simple technique de drainage représentant un grave risque d'érosion sur des pentes escarpées dont les sols sont sujets à l'érosion (Tahal, 1988). Dans le Dizi, à Illubabor, les fossés sont couramment utilisés afin de régler le niveau et le degré de drainage. Il reste à savoir si ces fossés sont considérés comme des mesures de conservation ou sont destinés à protéger le *teff* de la formation de marécages. Sur les pentes fortes, de plus de 25 %, un espacement de 2 mètres entre les fossés est fréquent, ce qui peut aussi représenter un fort impact érosif (Hagmann, 1991).

Les fossés traditionnels peuvent ainsi contribuer à l'érosion des sols dans les deux zones, surtout en ce qui concerne la formation de ravines tout autour de l'exploitation agricole. Les voies d'eau sont considérées comme une propriété commune si bien que les agriculteurs ne s'intéressent pas du tout à leur entretien et au comblement des ravines. La sédimentation peut aussi se produire aussi bien à l'intérieur qu'à l'extérieur des terres cultivées : les fossés traditionnels transportent des sédiments hors des terres cultivées alors que la plupart des paysans considèrent la sédimentation comme une source de fertilité et récupèrent les sédiments accumulés pour les épandre sur les terrasses traditionnelles situées sur leurs domaines.

Ceci dit, beaucoup de terres cultivées mais non aménagées par des fossés traditionnels sont sérieusement affectées par la formation de ravines. Bien qu'aucune comparaison de rendements n'ait été réalisée entre les terres cultivées pourvues ou non en fossés traditionnels, il semble que les rendements obtenus sur les terres équipées de fossés traditionnels sont plus élevés que ceux des terres qui en sont dépourvues (Million, 1992).

Conclusion

La construction de fossés de drainage en tant que technique locale de CES est largement pratiquée par les agriculteurs qui cultivent sur les pentes fortes et donc souvent infertiles des hautes terres éthiopiennes. Les paysans considèrent cette pratique comme une manière efficace de lutter contre l'érosion des sols mais aussi contre la stagnation des eaux de pluie ; par contre, ils construisent ces fossés sans se préoccuper de savoir si d'autres méthodes de conservation ont été introduites et peuvent être utilisées.

L'étude montre le succès des fossés auprès des paysans mais elle montre également que ces fossés peuvent contribuer à une grave érosion des sols, particulièrement s'ils sont utilisés sans aucun souci de la pente des terres ou de la progression des dégradations antérieures.

Les fossés traditionnels pourraient être utilisés correctement par les agriculteurs, surtout en fonction de leur pente s'ils adoptent un système mixte de conservation, par exemple des fossés traditionnels avec des terrasses en gradins anciennes ou introduites ; cette association obligerait les agriculteurs à construire les fossés avec une pente plus faible.

Il est nécessaire de procéder à des expérimentations pour accroître l'efficacité des fossés traditionnels, et il apparaît également essentiel de pouvoir comparer les différents niveaux de rendement agricole des terres cultivées avec et sans fossés. Pour les agriculteurs des hautes terres d'Éthiopie, les avantages des fossés traditionnels dépassent de beaucoup leurs inconvénients, surtout parce qu'ils connaissent bien cette méthode de CES et qu'ils ont confiance en elle.

22

Inventaire des mesures de conservation de l'eau et des sols en Éthiopie

Hans-Joachim KRÜGER, Berhanu FANTAW,
Yohannes G. MICHAEL et Kefeni KAJELA

Des millions de petits paysans habitent les hautes terres éthiopiennes. De nombreuses régions souffrent d'importants taux d'érosion des sols à cause de l'existence de pentes escarpées et de précipitations intenses et de l'absence de protection des sols. Pourtant, il existe une large gamme de mesures locales de conservation de l'eau et des sols (CES) que les agriculteurs ont développées au cours de nombreuses générations et qui peuvent servir de base à la mise en place de systèmes agricoles améliorés. L'inventaire des mesures de CES décrites dans ce chapitre fournit des informations détaillées sur les moyens divers et ingénieux que les paysans ont développés pour gérer leurs terres. Il fait le point sur la vigueur de ces pratiques, sur les options existantes pour leur amélioration et sur leurs faiblesses.

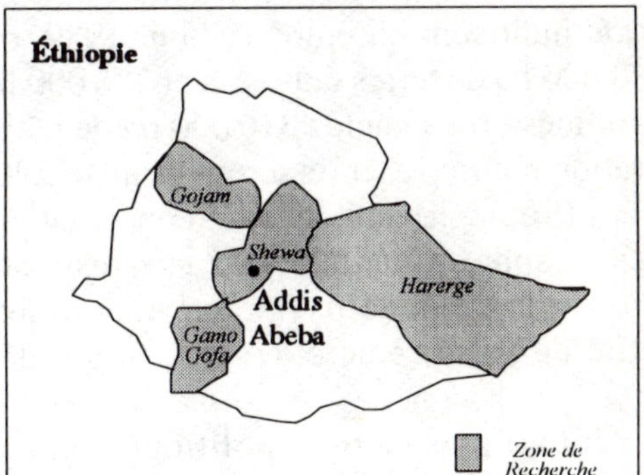

Le cadre et l'histoire de la conservation des sols en Éthiopie

Les hautes terres éthiopiennes représentent 44 % de la surface du pays, 95 % de sa superficie cultivée et les deux tiers de son bétail. Environ 88 % de la population du pays vit dans cette zone, avec une densité moyenne de 64 hab/km^2. Par contre, les basses terres couvrent 56 % de la surface du pays mais n'accueille que 12 % de la population avec une densité de moins de 10 hab/km^2. La plus grande partie des hautes terres a des pentes de plus de 16 % et un cinquième seulement de ces terres est considéré comme peu sensible au risque d'érosion. Les horizons productifs de surface sont souvent dégradés ; en conséquence, les disettes sont chroniques et la pauvreté persistante. On a estimé que 25 % de la région est affectée par une grave érosion et certaines estimations ont établi que 4 % des hautes terres sont maintenant si sérieusement érodées qu'elles ne seront plus économiquement productives dans un futur prévisible. La capacité des communautés agricoles des hautes terres à maintenir la production est donc mise à rude épreuve.

Le Projet de recherche sur la conservation des sols (SCRP) a estimé qu'environ 1,5 milliards de tonnes de terres sont érodées chaque année en Éthiopie. De même, l'Étude pour la récupération des hautes terres éthiopiennes (EHRS) a évalué que la dégradation des terres, entre 1985 et 2010, coûterait 15,3 milliards de birr éthiopiens (en 1996, 1 birr vaut 0,8 FF), dont la plus grande partie (78 %) à cause de mauvaises récoltes ou de bas rendements. Le gouvernement éthiopien a reconnu la gravité de la dégradation des sols après la famine de 1973-1974. Avec une aide importante de l'extérieur, il a lancé un grand programme de conservation et de réhabilitation des sols dans les zones les plus fortement dégradées. Ce programme implique la mobilisation d'associations paysannes et l'apport de plus de 30 millions de jours de travail des paysans par an (Hurni, 1985). Les rapports indiquent qu'entre 1975 et 1989, on a construit des banquettes sur 980 000 ha de terres cultivées et 208 000 ha de terrasses sur les versants des collines ; on a enclos 310 000 ha de pâturages pour favoriser leur régénération naturelle; et on a revégétalisé 296 000 ha de terres fortement dénudées (Stratégie nationale de conservation, 1990). Cependant, ces réalisations sont bien inférieures aux résultats attendus et, en dépit d'efforts considérables, le pays perd encore annuellement une incroyable quantité de sols précieux (Aggrey-Mensah, 1984 ; Kefeni, 1990).

Des facteurs écologiques et sociopolitiques ont contribué à cette lamentable performance. Les facteurs écologiques négatifs sont les suivants : les zones très érodées, la mise en culture des pentes très escarpées, des précipitations capricieuses et érosives, etc. (Hurni, 1990 ; Campbell, 1991). Les facteurs sociopolitiques comprennent d'abord l'approche du haut vers le bas adoptée par les organismes intervenant pour améliorer la CES ; les paysans ont été très peu impliqués dans les décisions des activités de conservation des sols, et le savoir local a été miné par des processus de planification, de projets et de décisions ; en conséquence, les programmes de CES sont très impopulaires chez les paysans. Les politiques gouvernementales, en particulier celles concernant la propriété de la terre, la commercialisation, les prix, le crédit et le transfert autoritaire de populations vers des zones moins peuplées et plus fertiles, ont découragé les investissements à long terme et ont aggravé les effets des déficiences précédentes (Dessalegn, 1984 ; Cohen, 1988 ; Harrison, 1987 ; Yohannes, 1992).

La conservation locale de l'eau et des sols en Éthiopie

Au cours des deux dernières décennies, on a appris de nombreux faits importants et intéressants sur les techniques locales de CES. Cependant, la plupart des experts ignorent encore presque toute la gamme des techniques de CES utilisées en Éthiopie. Une partie du problème repose sur le fait qu'il n'existe pas de séparation nette entre les mesures de conservation locales et celles qui ont été introduites. La définition et la description des mesures de conservation ont permis de poser leur problématique et elles font maintenant l'objet d'un débat intense.

Les mesures traditionnelles de conservation peuvent être considérées comme des pratiques agricoles qui ont évolué au cours du temps, sans aucune intervention institutionnelle connue venue de l'extérieur, et qui ont un certain effet sur la conservation des sols. Le terme de conservation recouvre de nombreuses techniques mécaniques, biologiques et agronomiques que les paysans utilisent en les combinant de multiples façons. Ces mesures résultent d'un apprentissage progressif et naissent des connaissances de base accumulées par la population rurale grâce à l'observation, à l'expérimentation et à un processus de transmission de l'expérience et de la sagesse acquises de génération en génération.

Les pratiques traditionnelles de conservation sont aussi façonnées sur la base d'une compréhension détaillée des conditions locales ; elles se sont adaptées pour répondre à des conditions socio-économiques, politiques et écologiques changeantes. Les paysans d'une même aire géographique et d'une même culture mettent généralement en œuvre des techniques spécifiques.

Les mesures locales et extérieures de conservation posent de nombreux problèmes de définition. Par exemple, de nombreuses communautés rurales ont adopté certaines innovations introduites par l'extérieur, telle la préparation de compost vulgarisée dans certaines communautés d'Éthiopie, et celles-ci se sont profondément enracinées dans les pratiques locales. Des questions sont également posées à propos des objectifs des agriculteurs dans l'emploi des techniques de conservation. Par exemple, des ouvrages (comme les clôtures et les murets) ou des mesures agronomiques (comme la modification de la couverture du sol par des cultures en fonction de sa sensibilité ou l'adaptation des modèles de mise en culture) servent à répondre à une série d'objectifs, parmi lesquels la conservation peut être secondaire, de sorte que la compréhension que les agriculteurs ont de ces mesures et l'interprétation de leurs effets peuvent différer énormément.

Les systèmes locaux de conservation sont souvent mis en œuvre à la fois pour réduire les pertes en sol ou gérer le ruissellement et pour améliorer la productivité et renforcer le droit foncier de l'exploitant. L'ordre de priorité des objectifs spécifiques de l'agriculteur peut changer, ce qui impliquera la modification de son projet ou son renforcement par d'autres mesures. Ceci reflète la nature évolutive, dynamique et complexe des systèmes de CES.

La raison principale des faibles performances de la CES en Éthiopie fait l'objet d'un consensus croissant : elle réside dans le fait que les experts en conservation des sols et les dirigeants politiques la sous-estiment. Les agriculteurs éthiopiens ont depuis longtemps pris conscience des problèmes de la dégradation des sols et sont traditionnellement préoccupés de la conservation dans leur exploitation. Or, le savoir et les compétences des paysans, leurs choix de stratégies et leur prise de risques ainsi que les limites de leurs capacités à utiliser des intrants externes ont fréquemment été ignorés par les experts étrangers et nationaux chargés de promouvoir des techniques de conservation « modernes » ou conventionnelles. L'expérience a montré que de nombreuses innovations introduites étaient mal adaptées aux systèmes existants. Récemment, la conscience croissante des limites des méthodes conventionnelles et des risques qu'elles entraînent a encouragé les experts à considérer la connaissance locale comme une ressource majeure inexploitée pour développer une agriculture durable.

Les études d'identification des mesures de CES analysent leur rôle dans le cadre des communautés locales, recensent leurs savoirs, identifient le potentiel et les limites de ces techniques ; elles sont donc vraiment nécessaires. Ce chapitre rend compte d'une tentative récente de dresser un inventaire des connaissances locales dans des zones représentatives de l'Éthiopie.

Élaboration d'un inventaire des mesures de la CES

Les objectifs de cet inventaire sont triples :

– développer une méthodologie fiable pour l'identification et la description des mesures locales de CES et pour l'analyse du contexte socio-économique, des modes d'exploitation de la terre et de l'écologie des aires d'étude ;

– identifier les mesures de CES dans des aires d'étude sélectionnées en Éthiopie : Armaniya dans la région de Shewa ; Konso et Gidole dans le Gamo Gofa ; Anjeni dans le Gojam ; et Hunde Lafto dans le Harerge ;

– présenter des conclusions portant sur les concepts techniques principaux, sur les composantes des mesures locales de CES et sur leur potentiel et leurs limites.

De nombreuses mesures ont été identifiées pendant les quelques mois de travail de terrain. Des informations détaillées sur ces mesures se trouvent dans l'*Inventaire des mesures traditionnelles de CES en Éthiopie* publié par le ministère du Développement des ressources naturelles et de Protection de l'environnement. Les résultats de cette étude, y compris les inventaires, sont en cours de publication. Ce chapitre donne une image de l'inventaire en présentant deux exemples : celui de Konso, dans la région de Gamo Gofa (photo 26), où les principaux objectifs du système de conservation sont la collecte de l'eau et le maintien de la fertilité des sols et celui d'Armaniya dans la région de Shewa, où le système vise à gérer les excès d'eau au cours de la saison des pluies (photo 25).

La méthodologie

Le développement et la mise à l'épreuve de la méthodologie était la première phase de la formulation du système d'inventaire de la CES. Cette méthodologie repose sur des systèmes d'analyse de l'information à

Sy	Y/L/P/A/B 2/0/1/0/0	RÉSUMÉ **Techniques locales de Conservation de l'Eau et des Sols**

Nom

Nom local : *Kela* (Sidamo) ; *Yedengay Ereken* (Shewa) ; *Godeba* (Tigray)
Nom français : *Cordons de pierres*

Caractéristiques de la technique

Type de technique		Permanence		Durée
Agronomique	[ ]	Permanent	[x]	
Biologique	[ ]	Semi-permanent	[ ]	5-10 ans
Physique	[x]	Saisonnier	[ ]	
		Itinérant	[ ]	

Eau — Objectif : conservation de l'eau		sol — Conservation des sols	
– collecte du ruissellement	[x]	– capture de sédiments	[x]
– stockage de l'eau	[ ]	– protection de la surface du sol	[ ]
– gestion de l'eau	[ ]	– amélioration du sol	[ ]
– évacuation du ruissellement	[ ]	– modification de la pente	[x]
– autres raisons :	[ ]		

Effet de la technique : *réduction des pentes (% et longueur) et accumulation de terre en amont du cordon.*

Construction et aménagement

Matériaux

Matériaux et plantes utilisées :	Pierres de taille moyenne à grosse
Quantités de pierres/plantes par unité :	1,0 - 3,5 m³/m
Qui décide de la technique :	Chefs de famille (les hommes seulement)

Travail

Qui fait le travail :	Famille et voisins
Quantité de travail par unité :	3-6 hommes jour/m (activité secondaire entre d'autres activités)
Organisation du travail :	Famille et voisins
Répartition selon sexe :	Les hommes seulement
Période de construction :	La saison morte (février et mars)
Où les gens ont-ils appris la technique :	Des voisins ou des ancêtres

Entretien

Fréquence de l'entretien :	La construction est progressive et permanente
Indicateurs de l'entretien :	Débordement du ruissellement durant et après les orages violents
Organisation sociale de l'entretien :	La famille
Origine de la main-d'œuvre :	La famille
Travail nécessaire par unité :	Inconnu

DESCRIPTION DE L'ENVIRONNEMENT

Morphologie

Position physiographique typique du site :	Du sommet au bas de pente
Pente :	10-60 %
Longueur effective de la pente :	3 à 25 m
Forme typique de la pente :	Convexe-concave

Caractéristiques du sol

Texture du sol superficiel :	sablo-limoneux ou sablo-argileux
Texture du sous-sol :	argileux
Profondeur du sol :	effective : > 45 cm potentielle : > 150 cm
Drainage externe : bon	Drainage interne : bon
Dégradation :	processus principal : perte en nutriments et matière organique degré : moyen
Humidité du sol :	inconnue
Teneur en pierres en surface :	0-20 %
Propriétés limitant l'utilisation du sol :	la profondeur, la carence en N, P et faible réserve hydrique

Risques d'érosion sur les sites aménagés (à petite échelle)

[x] Érosion hydrique	Facteurs climatiques :	Orages à forte intensité
	Morphologie :	Pentes fortes
	Érodibilité du sol :	Sols érodibles
	Occupation des sols :	Cultures intensives
[ ] Érosion éolienne	Période critique	Début de la saison de pluie

Évolution de l'érosion sur la parcelle

Zone d'érosion [x] Zone de transmission [x] Zone d'accumulation [x]

Niveau de l'érosion sur les sites aménagés	Faible ☒ Moyen ☒ Élevé ☐ Indicateur de niveau de l'érosion : Faible teneur en M.O. dans l'horizon superficiel
Relation avec le système de drainage des sites aménagés	Mesure utilisée sur le site – à l'intérieur du chemin d'eau naturel ☐ – à l'extérieur mais avec une influence sur le chemin d'eau naturel ☐ – à l'extérieur et sans influence sur le cheminement naturel de l'eau ☐
Description des mesures – caractéristiques – fonction – application – type d'utilisation des terres	Les cordons de pierres sont construits le long des courbes de niveau. La base des murs varient de 0,5 à 1 m de large et leur hauteur atteint 40 cm (cordons récents) à 3 mètres (vieux cordons de pierres construits au pied des collines). Des billons secondaires en pierres et terre traversent les terrasses et forment des micro-bassins rectangulaires. L'équipement en cordons de pierres est complété par des mesures agronomiques (paillage, cultures associées…) et par des buissons et arbres (agroforesterie). C'est une mesure permanente en vue de la conservation de l'eau. La construction est graduelle en s'appuyant sur les cordons préexistants. L'étape initiale de l'aménagement n'est pas claire à cause de l'existence de techniques conservatoires alternatives au Konso.

Illustration (coupe)	Illustration (vue de face)	Illustration (projection verticale)

ÉVALUATION DES MESURES TRADITIONNELLES LOCALES DE CONSERVATION DE L'EAU ET DES SOLS

Effet de conservation	Protection de la surface du sol	☐	
	Réduction de la longueur de pente	☒	Les cordons réduisent la longueur efficace des pentes
	Réduction du % de pente	☒	Les cordons aplanissent la pente en amont de cordons
	Réduction du ruissellement	☒	Augmentation de l'infiltration en réduisant la vitesse du ruissellement et augmentation de la capacité de stockage en eau du sol
	Réduction de la vitesse du ruissellement	☐	C'est l'effet principal des cordons de pierres

Facteur d'acceptabilité des mesures	• Peut être réalisé avec les moyens des paysans • Interactions positives avec les autres mesures de conservation • La réalisation par les paysans assure la meilleure adaptation possible des mesure aux conditions locales • La conservation des eaux entraîne des effets significatifs sur les rendements • Effets positifs sur l'agriculture (améliore l'équilibre hydrique et nutritif de l'exploitation) • Travail relativement limité lors de la saison morte ; ne présente pas d'obstacle au système de culture actuel ni aux traditions
Problèmes et limitations	Durant la mise en place – construction lente Durant la phase d'entretien – l'entretien est peu important Situation actuelle – le système des cordons doit être combiné à des mesures agricoles pour mieux valoriser le potentiel de production
Options pour améliorations	• L'espacement des cultures sur les billons peut être amélioré
	• Certaines mesures politiques ou décisions administratives peuvent-elles influencer la pratique de ces mesures ? Comment ? Il est nécessaire d'entreprendre de nouvelles recherches. • Tendances concernant l'application de ces mesures : – les aménagements évoluent encore ; l'insécurité foncière met en risque l'application et le développement de la mesure ; l'approche « vivres en échange du travail » influencent négativement la qualité des nouveaux cordons ; la rupture des cordons nouveaux mal construits entraîne de sévères dommages au site aménagé.

deux niveaux. Le premier niveau est celui du système local de conservation, comprenant sa description comme un ensemble et l'analyse des relations entre les différentes mesures spécifiques de conservation qui le composent et leurs effets. Le second niveau concerne les mesures spécifiques de conservation et leur description.

La méthodologie développe une approche holistique reliant l'information technique recueillie sur le site aux données sur le système écologique, socio-économique et agricole. Cette approche permet d'éclairer les raisons qui poussent les agriculteurs à avoir recours à des mesures spécifiques. Les paysans fournissent beaucoup d'informations reprises dans l'inventaire mais les informations générales sur la zone d'étude proviennent de diverses sources.

Trois formulaires d'inventaire sont utilisés pour recueillir cette information :

(1) Le formulaire Y contient toutes les informations sur le système considéré comme un ensemble. Il a trois finalités : dresser la liste de toutes les mesures de conservation entreprises à l'intérieur du système de conservation ; étudier les relations qui existent entre les mesures spécifiques de conservation ; présenter toutes les informations générales complémentaires sur le site en incluant ce qui suit :

– localisation du site, incluant une carte ; localisation du système de conservation ; conditions d'environnement, incluant les états de dégradation dans la zone ; description des éléments représentatifs du système de conservation, incluant des mesures de conservation physiques, agronomiques et biologiques ; ces informations sont illustrées par une carte-croquis ;

– gestion du système et de ses modifications au cours du temps ; organisation de la population locale pour l'entretien, impact du système sur la rentabilité de l'exploitation agricole, perspectives des agriculteurs sur les coûts et les bénéfices du système, informations sur les bénéficiaires du système, description du système agricole ;

– information socio-économique : information démographique, hiérarchies sociales prédominantes, organisations sociales existantes, types d'exploitation de la terre ; activités extérieures à l'exploitation agricole, opinions des agriculteurs sur les problèmes prioritaires.

(2) Le formulaire Sy comporte des informations techniques détaillées sur les mesures spécifiques de conservation.

(3) Le formulaire Sys recueille des descriptions techniques brèves sur les mesures de conservation ou leurs effets.

Les informations générales concernant toute l'aire d'étude sont donc présentées une seule fois sur le formulaire Y. Cela permet d'éviter les répétitions.

Ainsi, le recueil de données permet d'analyser le système de conservation à différents niveaux. Par exemple, on peut faire une nette distinction entre le système local de conservation (tel que le système de collecte de l'eau dans le secteur de Konso), une mesure locale spécifique de conservation (par exemple l'usage de murets de pierres à l'intérieur du système de Konso) et un élément technique d'une mesure locale de conservation (par exemple, le remplissage avec de la terre des interstices entre les pierres dans les murets pour permettre aux plantes fourragères de pousser). Certains systèmes de conservation consistent en une mesure simple, qui n'a pas de connexion avec les autres mesures ; dans ce cas, toutes les informations sont entrées sur un formulaire supplémentaire simple (Formulaire Ss).

L'interprétation de l'information recueillie auprès de la population locale par les experts est une question clé. L'information recueillie sur le terrain est ouverte à l'interprétation pendant l'analyse. Il est donc nécessaire de restituer les résultats finaux à la population locale afin d'éviter des erreurs d'interprétation.

Quelques conclusions préliminaires

La recherche établit que les mesures traditionnelles de CES sont pratiquées dans toutes les régions de l'Éthiopie et sont bien adaptées aux conditions locales. En général, le couvert des plantes est utilisé pour conserver le sol dans les secteurs où la végétation a un fort potentiel de croissance. Au contraire, les mesures physiques de conservation jouent un rôle clé dans les aires au couvert végétal fortement dégradé ou dans les zones à potentiel limité de croissance végétale.

La recherche a identifié aussi la nécessité de différencier les régions du pays qui ont des pratiques locales de conservation très bien développées de celles où elles sont faiblement développées. Le savoir local de conservation semble avoir été beaucoup plus accumulé dans les régions d'Éthiopie dont les ressources naturelles de base sont soumises à une forte pression des communautés locales, dont les écosystèmes sont fragiles et qui ont une longue expérience d'adaptation aux conditions locales contraignantes. Les techniques traditionnelles de CES sont utilisées largement depuis plus d'un siècle dans les régions comme le Tigré, le Shewa du Nord, le Gamo Gofa, le Wollo du Nord et le Harerge. Au contraire, ces mesures sont peu développées dans les zones de nouveau peuplement où la pression sur les ressources naturelles de base est minimale ; dans ces cas, l'introduction de mesures conventionnelles de conservation peut être plus appropriée.

Certains systèmes de CES ont une large couverture géographique (par exemple les fossés traditionnels de drainage en Amanya), tandis que d'autres sont confinés sur de très petits secteurs (par exemple les murets de pierres et le système des terrasses du Konso). Les systèmes complexes, intégrant de nombreuses mesures agronomiques, biologiques et physiques, semblent avoir des aires géographiques plus limitées que celles des systèmes plus simples.

Les mesures de CES sont utilisées sur des sites spécifiques et leur finalité varie en conséquence. Elles peuvent, selon les cas, collecter l'eau dans les zones de basses terres (avec l'aide de fascines végétales, de billons cloisonnés, d'ouvrages tels que les banquettes *fanya juu*), conserver l'eau sur place (cordons traditionnels de pierres et diguettes en terre), évacuer les surplus d'eau des terres cultivées pendant les fortes pluies (fossés traditionnels de drainage, drains), améliorer le drainage (canaux et fossés traditionnels) ou conserver le sol et augmenter sa fertilité (agroforesterie, cultures associées et assolement). La recherche a mis en relief le fait que la réussite de nombreux systèmes de CES en Éthiopie repose sur la combinaison de plusieurs mesures et de leurs effets plutôt que sur une seule technique. Les agriculteurs essaient de conserver les sols et l'eau avec un minimum d'intrants et parviennent à des résultats efficaces en utilisant plusieurs mesures à la fois.

Les observations de terrain et les entretiens avec les agriculteurs ont souligné le rôle joué par certaines pratiques d'exploitation de la terre qui favorisent la conservation des sols, telles que le labour qui ameubli les sols rugueux, le choix des cultures et le maintien du couvert végétal. Le choix de la mise en valeur des différentes unités de paysage est également important et on a fait des efforts pour inclure ces aspects dans la description des systèmes locaux de conservation. Par exemple, dans le Konso, l'élevage est contrôlé sur les pentes escarpées, sur les plateaux et dans les fonds des vallées, ce qui permet de maintenir un couvert végétal permanent dans les zones sensibles à l'érosion.

Bien que les agriculteurs des zones d'étude soient intéressés par les bénéfices de la CES à la fois à court et à long termes, l'accent a été mis plus particulièrement sur les bénéfices immédiats. En effet, dans l'étape initiale de l'action visant à vulgariser certaines mesures, des objectifs autres que celui de la conservation peuvent être essentiels dans les décisions des paysans alors que les objectifs de la conservation deviennent souvent prédominants lors d'une étape ultérieure. Dans l'Amanya, par exemple, l'empilement et l'entassement de pierres sont les points de départ du développement des cordons de pierres. La proportion de pierres contenues dans les sols a tendance à s'accroître dans les différentes régions soumises à une forte érosion. Au-delà d'un certain seuil, l'accumulation de pierres peut entraver sérieusement la mise en culture et réduire la production agricole. Les agriculteurs ramassent les pierres et les empilent les unes sur les autres pour créer un empilement maximum de quatre rangées de pierres. La deuxième étape, dans la création des murets de pierres, est le transfert de pierres de ces empilements à des entassements semi-permanents. Ce travail, généralement entrepris pendant la morte-saison, peut avoir des effets positifs sur les rendements et allège les efforts pour la mise en culture. Après quelques années, les agriculteurs transforment ces entassements en murets de pierre. Les murets sont un élément majeur du système de conservation physique dans l'Amanya : ils réduisent le taux de la pente et fractionnent sa longueur en sections courtes et ils favorisent l'accumulation de sol au-dessus des murets et la protection des sols en aval. Cet exemple montre aussi que les systèmes de conservation sont mis en œuvre par de petits intrants saisonniers au cours d'une longue période plutôt que par de gros intrants à n'importe quelle époque.

La limitation de l'inventaire à la seule description des mesures de conservation risquerait de faire oublier l'usage rationnel que la population fait de ces mesures. Pour comprendre comment le système de conservation a évolué en tant qu'ensemble, il est essentiel de connaître les mesures de départ, même si elles ne contribuent pas directement à la conservation.

La diversité des mesures similaires de CES est générale. Par exemple, les terrasses de pierres sont largement utilisées par les agriculteurs mais le schéma et la fonction des terrasses varient considérablement à l'intérieur et entre les exploitations. Certains murets de pierres sont continuellement édifiés et développés en terrasses tandis que d'autres sont démantelées tous les deux à cinq ans pour répartir le sol accumulé derrière les murets. Une investigation détaillée des mêmes mesures endogènes de conservation en différents sites a identifié des éléments techniques spécifiques utilisés seulement dans certains lieux. Dans l'Amanya, où la terre est rare et dont les rendements sont irréguliers et en baisse, les ouvrages de conservation occupent une part importante de la terre productive ; ceci peut aboutir à des contradictions graves entre la conservation à long terme et la satisfaction des besoins alimentaires immédiats. Cependant, les agriculteurs ont trouvé le moyen de convertir les murets de pierres improductifs en unités productives : ils remplissent de terre les espaces vides entre les pierres et ils les plantent avec des espèces pérennes comme le *gesho* dont les feuilles sèches sont utilisées pour le brassage de la bière ; ainsi, ils ont combiné la conservation et une production qui est source de revenus.

L'exemple ci-dessus est significatif du fait que les mesures de conservation sont plus facilement acceptées par les agriculteurs lorsqu'elles répondent à de multiples objectifs et aident à accroître la production. En effet, pour de nombreux petits paysans, la conservation des ressources n'est pas une fin en soi mais elle est une part intégrante des efforts consentis pour améliorer et garantir la satisfaction des besoins de subsistance. Les recherches ont montré que l'amélioration de la productivité est l'objectif fondamental poursuivi dans toutes les zones agro-climatiques inventoriées. La fonction spécifique d'une mesure de CES peut être la collecte de l'eau par des ouvrages de dispersion des flux comme les fascines et les billons cloisonnés dans les zones sèches (comme au Konso, en Armenia, et au Gidole) ou le contrôle du ruissellement par des murets de pierres (Armenia) ou des fossés traditionnels et des drains (dans le Gojam, le Debré Birhan) dans les zones de fortes précipitations ; mais, dans tous les cas, le souci prédominant des agriculteurs éthiopiens est d'obtenir de meilleurs rendements. Comme dans le cas de la culture du *gesho* sur les murs de pierres en Amanya, les cordons de pierres dans le Konso sont utilisés pour faire pousser, avec des rendements intéressants, des cultures diverses dont des légumes, du safran, du tournesol et des plantes fourragères. Des mesures de CES appropriées contribuent donc à la diversification des cultures, à la maximisation des choix de stratégie de subsistance et à la minimisation des risques.

Le maintien et l'amélioration de la fertilité des sols sont des aspects importants du concept de conservation. Dans le Konso, la population recueille toutes les matières organiques des exploitations, dont le fumier des étables, les déchets végétaux et les cendres de la cuisine, qui sont stockées pendant plusieurs mois dans des fosses spécialement aménagées en bordure des villages. Le compost est ensuite transporté dans les champs, au début de la saison végétative et épandu sur les parties dégradées ou pour des cultures très sensibles comme le maïs ou le sorgho. Les agriculteurs sont plus intéressés par l'augmentation des rendements que par les effets de conservation, tel que l'amélioration de l'infiltration dans le sol, qu'ils considèrent comme secondaires.

Le développement des systèmes endogènes de conservation est gouverné par des individus ou par de petits groupes, de sorte que les activités de CES sont décidées aux plus bas niveaux de planification. A un niveau supérieur, la planification et l'implantation d'ouvrages de CES dans un sous-bassin ou un bassin versant repose sur la responsabilité de structures sociales plus larges (par exemple les comités de distribution de l'eau) ; il est donc essentiel de reconnaître le rôle et le pouvoir potentiels de ces institutions locales dans la CES, même si leur efficacité est discutable. Il est aussi très important de comprendre les relations entre les différents niveaux de planification (parcelle, exploitation, sous-bassin versant, etc.). Dans certains cas, les agriculteurs investissent dans des mesures de conservation à l'extérieur de leur propre domaine agricole pour le protéger contres d'éventuels dégâts. Cependant, rares sont les paysans qui peuvent se permettre d'investir beaucoup de temps et d'énergie dans les activités de conservation dans le but d'améliorer la gestion des ressources naturelles de terres situées hors de leur domaine et du cadre de leurs intérêts immédiats. En conséquence, dans certains cas, il y a des espaces non aménagés entre les différents systèmes de conservation opérant à différents niveaux. Cette difficulté est renforcée par l'absence d'organisation locale efficace de gestion des ressources et de planification à un échelon situé plus haut que la ferme.

Conclusions

Dans l'ensemble, la recherche a établi qu'il existe un grand nombre de mesures de CES en Éthiopie ; ce capital peut être exploité, renforcé ou modifié. L'inventaire de mesures a fourni des informations sur une large série d'aspects intéressants présentés par ces systèmes de CES, ce qui peut permettre d'orienter les chercheurs dans leur démarche d'identification et de développement de technologies efficaces et acceptables. La recherche suggère aussi qu'il y a beaucoup de domaines qui permettent d'intégrer certains aspects de la CES locale dans les interventions modernes, et vice versa, pour augmenter leur efficacité et faciliter leur adoption. leur acceptation et leur justesse. La CES offre donc des possibilités considérables pour développer de nouvelles approches de travail avec les agriculteurs.

L'expression « mesure de conservation » doit être interprétée de manière plus large pour inclure des pratiques agricoles modernes qui intensifient la conservation agricole. Cependant, les mesures modernes pourraient être une partie seulement d'une stratégie plus globale fondée sur une compréhension en profondeur des systèmes agricoles prédominants et de leur dynamique. La promotion isolée de pratiques individuelles modernes de conservation ne peut vraisemblablement pas avoir un impact durable, spécialement si l'accent est mis sur leurs avantages techniques plutôt que sur leur compatibilité avec les systèmes agricoles locaux.

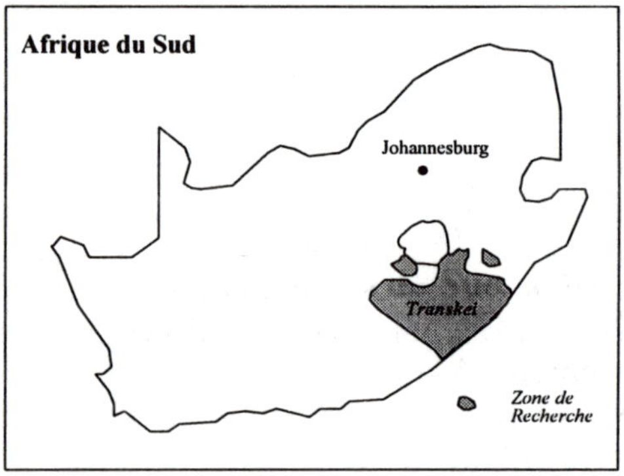
Afrique du Sud
Johannesburg
Transkei
Zone de
Recherche

23

L'agriculture locale au Transkei en Afrique du Sud

Kevin PHILLIPS-HOWARD et Chris OCHE

Le Transkei est l'un des anciens bantoustans d'Afrique du Sud situé au nord-est de l'actuelle province du Cap oriental. C'est une région pauvre, densément peuplée et relativement peu développée de la nouvelle Afrique du Sud. Les actions gouvernementales visant à améliorer l'agriculture actuelle ont été pilotées depuis l'administration centrale. Les investissements en faveur de la petite agriculture de subsistance ont été limités et, comme ce travail tend à le montrer, les paysans ont expérimenté toute une série de techniques locales de conservation de l'eau et des sols (CES) ; l'augmentation de la pression sur les ressources naturelles renforce le rôle de ces méthodes locales dans le développement des ressources durables du Transkei.

Présentation de la zone d'étude et de sa population

Le Transkei s'étend entre les méridiens 30° et 33° de latitude sud et les parallèles 26°45' et 30°15' de longitude est dans la région orientale plus humide de l'Afrique du Sud où la majeure partie des pluies annuelles tombent durant l'été, entre octobre et mars. Les précipitations de cette région sud-africaine sont réputées assez stables avec une moyenne de 815 mm par an sur une longue période ; cette moyenne varie d'un peu moins de 750 mm dans le sud-ouest à 1 400 mm le long de la côte nord-est du Transkei. Le climat est généralement subtropical humide mais de plus en plus montagneux quand on s'éloigne des côtes.

Dans l'ensemble, le Transkei est formé d'une série de surfaces en gradins. Il est dominé par les plateaux côtier et intérieur qui sont séparés l'un de l'autre par un escarpement fortement marqué et profondément découpé. Le plateau côtier s'allonge parallèlement à la côte et s'élève graduellement de 600 m au-dessus du rivage de la mer jusqu'à 700-800 m à sa limite avec le plateau intérieur. Celui-ci, situé à environ 1 250 m d'altitude, comprend une ceinture de couches de grès grossiers et gravillonnaires séparées par des grès au grain plus fin, des argillites et des schistes. La largeur du plateau intérieur varie considérablement parce que son escarpement, tourné vers le large, est très indenté par de vastes entonnoirs séparés par des éperons ou des langues. A l'arrière, l'ensemble du plateau intérieur est dominé par l'escarpement basaltique des montagnes Drakensberg qui s'élèvent jusqu'à 3 000 m. Du fait de son relief, le Transkei a généralement des pentes supérieures à 5 % et 60 % au moins de sa surface a des pentes supérieures à 15 % (McKenzie, 1984).

La population du Transkei parle principalement le xhosa, une langue nguni bantoue. Leur subsistance traditionnelle est fondée sur l'agropastoralisme complété par la chasse, la cueillette et, près de la côte, par la pêche dont celle des crustacés.

Plus de 3,5 millions de personnes vivent actuellement au Transkei. Ce chiffre serait plus élevé sans une forte émigration : près d'un million d'hommes (surtout) âgés de 20 à 60 ans quittent le Transkei pour aller travailler dans une autre partie de l'Afrique du Sud. Néanmoins, la densité de la population reste élevée, puisqu'elle est voisine de 84 hab/km^2, les plus faibles densités se situant dans l'intérieur très rural et dans les régions occidentales plus sèches ou plus montagneuses.

Bref historique de l'utilisation des terres au Transkei

Dès 1913, le Transkei a été transformé en une réserve destinée à une occupation exclusivement africaine : les Xhosa et d'autres peuples africains ont été obligés de quitter les zones réservées à l'occupation blanche et de s'y installer. Dans le contexte de la politique générale d'apartheid ou « développement séparé », le gouvernement a opté pour l'établissement de « plans de développement » qui mettaient en œuvre essentiellement des pratiques de planification des ressources naturelles mettant l'accent sur la réhabilitation des terres. Ces plans comprenaient une remodélisation des villages fondée sur des plans quadrillés, des maisons standardisées et des jardins situés dans des zones précises ou dans des quartiers particuliers. A partir de 1945 et pendant 30 ans, près de 70 % de la superficie totale des régions de l'Afrique du Sud ont été soumises à un tel « développement ». Les effets principaux de ces plans ont été largement négatifs selon les chefs de tribus. Les conséquences de cette politique ont été multiples : pauvreté économique accrue et généralisation du sous-développement agricole, perte de l'autonomie locale, rupture des systèmes fonciers préexistants, détérioration des conditions écologiques et, parallèlement, recul des connaissances traditionnelles du milieu (McAllister, 1992).

La dernière initiative du gouvernement « indépendant » a été de lancer en 1991 une étude sur le développement agricole du Transkei avec l'objectif de remplacer l'agriculture de subsistance par des productions commerciales, en particulier des productions d'élevage bovin. Ce plan ne tint pas compte du tout de la manière dont les paysans du Transkei utilisent actuellement leur terres et comment ils pratiquent l'élevage et du lien qui relie ces deux activités l'une à l'autre et au milieu naturel.

L'action la plus récente qui a été décidée à propos de la conservation des sols est le Programme de conservation des sols du Transkei (TSCP). Ce programme comprend la construction d'ouvrages de conservation, notamment de canaux de drainage du ruissellement dû aux pluies orageuses pour canaliser les eaux vers des axes de drainage naturel. Dans ces axes, l'érosion est contrôlée par des barrages construits avec des pierres, des gabions et des branchages. Des roseaux et de l'herbe (surtout le vétiver) sont également plantés dans le sol limoneux des lits afin de ralentir l'écoulement de l'eau. Le TSCP est conçu pour employer le maximum de personnes dans le but d'assurer potentiellement son succès à long terme. Ce programme a été présenté comme un succès mais ceci n'a pas encore été prouvé. Est-ce que la population locale continuera à maintenir les structures de conservation indéfiniment sans aide financière ? Ou, comme cela s'est produit lors d'initiatives précédentes, ces structures seront-elles abandonnées ou adaptées après le départ des agents du TSCP ?

Finalement, le gouvernement du Transkei n'a consenti qu'un investissement minimal en faveur de la petite agriculture. En conséquence, la région se caractérise toujours par la prédominance de l'agriculture de subsistance qui s'est nettement dégradée au cours du siècle dernier. L'élevage des bovins qui paîssent sur les terres communales et la culture du maïs fournissent les principaux produits de subsistance. Les rendements agricoles sont bas et la productivité du bétail est beaucoup plus faible que ses possibilités réelles. Une famille possède en moyenne 6 têtes de bovins et un grand nombre de petits ruminants ; 40 % au moins des familles rurales au Transkei vivent dans un état de pauvreté extrême et près d'un tiers ne dispose pas de la ration énergétique minimale (Bembridge, 1987a). L'agriculture est laissée de plus en plus aux femmes, aux aînés et aux enfants. Si l'on veut obtenir de réels changements, il faut consentir de gros investissements pour faire face à la dépendance économique de plus en plus grande et au sous-développement du Transkei (Southall, 1982 ; Beinart, 1982).

Évolution de l'agriculture du Transkei

Traditionnellement, dans la majeure partie du Transkei, un système de rotation des cultures permettait la reconstitution de la fertilité de la terre laissée en repos pendant la période de jachère. Ce système était bien adapté aux exigences du climat et des sols et fournissait les produits de subsistance avec un minimum de travail. Les cultures pratiquées comprenaient le sorgho qui fut progressivement remplacé par le maïs au cours des XVIIIe et XIXe siècles, les citrouilles, les courges, les melons, les pois sauvages, les haricots, l'igname, les goyaves, les mangues et les agrumes. Le lait était considéré comme la nourriture de base avant les céréales (McAllister, 1992). Le tabac était également de plus en plus cultivé pour la vente dès la fin du XVIIIe siècle. Toute une gamme de tubercules comestibles, de racines, de graines et de feuilles étaient également ramassées pendant les périodes de pénurie. Ces pratiques s'accompagnaient d'une bonne connaissance du milieu local (Bundy, 1988). Pendant la période coloniale, ce système traditionnel fut délaissé et, comme partout ailleurs, les paysans du Transkei ont été obligés de rentabiliser au maximum l'utilisation de leur terre et de se tourner vers les mesures de conservation des sols.

Dès le début du XXe siècle, l'emploi de la charrue a été généralisé à la quasi-totalité de ces régions agricoles ; ainsi elles ont été cultivées plus complètement et en prenant moins de précautions que dans les systèmes agricoles fondés sur l'utilisation de la houe. Les changements dus à la raréfaction des terres résultant de l'accroissement de la population ont provoqué une forte pression sur les ressources disponibles. Si la production de grain et de bétail a régulièrement augmenté jusqu'aux années 30, elle a ensuite diminué du fait de cette pression qui s'est traduite par le surpâturage et la détérioration de la terre et qui a entraîné une dépendance croissante vis-à-vis des revenus obtenus par les migrations du travail ;

dans le même temps, ces effets néfastes étaient aggravés par la concurrence des paysans blancs, par le manque d'intrants et de soutien et par des calamités naturelles telles que les sécheresses (McAllister, 1992). Le système progressivement mis en place dépendait à la fois de la main-d'œuvre migrante qui était chargée d'acquérir et d'entretenir les bœufs et les charrues et d'une étroite collaboration entre les exploitations dans le but de constituer des groupes de travail à des périodes données.

A partir de 1940, la pression démographique a abouti à un manque de terre ; les superficies enherbées ont été réduites, les jachères ont été suspendues et les terres les plus marginales ont été mises en culture. La baisse de fertilité des sols qui a suivi ainsi que la réduction de la taille des exploitations et le manque d'animaux de trait ont poussé les agriculteurs à abandonner leurs champs et à concentrer leurs efforts sur les jardins attenant à leurs habitations (McAllister, 1992).

Ceci représentait un changement significatif du système de culture. Les jardins étaient plus faciles à travailler parce que plus accessibles et moins exigeants en travail. Ils étaient aussi plus faciles à fumer et à protéger depuis qu'ils étaient enclos et situés tout près des étables. De plus, les jardins se prêtaient mieux à l'assolement des cultures qui permet de mieux contrôler l'érosion et de maintenir la fertilité des sols ; ils pouvaient aussi être agrandis ou déplacés pour se substituer à l'ancien site d'enclos à bétail. Les jardins occupent donc une place essentielle dans le système agricole : pour une grande majorité d'agriculteurs, ils sont devenus plus importants que les champs eux-mêmes (McAllister, 1992).

Le système agricole du Transkei est étroitement relié au système foncier. La majeure partie de la superficie du Transkei est soumise à une forme modifiée d'exploitation traditionnelle de la terre, dans laquelle la terre appartient à l'État et est allouée aux exploitants par l'intermédiaire de l'autorité tribale. Le droit de vaine pâture revient à ceux qui possèdent du bétail mais, par suite de l'accroissement de la population et du manque de terre à cultiver, le droit coutumier qui permettait à tout homme marié d'accéder à la terre ne peut plus être appliqué (Hawkins Associates, 1980).

Actuellement, le maïs est cultivé sur une superficie d'environ 500 000 ha. Cela représente à peu près 88 % des terres cultivées, tandis que le sorgho en occupe 7 % et les fèves associées aux légumes 5 % (Bembridge, 1987b).

Le cheptel du Transkei n'a pas beaucoup évolué au cours des trente dernières années, avec environ 1,5 million de têtes, ce qui représente à peu près 0,5 tête par personne. Cependant, des différences locales et régionales dans les conditions agro-écologiques transparaissent dans les variations actuelles ou potentielles subies par le système agricole du Transkei.

Cela va de la production intensive spécialisée et de l'agriculture associée, en passant par l'agriculture associée semi-intensive au système agricole mixte semi-extensif (Hawkins Associates, 1980). Par exemple, dans les zones côtières, on s'est plus intéressé au maïs, aux autres cultures subtropicales et aux fruits et légumes. Dans les secteurs plus humides, l'agroforesterie et les cultures associées ont été largement développées ainsi que les produits de base destinés à la subsistance, ce qui était peu courant au Transkei (Beinart, 1982) ; l'élevage bovin s'est également développé avec des densités localement supérieures à la moyenne ; plus récemment, les monocultures du thé et du sucre ont été introduites dans cette région. A l'intérieur des terres, le système agricole est devenu moins intensif par suite de la baisse des précipitations, et les cultures occupent une place beaucoup plus restreinte qu'ailleurs.

Importance des méthodes de CES au Transkei

Environ 25 techniques différentes de CES ont été recensées grâce à une enquête qui a eu lieu sur 12 sites répartis dans les trois principales zones du Transkei : l'intérieur montagneux, la plaine centrale ondulée et la frange côtière très accidentée. Ce nombre apparaît anormalement élevé si l'on considère la nature improductive et marginale de l'agriculture du Transkei. Le tableau 23.1 présente la répartition des techniques en fonction de leur existence dans chaque site et le nombre et la proportion d'agriculteurs qui les utilisent. Certaines techniques, comme la collecte de l'eau, les fossés de drainage, les billons cloisonnés, l'agriculture de vallée et la culture en cuvettes sont spatialement limitées et seule une minorité de paysans les utilise. L'accent est mis ici sur les cinq techniques les plus répandues et les plus fréquentes : le labour en courbe de niveau, l'irrigation, les cultures associées, la rotation des cultures et la fumure organique des sols.

Les diguettes en courbe de niveau

Dans les champs les plus importants et parfois dans les jardins, on laboure et on cultive en suivant les courbes de niveau. Les champs sont ainsi typiquement divisés en bandes de terre dont la largeur varie, et qui mesurent souvent entre 250 et 500 m de long. Elles sont plus étroites sur les pentes plus fortes. Entre ces bandes, on trouve des diguettes en courbe de niveau qui sont incultes ou des talus accompagnés de fossés. Les diguettes mesurent fréquemment 0,5 m de haut et 2 m de large et sont recouvertes d'herbe. Les diguettes en courbe de niveau sont faites habituellement avec la terre qui a été récupérée au cours du creusement des fossés situés au pied des ados. L'agriculteur plante parfois de l'herbe ou encourage sa pousse en répandant de l'herbe coupée comme paillage le long des talus. Des fossés de drainage sont creusés tout le long de la partie supérieure des champs pour intercepter et évacuer les eaux de ruissellement.

Tableau 23.1

Répartition des techniques de conservation de l'eau et des sols

Technique CES	Nombre dans chaque site	% d'agriculteurs
Terrasses	6	12,5
Contrôle des ravines	6	10,8
Diguettes en courbe de niveau	12	60,8
Collecte de l'eau	3	5,8
Fossés de drainage	3	5,0
Cultures associées	10	36,7
Billons cloisonnés	3	5,0
Agriculture de vallée	2	2,5
Irrigation	10	37,5
Culture en cuvette	3	2,5
Haies de végétation	7	15,8
Lignes de pierres	4	9,2
Barrages	5	18,3
Rotation des cultures	11	42,5
Protection d'arbres	7	20,8
Paillage	8	15,0
Fumure organique	11	64,1
Autres	4	13,3

Les diguettes sont habituellement construites avec un tracteur et une charrue. Dans le passé, ce travail a souvent été exécuté par le gouvernement dans le cadre des plans de « développement ». La quantité de travail requise varie d'une personne-jour travaillant à l'aide d'une machine à plus de 30 personnes-jour, où une équipe de 5 ou 6 personnes faisant le travail manuellement pendant plus de 6 jours. L'entretien des fossés et des diguettes relève de l'entière responsabilité des paysans et de leurs familles ; dans de nombreux endroits, cet entretien est minimal voire inexistant, probablement à cause de sa grande exigence en main-d'œuvre.

Après l'introduction des diguettes en courbe de niveau par le gouvernement comme mesure de conservation au tout début des années 30, les agriculteurs ont eu diverses réactions :

– destruction des diguettes parce qu'elles occupent trop d'espace cultivable ;

– destruction des diguettes et reconstruction immédiatement à l'aval afin de tirer parti de la fertilité accumulée par les diguettes précédentes ;

– enherbement ou paillage des diguettes pour favoriser l'installation de l'herbe ;

– plantation d'arbres fruitiers le long des diguettes quand on peut les protéger contre la divagation des animaux ;

– réduction de la largeur des diguettes pour regagner de la surface cultivable ;

– modification des formes des diguettes et lissage des courbes de niveau, en particulier dans les sites où la présence de rochers ou d'autres obstacles ne permet pas leur construction normale.

Le modèle des diguettes n'a pas changé car les agriculteurs les considèrent comme des ouvrages temporaires : elles sont détruites et reconstruites plus bas dans la pente tous les 2 ou 3 ans en général.

L'avenir des diguettes semble donc ambigu, bien que leur pratique soit largement établie, que leur utilité en matière de conservation soit reconnue et que leurs avantages économiques soient appréciés ; inversement, il est évident que leur entretien est inadéquat. Cependant, l'adaptation ou l'assimilation de cette technique permet aux agriculteurs d'augmenter ses avantages et de réduire ses inconvénients.

L'irrigation

L'irrigation est alimentée principalement par les eaux de surface (ruisseaux et rivières) mais aussi par quelques sources. L'accès à l'eau n'est pas assujetti à une réglementation. La plupart des agriculteurs pratiquent l'irrigation manuelle en utilisant des bidons d'eau, des arrosoirs, des tuyaux, des sacs plastiques et des systèmes d'alimentation par gravité utilisant des conduits souterrains et des vannes pour les canaux. Dans la plus grande partie des jardins potagers, les cultures sont plantées sur des planches et sont irriguées à la main, à la fois par les hommes et par les femmes. En permettant la croissance des cultures pendant la saison fraîche et sèche, l'irrigation peut compléter la production obtenue en saison des pluies.

Au Transkei, l'irrigation est essentiellement destinée à l'agriculture de subsistance, mais des agriculteurs peu nombreux font aussi des productions irriguées pour les marchés. Les superficies irriguées par les paysans sont en moyenne de 0,38 ha, ce qui équivaut à la taille d'un jardin moyen. L'irrigation à plus grande échelle, pour les cultures de rente, existe sur des parcelles dont la taille varie de 2,5 à 18 ha et qui sont toutes situées dans les fonds de vallée. Les principales cultures irriguées sont les choux, les épinards, les betteraves, les carottes et les tomates ; dans la zone côtière, plus humide, les arbres fruitiers, les bananiers, les avocats et les orangers profitent aussi de l'irrigation. Les cultures de maïs ne sont pas irriguées.

La majorité des agriculteurs affirment qu'ils pratiquent l'irrigation depuis plus de 25 ans ou que cette pratique remonte à leurs ancêtres. Bien que l'agriculture irriguée ait été promue depuis longtemps à des fins commerciales et financières, il a rarement été prouvé qu'elle est économiquement viable. Les quelques résultats positifs obtenus concernaient des aînés aux multiples occupations, les fermes étant parties intégrantes de modèles beaucoup plus larges et bien organisés du point de vue de l'achat et de la commercialisation en coopérative (McIntosh *et al.,* 1993).

La variété des techniques d'irrigation pratiquées au Transkei permet à tous les paysans d'avoir accès à l'eau pour irriguer, en utilisant au moins un seau, un arrosoir ou un bidon. Les facteurs limitant de l'irrigation pour la production commerciale ont été identifiés comme étant le manque de main-d'œuvre spécialisée et la nécessité d'un contrôle constant et d'une supervision du travail. Ceci reflète la différence de perspective entre les exploitations orientées vers la production de subsistance et celles qui sont essentiellement commerciales, ce qui requiert un investissement significatif en équipement. Les contraintes identifiées sont l'absence de réglementation sur l'utilisation de l'eau, le manque d'accès aux terres irrigables, l'insuffisance et l'inadaptation de l'assistance et du soutien à l'irrigation au Transkei (McIntosh *et al.,*1993).

Dans l'ensemble, le potentiel d'irrigation au Transkei est acceptable grâce à une pluviométrie relativement élevée et grâce à la présence de rivières et de fleuves pérennes. L'irrigation à petite échelle est associée aux produits de subsistance, ce qui peut être fait malgré l'absence de soutien institutionnel ou politique. L'irrigation des jardins pourrait être davantage promue au travers de projets fondés sur les communautés et portant sur le développement des sources d'eau, la formation et la vulgarisation appropriées et la recherche-développement sur les techniques d'économie de travail. L'extension de l'agriculture commerciale irriguée au détriment des autres types exige que l'on puisse surmonter de nombreux obstacles dont ceux de l'accès à la terre, du capital, des intrants, des connaissances et des compétences appropriées.

Les cultures associées

Les cultures associées existent à la fois dans les jardins attenant à la ferme (potager) et dans les champs où l'on cultive principalement du maïs. L'association des cultures répond à de multiples fonctions portant sur la conservation des sols, les semailles, la récolte et les risques. Dans les champs principaux, les haricots et les citrouilles sont souvent associés au maïs. Ces cultures sont plantées à la main ou en utilisant une machine à planter tirée par des bœufs ou par un tracteur. Les citrouilles sont fréquemment plantées à la main entre les plants de maïs.

Dès les temps précoloniaux, de nombreux légumes tels que les citrouilles, les courges, les haricots et les pois ainsi que le tabac étaient plantés dans les jardins contigus aux fermes. Traditionnellement, ces jardins étaient cultivés par des femmes et divisés en fonction des types de cultures. Dans la zone côtière, de nombreuses cultures racinaires et des arbres comme le goyavier, le manguier et certains agrumes ont été inclus dans un système d'agroforesterie. Le remplacement du sorgho par le maïs semé avec un espacement plus large des pieds de maïs ont facilité l'intégration des cultures associées dans le système. Le mélange des haricots et des citrouilles est devenu une partie intégrante du système. La pratique a évolué essentiellement vers l'incorporation de nombreuses autres cultures à l'intérieur du système agricole ; notamment le maïs (mélangé aux haricots et aux citrouilles) dans les champs principaux et de nouveaux légumes (choux, épinards, oignons, carottes, etc.) dans les jardins privés. Les cultures associées ont introduit des changements pratiques dans les exploitations céréalières, en particulier, elles ont permis des économies de travail qui peuvent être obtenues sans diminution des rendements de chaque culture ; ceci est particulièrement évident avec les citrouilles qui diminuent l'obligation de désherber (Beinart, 1982). La tendance actuelle qui consiste à faire pousser des haricots dans des parcelles de canne à sucre reflète le souci des femmes de produire de la nourriture pour la famille tout en faisant des cultures de rente sur des terres devenues rares (Porter et Philipps-Howard, publication à venir).

Les cultures associées peuvent être menacées par les incitations du gouvernement en faveur de la monoculture, mais il est vraisemblable qu'elles continueront. Néanmoins, cette pratique pourrait être renforcée par le développement des techniques d'économie de travail, notamment pour alléger le sarclage.

La rotation des cultures

La rotation des cultures est pratiquée à la fois dans les jardins privés et dans les champs principaux. Cette rotation fait partie depuis longtemps du système agricole du Transkei qui a évolué d'un système simple fondé essentiellement sur les cultures de céréales dans les champs principaux à une rotation complexe incluant la culture des choux, des épinards et autres légumes verts ainsi que des tubercules et des légumineuses.

Outre la séquence habituelle culture-jachère dans les champs principaux et les jardins, la rotation des cultures semble surtout utilisée dans les potagers familiaux où se succèdent céréales et légumes. L'enquête a très fréquemment mentionné une séquence possible grâce à l'irrigation dans la frange côtière plus humide où se succèdent des légumes verts (choux, épinards), des tubercules (pommes de terre, betteraves, carottes) et des légumineuses (haricots et pois). Il arrive aussi que la rotation des cultures se fasse en changeant le plan des jardins familiaux (Beinart, 1982).

Il semble que la rotation des cultures continuera à exister dans les jardins familiaux et qu'elle peut se développer également dans les champs principaux grâce à ses avantages reconnus (surtout des rendements plus élevés ainsi qu'une meilleure conservation de l'eau et des sols). Cependant, un travail de recherche et de développement est absolument nécessaire afin de promouvoir cette technique en soulignant les inconvénients de l'emploi des herbicides, des labours et de leurs applications dans des situations de sécheresse.

La fumure organique et minérale

La fumure, incluant l'application d'engrais chimiques, est utilisée à la fois dans les jardins familiaux et sur les terres principales. Le plus souvent, les semeurs épandent simultanément les graines et le fumier. Ce fumier provient du bétail selon les réponses fournies par la plupart des agriculteurs qui utilisent cette technique. En outre, plus de la moitié des agriculteurs ont recours à des engrais chimiques, généralement mélangés à l'engrais naturel. Enfin, un faible pourcentage d'agriculteurs mentionnent aussi l'utilisation du compost.

La fumure est devenue une technique plus importante à cause de la réduction de la jachère et de l'augmentation de la pression foncière. De nombreux paysans concentrent leurs efforts sur les jardins plutôt que sur leurs champs. Comme les agropasteurs, les agriculteurs du Transkei ont combiné pendant longtemps la gestion du bétail et la production agricole en utilisant le fumier comme engrais. Traditionnellement, les cultures étaient souvent situées en aval de l'endos à bétail afin de recevoir le purin par ruissellement ; le fumier pouvait également provenir d'autres parcelles proches et de parcelles situées sur d'anciens enclos à bétail. Les champs plus éloignés dépendaient probablement plus de la jachère et de la rotation des cultures. Même si le nombre de têtes de bétail est resté stationnaire, la pratique de la fumure a augmenté, surtout grâce à l'emploi des engrais chimiques associés au fumier organique. Certains paysans suggèrent que le mélange du fumier naturel et des engrais chimiques donnent de bien meilleurs résultats que l'un ou l'autre employés seuls.

La pratique de la fumure continuera sans aucun doute car l'accroissement de la pression sur la terre fait que les agriculteurs n'ont pas beaucoup d'autres moyens pour fertiliser leurs cultures. Cependant, les quantités disponibles peuvent s'avérer insuffisantes pour satisfaire les besoins croissants (Bembridge, 1987b). Dans ce cas, le développement de cette technique sera conditionné par la mise au point de solutions aux problèmes d'accès et d'approvisionnement. Dans ce but, la recherche et le développement doivent s'orienter vers des alternatives économes en travail et vers l'expérimentation de mélanges conduite par les paysans.

Résumé et conclusion

Dans l'ensemble, l'examen des « plans de développement », des recommandations politiques de l'étude du développement agricole du Transkei de 1991 et du TSCP semble montrer que l'approche des méthodes de CES au Transkei a été autoritaire et imposée « de haut en bas ».

Malgré l'échec relatif de ces plans et le manque de soutiens institutionnels ou politiques à la petite paysannerie, les agriculteurs ont développé un certain nombre de pratiques bien établies qui contribuent à la fois à l'augmentation des rendements de leurs cultures dans des zones où ils étaient jusque-là limités et à la CES. Il est probable que les paysans continueront à appliquer et à développer ces méthodes endogènes de CES.

Le nouveau programme de reconstruction et de développement de l'Afrique du Sud (RDP), met l'accent sur la petite agriculture et sa mise en œuvre offre les meilleures possibilités jamais réunies pour intégrer les techniques endogènes dans le développement agricole au Transkei. Le RDP vise à améliorer la qualité de la vie par des « méthodes d'agriculture efficaces, à haute intensité de travail et durables » (ANC, 1994 : 104). Ces méthodes d'agriculture intégreront vraisemblablement les techniques endogènes de conservation de l'eau et des sols décrites dans ce chapitre et adoptées par les paysans du Transkei contre toute attente.

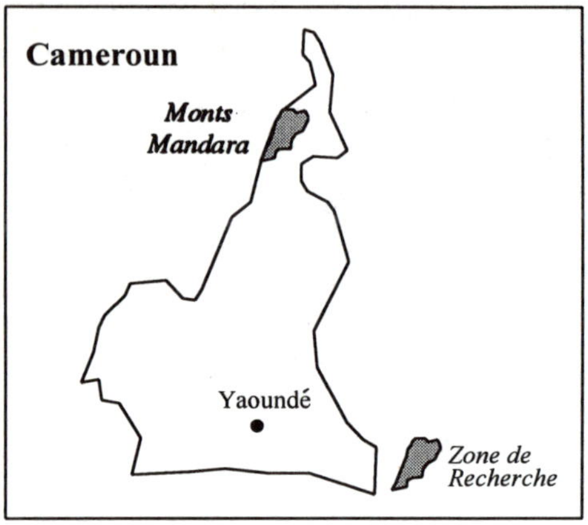
Cameroun
Monts
Mandara
Yaoundé
Zone de
Recherche

24

Les techniques traditionnelles de CES dans les monts Mandara (Cameroun)

François HIOL HIOL, Dieudonné NDOUM MBEYO et
François TCHALA ABINA

Un système intensif de gestion des sols et de l'eau a été développé, au cours des siècles, par la population locale dans les monts Mandara du Cameroun septentrional pour restaurer et maintenir la fertilité des sols. Des terrasses, des alignements de pierres, des petites digues, des canaux de drainage et d'irrigation, des puits et des micro-barrages sont combinés avec toute une gamme de méthodes biologiques, telles que l'agroforesterie, le compost, le paillage, les cultures et la rotation des cultures. Au cours des trois dernières décennies, l'amélioration de la sécurité et des prestations de service ont encouragé la population qui était originellement installée sur les pentes des monts Mandara à migrer vers les plaines voisines, ce qui a provoqué des changements dans les techniques de conservation à la fois dans les montagnes et dans les plaines.

Présentation de l'aire d'étude et de la population

Les monts Mandara s'étendent le long de la frontière entre le Cameroun et le Nigeria et atteignent une hauteur de 1 200 à 1 500 m, puis tombent par une série de plateaux jusqu'aux plaines environnantes. Le climat se caractérise par l'alternance de deux saisons, sèche et humide. Les précipitations ont lieu d'avril à octobre, la période la plus humide se situant en juillet et août. Les précipitations sont renforcées par la présence des montagnes. Les variations interannuelles sont très marquées et il y a également des différences notables d'un point à l'autre. Pendant la période allant de 1985 à 1993, à Mokolo, la station météorologique la plus haute de la région (800 m), les précipitations annuelles ont varié entre 784 et 1 193 mm, alors qu'à Mora, à l'altitude la plus faible (440 m), elles ont varié de 408 à 751 mm.

Les sols et la végétation

Dans les montagnes et sur les plateaux, on trouve des régosols en juxtaposition avec des affleurements rocheux et des lithosols. Les roches les plus fréquentes appartiennent au « complexe de base » et sont plutôt acides ou mésocrates. Sur le piémont, à 400-600 m d'altitude, les sols sont composés de dépôts colluviaux. La matériau original est une épaisse accumulation de quartz, de grains de feldspath et de mica qui sont tendres, grossiers et perméables. Ces sols sont très souvent menacés par la formation de ravines qui enlèvent les couches supérieures en asséchant les sols et en créant un relief accidenté. Ces sites sont considérés comme marginaux pour les cultures pluviales.

Les sols des vallées et des plaines sont composés de sables argileux mélangés à des graviers. La plupart des sols qui ont une texture fine ou moyenne se régénèrent bien, même si les périodes de jachère sont relativement courtes. Ce sont des sols de bonne qualité, aptes à une certaine diversité de cultures – coton, sorgho, mil et arachide – malgré une dégradation structurelle qui a été souvent observée et qui se combine à une imperméabilité croissante et à la formation de ravines d'érosion.

La population

Les monts Mandara constituent l'une des régions les plus peuplées du Cameroun. Le recensement de 1987 a dénombré 753 583 habitants, soit une densité moyenne de 84 habitants au km^2. Mais, la population est inégalement répartie : dans le nord, la population dépasse 100 habitants au km^2 alors que, dans le sud, la moyenne est de 40 habitants au km^2 (Hara, 1994). La croissance de la population est estimée à 2,6 % par an.

Le principal groupe ethnique des monts Mandara est celui des Mafa mais il existe une grande diversité, avec les Kapsiki, les Bar, les Dala et les Fali dans le sud et les Mofou, les Mandara, les Peul, les Podoko, les Hidé, les Ouldémé et les Mafa dans le nord. Les Mafa sont concentrés au nord de Mokolo où les densités peuvent dépasser localement 300 habitants au km^2.

Depuis l'époque coloniale, les autorités ont fait des efforts pour inciter les habitants des montagnes à descendre dans les plaines mais ils ont toujours résisté à cette pression. Récemment, cependant, les effets combinés de la pression démographique dans les montagnes, de la sécurité qui a régné dans la région et des initiatives sociales entreprises par le gouvernement et les ONG dans les plaines (écoles, centres de santé et points d'approvisionnement en eau) ont abouti à des migrations des montagnes vers les plaines.

Il existe deux types de migration : permanentes et temporaires. Dans le cas des migrations permanentes, toutes les familles ont abandonné leurs terres pour commencer une nouvelle vie ailleurs. Dans le cas de migrations temporaires, quelques membres des familles partent pour une période n'excédant que très rarement deux mois à la recherche d'un travail rémunéré.

La propriété de la terre et son exploitation

La terre est tenue en propriété privée après avoir été acquise, soit par défrichement, soit par héritage, mais le défrichement des terres vierges est exceptionnel aujourd'hui parce qu'elles sont devenues très rares. Seuls les descendants mâles peuvent hériter de la terre. Dans les cas où le défunt n'a pas d'héritier mâle, la terre revient à ses frères, ses cousins ou neveux du lignage paternel. Parmi les fils, il y a toujours un héritier privilégié qui peut être l'aîné ou le benjamin suivant le groupe ethnique ; il est celui qui héritera de la maison paternelle et, dans certains groupes, il aura aussi les plus grands droits dans le partage de la terre.

La vente de terre chez les Mafa est rare, et elle se pratique généralement entre les membres d'un même clan ou d'une même famille. En pays mafa, les dons de terre sont plus courants que les ventes et se font généralement entre amis ou relations. Le transfert temporaire de terre peut revêtir deux formes : le prêt ou le bail. Les baux sont plus fréquents chez les Mafa : la location est fixée en fonction de la fertilité de la terre et de la facilité à la cultiver ; elle est payée généralement en nature (chèvres, moutons, mil) et parfois en argent ; les loyers annuels varient entre 12 000 et 24 000 francs CFA par hectare.

Dans les plaines, au pied des montagnes, le coton est la principale culture de rente tandis que le sorgho, les arachides et les pois chiches fournissent de la nourriture et du fourrage. La rotation la plus pratiquée est coton-sorgho mais l'arachide peut s'insérer entre ces deux cultures si le sol n'est pas trop lourd. La terre est généralement cultivée de manière permanente mais, lorsque c'est possible, elle est mise en jachère pour une période de 3 à 5 ans. La préparation de la terre est effectuée avec une charrue ou à la main. Dans le cycle de la rotation, les cultures qui viennent après le coton bénéficient de l'arrière-effet des engrais fournis par la Société de développement du coton (SODECOTON) pour la culture du coton.

L'exploitation moyenne a quelques têtes de bovins, quatre à dix petits ruminants et un ou deux ânes. Les bovins sont utilisés pour tirer la charrue, pour le transport, pour la production de fumure et pour le complément de revenus qu'ils rapportent quand ils sont vendus et, dans une moindre mesure, pour produire du lait ou de la viande. Pendant l'hivernage et durant la journée, les animaux sont surveillés par les enfants et paissent dans les champs laissés en jachère et sur les superficies qui ne sont pas cultivées ; le soir, ils paissent autour des parcelles cultivées. Pendant la saison sèche, les animaux divaguent librement et broutent les résidus de récoltes ainsi que les aires non cultivées. Les agriculteurs qui ont de plus grands troupeaux confient leurs animaux à des bergers professionnels.

Dans les montagnes et sur les plateaux, les principales cultures sont le sorgho, le mil, les pois de terre, les arachides et, en petites surfaces, le sésame, le gombo et le *dah* (*Hibiscus* spp). Les courges, le tabac et l'igname sont plantés près des cases. Le taro est presque toujours cultivé dans les fonds humides et près des cours d'eaux. Les arachides sont la principale culture de rente, bien avant le coton, peu cultivé.

La fumure organique est obtenue de sources variées : déjections animales et domestiques, différents types de compost, litière des arbres restant dans les champs et cendres résultant du brûlis des chaumes. La préparation des champs avant les semis consiste à couper les basses branches qui gênent et à étêter les grands arbres. Les résidus utiles sont ramassés et le reste est brûlé. En même temps, les terrasses sont entretenues et leurs murs sont réparés. La terre n'est pas labourée avant les semailles mais durant la saison végétative, le sol est en même temps biné et butté deux fois, la première deux semaines après les semailles et la seconde entre juin et juillet.

Dans les montagnes, l'élevage est intensif : il joue un rôle social et religieux important (sacrifices, fêtes) et il sert d'épargne car il est vendu en cas de besoin urgent.

Les contraintes de la production et les stratégies locales

Durant la dernière décennie, la diminution des précipitations combinée à leur inégale répartition a entraîné de bas rendements. La fertilité des sols des montagnes est restée stable grâce à l'application de la fumure organique alors que la fertilité des sols des collines et des plaines environnantes a rapidement baissé.

L'érosion par l'eau est très prononcée dans les plaines et sur les collines, principalement sous forme de rigoles et de ravines d'érosion. Ceci est surtout dû au fait que, pour la plupart, les sols de ces régions sont colluviaux et peu évolués. L'érosion a été aggravée par le défrichement des terres marginales, par le développement de la traction animale et par le système de culture du coton.

Dans les zones montagneuses, la production agricole n'est possible qu'avec l'entretien régulier des terrasses et la gestion intensive de la fertilité des sols. Les ressources naturelles de cette région sont de plus en plus sollicitées à cause de la pression démographique. Le problème le plus sérieux rencontré par les agriculteurs pour leur production céréalière est la présence de *striga* ; les infestations de *striga* sont plus graves dans les plaines et les plateaux qu'en montagne, dans les champs épuisés par des cultures continues et par la réduction de la jachère. Les chenilles et les mycoses sont aussi un problème dans certains villages.

Le crédit agricole est nécessaire pour acheter des engrais, des graines sélectionnées, des pesticides, des animaux de trait et des équipements, mais l'accès au crédit est très limité. Les monts Mandara semblent avoir un fort potentiel pour la production des arachides et pour d'autres cultures qui sont actuellement d'importance seulement secondaire (taro, igname, pomme de terre, manioc). Malheureusement, les infrastructures de commercialisation de ces cultures sont actuellement inexistantes.

La recherche de fourrages pour le bétail des montagnes est un travail très intensif et, durant la saison sèche, de longues journées sont nécessaires pour trouver du fourrage et, aussi, de l'eau à la fois pour la population et pour le bétail. Dans les plaines et sur les plateaux environnants, la contrainte majeure est la réduction des pâturages exploitables.

Les techniques de conservation de l'eau et des sols

Les structures physiques

La terrasse (*moedoedé*) est un édifice qui comprend deux parties : le mur de soutènement et la plate-forme ou terrasse proprement dite (figure 24.1). Les murs de soutènement et les fondations des terrasses sont composés de pierres sèches de tailles différentes, arrangées de manière compacte afin de porter au maximum la densité d'ensemble du mur. Celui-ci peut être vertical ou incliné vers le haut du versant ; sa hauteur varie entre 25 et 200 cm et son épaisseur décroît progressivement de la base vers le sommet.

Figure 24.1

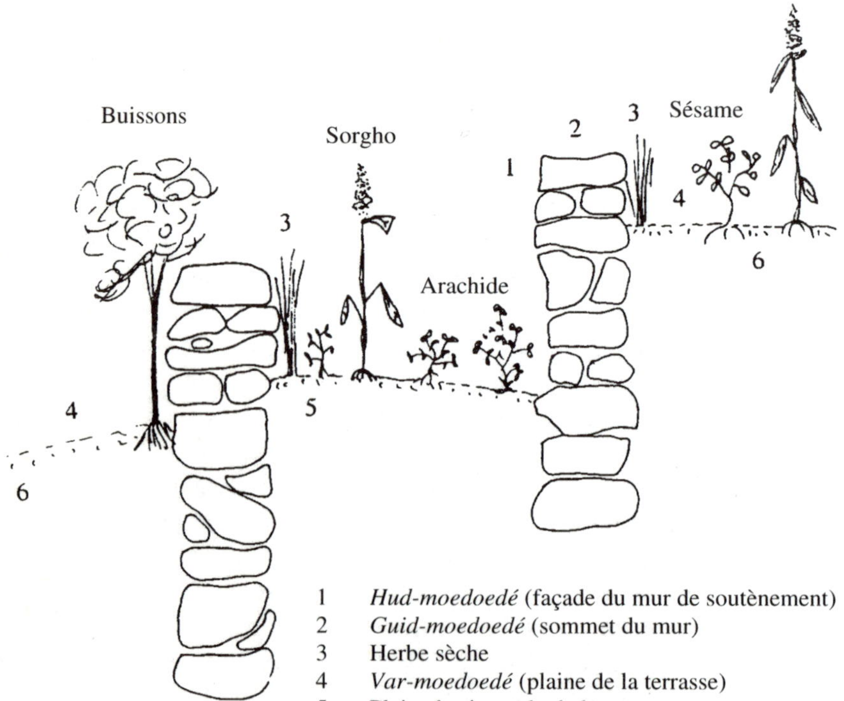

1 *Hud-moedoedé* (façade du mur de soutènement)
2 *Guid-moedoedé* (sommet du mur)
3 Herbe sèche
4 *Var-moedoedé* (plaine de la terrasse)
5 Plaine horizontale de la terrasse
6 Plaine horizontale sur la pente opposée

Coupe transversale d'une terrasse

La plate-forme est la partie de la terrasse qui porte les cultures ; sa largeur varie de 40 à 190 cm. Elle est soit horizontale soit légèrement inclinée à contre-pente. Le but est de retenir autant d'eau que possible sur la plate-forme. Les Mafa distinguent trois parties dans le schéma des terrasses dénommées :

– le *hud-moedoedé* ou ventre de la terrasse, la principale façade du mur de soutènement (vu de face) ;
– le *guid-moedoedé* ou tête de la terrasse, le sommet du mur ;
– le *var-moedoedé* ou plaine de la terrasse, la partie cultivable de la terrasse.

Ils identifient aussi deux types de terrasse, les *moedoedé* des montagnes et les *inagleam* des plaines.

Selon les populations locales, les terrasses ont toujours existé dans leurs sites actuels car elles ont été construites par leurs ancêtres. Les terrasses ne sont pas construites pour être des ouvrages fixes et permanents : elles sont modifiées continuellement afin d'ajuster la hauteur des murs et pour suivre les courbes de niveau naturelles.

Figure 24.2

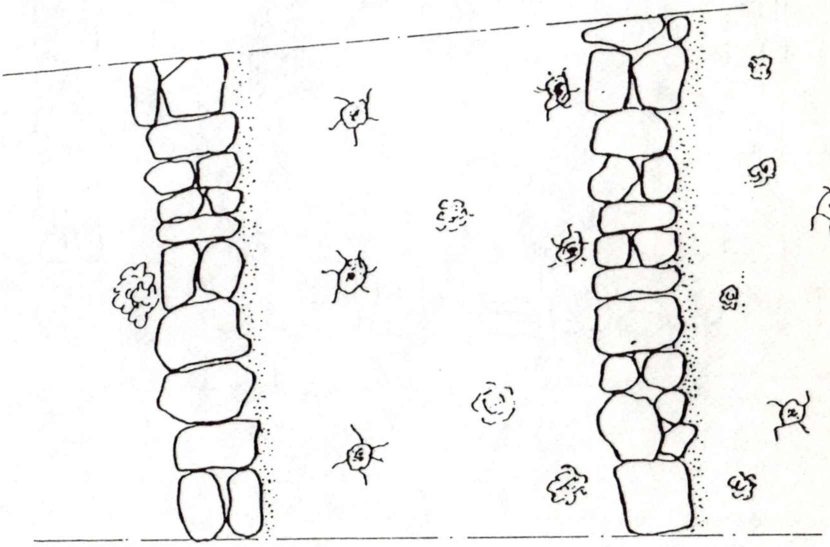

Vue aérienne d'une terrasse

Les données relatives au volume de main-d'œuvre requis pour construire une terrasse ne sont pas disponibles car, aujourd'hui, les terrasses ne sont plus construites à grande échelle. La construction est menée à bien par des hommes et le choix du site incombe au chef de famille. Certaines personnes maîtrisent mieux que d'autres les techniques de construction, en particulier les personnes plus âgées ont habituellement, dans cette région, plus d'aptitudes que les jeunes pour ce travail, ce qui indique que ces compétences ne sont plus fidèlement transmises aux jeunes générations. Les agriculteurs interrogés au cours de l'enquête ont affirmé qu'aucune terrasse n'a été abandonnée et qu'aucune nouvelle terrasse n'a été construite par eux, et ils sont unanimes pour dire que la mise en culture des montagnes serait impossible sans elles.

Figure 24.3

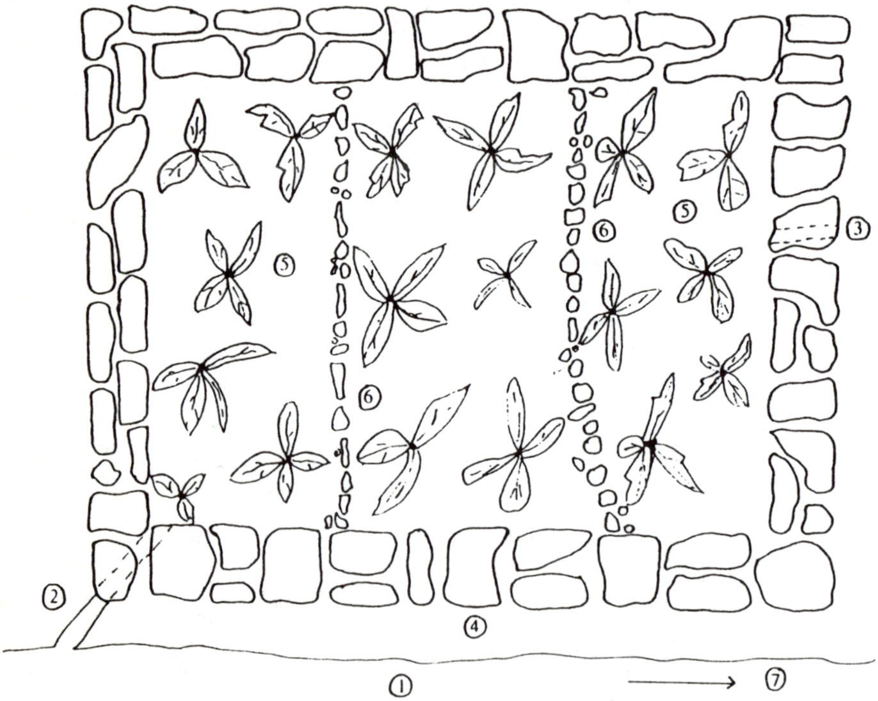

1 *Mayo* ou flux d'eau
2 Entrée d'eau
3 Sortie d'eau
4 Muret de pierre sèche
5 Jardin (taro)
6 Lignes de pierres
7 Direction de la pente

Vue aérienne du guimelther

Le *guimelther* (littéralement « maison du taro ») consiste à placer un muret de pierres sèches autour d'une parcelle de terre irrigable. La hauteur du mur dépend du courant de la rivière que l'on va utiliser. Le muret doit être capable de protéger le taro quand la rivière est en crue ; sans les murets de pierre sèche, le taro et le sol qui le porte seraient tout simplement emportés. Un canal d'amenée est construit en amont de la parcelle et un canal de sortie est aménagé à l'aval ; la parcelle est ensuite divisée en compartiments par des petites lignes de pierres (figure 24.3). Le développement et l'entretien des *guimelther* sont identiques à ceux du *moedoedé*. Des recherches semblent indiquer que l'emploi de cette technique s'est répandue largement dans cette région au cours des toutes dernières années.

Figure 24.4

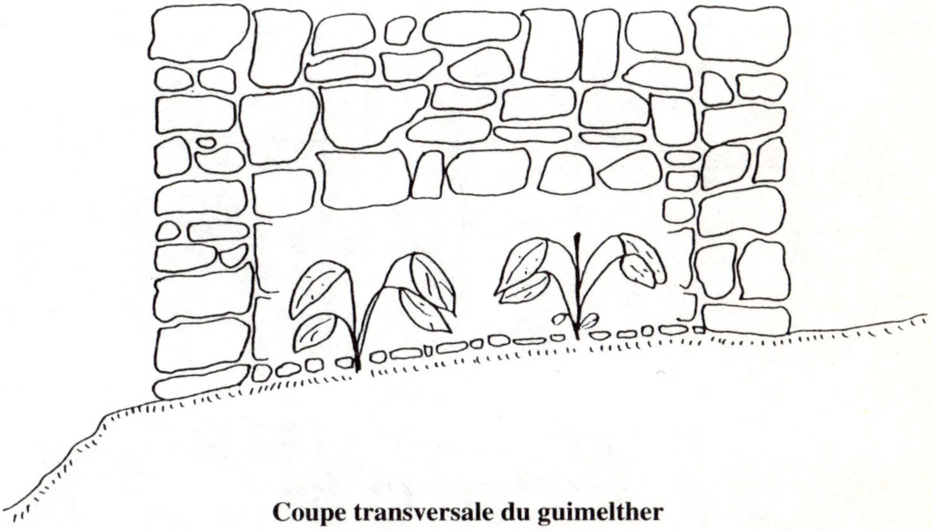

Coupe transversale du guimelther

Le *guimnda* (littéralement : « maison du *Cyperus esculentus* ») consiste en un lit de *Cyperus esculentus* qui pousse au ras du sol. Les racines de cette herbe sont mises à sécher, puis mangées comme les arachides, entières ou pilées en pâte. La planche sur laquelle l'herbe est semée est partiellement entourée par un drain périphérique et recouverte par une série de petits drains (figure 24.5). Ces drains empêchent le contact prolongé entre les rhizomes de la plante et l'eau. La superficie plantée en *guimnda* est généralement comprise entre 35 et 100 m^2. La planche est habituellement recouverte d'une couche de branches d'épineux pour limiter les dégâts causés par les oiseaux et les rongeurs. Le choix du site pour le *guimnda*, sa mise en culture et son entretien reposent sur les femmes. Les femmes âgées sont plus familiarisées avec cette technique que les femmes plus jeunes. La population locale souligne que les rendements du *Cyperus esculentus* seraient plus bas ou nuls sans cette technique.

Figure 24.5

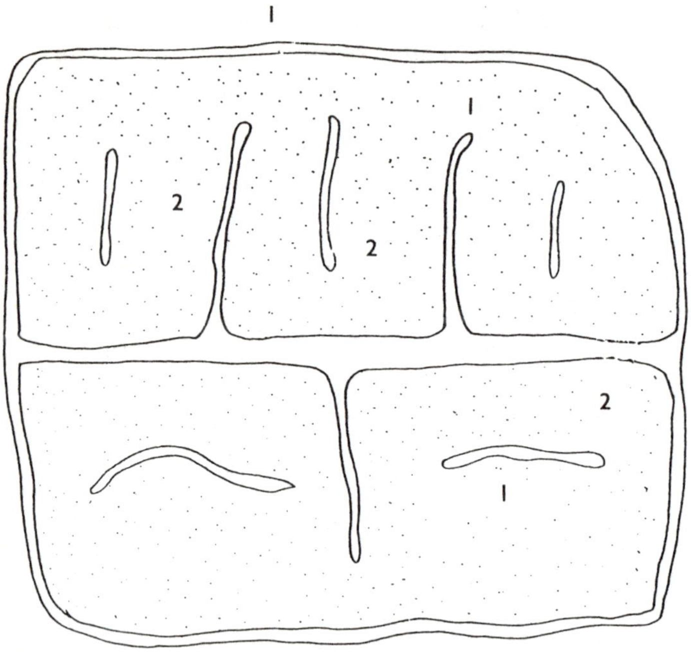

Vue aérienne du guimnda

Cyperus esculentus (couche d'herbe)

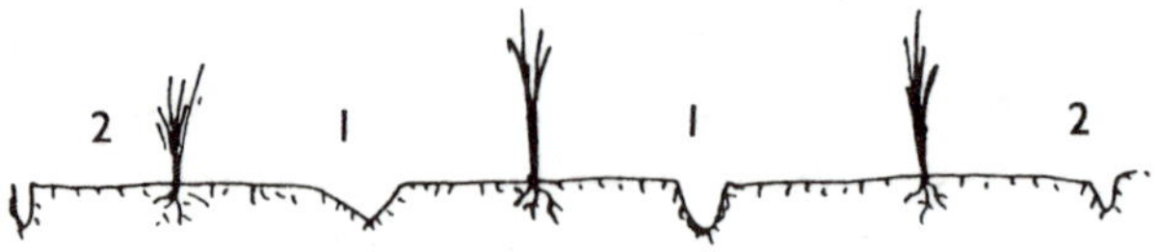

Coupe transversale du guimnda

1 Fossés 2 Parcelles

Le billonnage (*gid-dankil*) est pratiqué dans les vallées, sur les versants montagneux, sur les plateaux et sur les collines dans tous les champs dont les sols sont saturés d'eau. Des bourrelets (50 cm de haut et 50 cm de large) sont construits dans le sens de la pente et n'ont pas plus de 25 m de long. Dans la parcelle, la préparation du sol commence par le désherbage des mauvaises herbes sur les bourrelets. Cette technique est utilisée exclusivement pour la plantation des patates douces au cours du mois de juillet. L'entretien de la culture des patates douces est menée à bien par les jeunes, parfois aidés par leurs parents. Les jeunes semblent plus intéressés que les personnes âgées à pratiquer cette technique qui se répand de plus en plus.

Des cordons de pierre sont construits en rangées de pierres couronnées de mauvaises herbes ramassées pendant le sarclage. Lorsque les pierres sont rares, les diguettes sont simplement composées de mauvaises herbes recouvertes ensuite avec de la terre. Les cordons de pierres dépassent rarement 25 cm de haut et sont construits sur des pentes douces. La fonction principale des cordons est de retenir l'eau dans les parcelles cultivées, de diminuer le ruissellement, de favoriser l'infiltration de l'eau et d'atténuer l'érosion.

Les techniques biologiques

– L'enrichissement du sol

L'utilisation des engrais chimiques est restreinte à cause de leur coût prohibitif et de leur disponibilité limitée ; en conséquence, la population locale emploie plusieurs méthodes pour entretenir ou améliorer la fertilité des sols.

Les volailles sont habituellement gardées dans un poulailler toute la nuit et leurs déjections sont facilement ramassées et stockées pour être utilisées comme engrais, surtout dans les jardins potagers. Les résidus du battage du mil et la cendre des foyers sont récupérés et appliqués dans les champs pour améliorer la fertilité des sols.

D'une manière générale, les parcelles cultivées proches des habitations sont les premières à être fertilisées ; elles portent des légumes divers, des céréales, des tubercules, du taro ainsi que du mil ou du sorgho. Les parcelles plus éloignées sont fertilisées mais seulement s'il y a du compost disponible. Le chef de famille a la charge de ramasser le fumier et de choisir les champs où il sera épandu. Le transport et l'épandage du fumier sont réalisés tout au début du mois de mai par les hommes, les femmes et les enfants.

Le paillage, fait avec de mauvaises herbes et des feuilles d'arbres, est pratiqué exclusivement par les femmes, surtout dans les champs de *guimnda* après les semailles, mais aussi dans d'autres champs après le second sarclage. Son efficacité est de plus en plus reconnue par la population locale et son utilisation est en progrès.

Les litières fabriquées à partir des feuilles de différents arbres et de broussailles laissées dans les champs constituent une source importante de matières organiques. Les feuilles d'espèces telles que l'*Acacia albida* sont réparties sur les champs dans lesquels on laisse aussi pourrir les feuilles et les tiges de mil superflues. Les mauvaises herbes sont laissées en surface et seront incorporées dans le sol lorsqu'il sera retourné.

– La rotation biennale sorgho-mil

Le sorgho est profondément enraciné alors que le mil est superficiellement enraciné. La rotation biennale de ces deux cultures permet de restaurer la fertilité du sol à la fois en profondeur et en surface. Certains agriculteurs soulignent aussi que la rotation rompt le cycle reproductif des plantes adventices telles que le *striga* et de parasites, comme les chenilles, qui s'attaquent au sorgho.

– Le rôle de l'agroforesterie

Dans les monts Mandara, les arbres, les broussailles et l'herbe sont destinés à de nombreux usages comme le renforcement des terrasses, la fertilisation des champs, le contrôle de l'érosion sur les terrasses de montagne, les terrasses alluviales, autour des habitations et le long des chemins, et pour délimiter les parcelles cultivées.

Les terrasses sont de loin les structures physiques les plus largement répandues et sont fréquemment complétées par des techniques biologiques. Par exemple, les terrasses reçoivent du fumier organique et portent également des arbres.

Les techniques rencontrées ont généralement de multiples objectifs : les terrasses réduisent la perte en sol et le ruissellement et favorisent l'infiltration des eaux dans le sol, tandis que le paillage des *guimnda* protège les graines de *Cyperus esculentus* des prédateurs et réduit l'érosion, l'évaporation et le ruissellement.

Toutes les techniques sont employées avec la main-d'œuvre familiale. Le chef de famille décide du choix de la technique et de son site d'application. Autrefois, il y avait une nette séparation entre les tâches masculines et féminines, la construction des terrasses et la réparation des murs étant exclusivement faites par les hommes. Aujourd'hui, ce sont les femmes qui se chargent de l'entretien des terrasses ; elles sont rarement aidées par les hommes pour faire ce travail entièrement manuel.

Les interventions dans les monts Mandara

De nombreux organismes interviennent dans la CES dans l'extrême nord, en particulier le ministère de l'Agriculture et de l'Élevage. La SODECOTON est de loin le plus important des organismes para-étatiques de la région du fait de son rôle dans la production cotonnière. Le projet de CES des monts Mandara a lancé un certain nombre d'actions de développement telles que la construction de micro-barrages modernes, la protection des terrasses alluviales, la plantation d'arbres et la construction de terrasses améliorées. Plusieurs ONG ont également conduit des actions sur des thèmes variés comme l'agriculture et la reforestation et la construction de puits et de micro-barrages ; cependant, leurs activités ont été concentrées sur les plateaux et sur les plaines environnantes ; les communautés montagnardes n'ont guère été touchées par ces interventions car les initiatives les concernant ont surtout cherché à inciter les montagnards à descendre dans les plaines.

Conclusion

Les monts Mandara se caractérisent par un climat défavorable et des conditions édaphiques difficiles. Néanmoins, cette civilisation montagnarde a réussi à mener à bien, au cours des siècles, le développement d'un système de production intensif. Les caractéristiques de ce système sont la construction et l'entretien d'ouvrages de CES : terrasses, murs de pierres, cordons et murets de pierres, canaux de drainage et d'irrigation. Ces structures sont complétées par une gamme de mesures biologiques destinées à la restauration et au maintien de la fertilité des sols : agroforesterie, fabrication du compost, paillage, rotation des cultures et cultures associées.

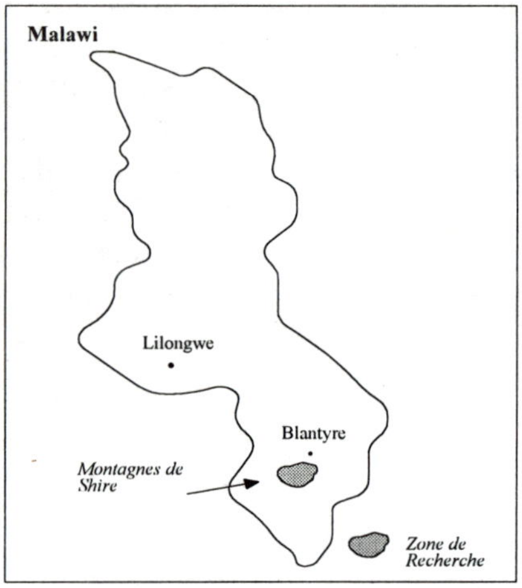

Malawi
Lilongwe
Blantyre
Montagnes de
Shire
Zone de
Recherche

25

Nouvelles perspectives pour les techniques locales de CES

Étude de cas au Malawi

Julius H. Mangisoni et G.S Phiri

La dégradation des terres est un grave problème au Malawi : les rendements agricoles baissent régulièrement à cause des mauvaises pratiques de gestion de la terre. Les nombreux efforts pour mettre en œuvre des mesures de conservation du sol n'ont pas réussi à renverser cette tendance. Un grand nombre de ces mesures, souvent mécaniques, ont été contraires aux concepts et aux pratiques des populations. Les techniques locales ayant été négligées par les agents gouvernementaux, ce chapitre tente de faire le point sur les pratiques endogènes de conservation des sols et de l'eau (SWC) qui pourraient être développées et donc contribuer durablement aux moyens d'existence des petits fermiers du Malawi.

Introduction à la région et à la population

Le Malawi est un petit pays enclavé dans les terres de l'Afrique du Sud, bordé par la Zambie à l'ouest, la Tanzanie au nord et au nord-est et du Mozambique à l'est, au sud et au sud-ouest. La population du Malawi, estimée à 10 millions d'habitants, est en croissance rapide avec un taux annuel de 3,7 % par an. La densité totale de la population du Malawi est estimée à 85 hab/km^2 (Bureau national des statistiques, 1994).

Cette étude a été effectuée dans le cadre des projets de développement rural des hautes terres des districts de Mulanje et de Blantyre et de la division de développement agricole du Blantyre (ADD) dans le Malawi méridional. Le Blantyre ADD se trouve à peu près à 2 000 m au-dessus du niveau de la mer et a une densité de population relativement forte, passant de 220 hab/km^2 dans le Mulanje à 292 hab/km^2 dans le district de Blantyre (Ministère de l'Agriculture, 1994). Cette étude repose sur des données rassemblées par une enquête menée sur 75 ménages de petits paysans, regroupés en quatre catégories par rapport à la taille des exploitations. L'ensemble de ces aires est principalement habité par les groupes ethniques des Lomwe, des Yao, des Chewa, des Sena et des Mang'anja.

Le Blantyre a un climat tropico-continental avec quatre saisons :

– très chaud et sec (de septembre au début de novembre) ;
– très chaud et humide (mi-novembre à mars) ;
– frais et humide (avril à mai) ;
– frais et sec (parfois humide) de juin à août (Nzima, 1985).

Les températures de la zone varient de 26-28°C en octobre-novembre à moins de 15°C en juin-juillet. Les précipitations principales ont lieu entre décembre et avril avec des pluies précoces se produisant vers octobre-novembre. Le régime pluviométrique varie considérablement de 500 mm dans le Blantyre à environ 1 300 mm dans le projet de développement de Mulanje, en majorité sous forme d'orages et de giboulées locales.

Du point de vue des sols, le projet de développement du Blantyre est dominé par des latosols, avec quelques vertisols dans les *dambo* de faible élévation. Les versants avec des pentes de plus de 12 % ont principalement des lithosols généralement peu aptes aux cultures. Les limons sableux (*makande*), les sables (*mchenga*) et les argiles (*katondo*) sont courants ; ces sols ont une fertilité faible à moyenne et sont généralement peu profonds.

Gestion et possession de la terre

La propriété de la terre, dans la région, se répartit en trois catégories principales : la terre publique et les réserves forestières possédées par le gouvernement, les tenures à bail ou les francs-alleux qui sont aux mains de propriétaires privés et le système d'exploitation coutumière de la terre dans laquelle la terre appartient à la communauté et non aux individus.

Le chef est la seule personne habilitée par la tradition à distribuer la terre dans le système d'exploitation coutumière. Au Malawi, le fait que le droit foncier individuel soit incertain n'est pas un grand problème parce que les petits paysans qui cultivent la terre coutumière jouissent d'une très grande sécurité dans leur droit d'utilisation de la terre. Cependant, au fil des ans, la surface totale des terres coutumières a diminué à cause de l'expansion des grands domaines de cultures de rente dans la région.

Les petites exploitations sont composées de parcelles dispersées et d'une superficie inférieure à un hectare. La majorité des familles ont plus de deux parcelles ce qui leur permet d'avoir au moins une parcelle de terre fertile. La pression démographique et l'empiètement croissant sur les terres marginales ont provoqué une augmentation de la fragmentation des parcelles dans la région.

Les principales cultures pratiquées par les petits paysans sont le maïs, l'arachide, le tabac, les patates douces, le manioc et les haricots. Le maïs est la principale culture de base pratiquée par tous les paysans tandis que le manioc et les patates douces sont cultivés à la fois pour l'autoconsommation et comme sources de revenus de même que le tabac, les haricots et les arachides. D'autres cultures comme les bananes, les agrumes, les pois chiches, les avocats et les légumes sont cultivés à la fois pour la vente et pour la subsistance.

Il y a des différences marquées entre les domaines de cultures de rente et les exploitations des petits paysans. Plus de la moitié de l'aire qu'ils occupent subit une érosion sérieuse alors que les grandes exploitations de thé appliquent un certain nombre de mesures de conservation venues de l'extérieur (ces mesures comprennent des canaux de drainage, des passages d'eau, des bandes de terre en courbe de niveau et végétalisées, par exemple par des théiers ou de l'herbe *katomboro* plantée dans les sites où la culture du thé n'a pas réussi. Le Blantyre a environ 42 000 ha de plantations de thé dont 90 % sont possédés et dirigés par des étrangers. Donc, alors que le thé est cultivé sur les meilleures terres agricoles, les petits paysans sont relégués sur des secteurs peu fertiles qui requièrent précisément de plus grands investissements en techniques de CES, investissements qui manquent souvent à cause de la rareté de la main-d'œuvre et des terres.

Contraintes courantes à propos des pratiques agricoles des petits paysans

Vu les taux actuels de croissance de la population, on estime que la surface cultivable per capita baissera de 0,46 à 0,29 ha en l'an 2000 (particulièrement sur les terres coutumières). La moyenne des terres arables a déjà contraint les petits paysans à cultiver les terres peu fertiles et prédisposées à l'érosion telles que les pentes très abruptes et les espaces protégés ; il en est aussi résulté une déforestation intensive, habituellement estimée à 3,5 % par an (gouvernement du Malawi, 1992).

– Pénurie de main-d'œuvre

D'importantes migrations saisonnières et permanentes jusqu'aux centres urbains de Blantyre quand la période sèche s'allonge (pendant laquelle le travail à la ferme est inexistant ou presque) obligent les jeunes hommes et les jeunes femmes à rechercher un emploi à l'extérieur pour quelques mois et même quelques années avant de revenir au village. L'argent gagné est fréquemment investi dans les activités agricoles telles que le petit élevage (chèvres, moutons et volaille) et dans les activités non agricoles telles que le brassage de la bière, le métier de tailleur et le commerce du poisson.

Ces fortes migrations provoquent une pénurie de main-d'œuvre particulièrement grave pour les foyers dirigés par des femmes, soit environ 30 % de l'ensemble des foyers. La femme chef de famille supporte entièrement à la fois le double poids de la famille et des tâches agricoles : ramassage du bois de chauffage, collecte de l'eau, pilage du maïs et autres tâches ménagères qui toutes concourent à réduire la quantité de travail et de temps disponible pour accomplir les tâches nécessaires à la production agricole.

– Les variétés agricoles à bas rendements

En dernier lieu, l'utilisation continue de variétés de maïs non améliorées et à bas rendement conjuguée avec un usage limité d'engrais a encore réduit la fertilité des sols. L'adoption de variétés à haut rendement est encore faible et 25 à 30 % seulement des petits paysans emploient des engrais. La monoculture est également pratiquée dans la plupart des exploitations et sans l'addition des engrais organiques, les rendements sont limités, de 400 à 800 kg de grain par hectare, en fonction du type de sol.

A défaut d'engrais chimiques, les cultures de légumineuses et le fumier sont les apports les plus importants d'azote. Les paysans possèdent un élevage varié de chevaux, de chèvres, de moutons, de porcs et de volaille, la volaille étant l'élevage le plus important dans les petites exploitations. Le bétail pourrait jouer potentiellement un rôle vraiment très important dans la fourniture d'engrais pour les cultures car moins de 10 % des paysans utilisent du fumier, du compost ou le paillage comme engrais. Les troupeaux sont actuellement trop petits pour fournir assez de fumier pour la fertilisation et le ministère de l'Agriculture a fait peu de choses pour encourager les paysans à fabriquer du compost pour l'utiliser dans leurs champs.

Compte tenu de ces contraintes et de la forte érosion des sols sur les terres occupées par de petits exploitants, il est important d'envisager comment les pratiques endogènes de conservation des sols et de l'eau pourraient contribuer à développer durablement l'agriculture dans cette région.

Le rôle des pratiques endogènes de CES dans le système des petites exploitations familiales

Les paysans expérimentent localement une large variété de techniques de CES adaptées et décrites ci-dessous.

Paillage et haies végétales

Le paillage et les haies végétales ont été probablement introduites en 1950 et sont courantes sur les basses terres connues sous le nom de *dambo*. On trouve normalement les haies au bord des petits ravins en haut d'un champ à l'intérieur de l'espace *dambo*. On renforce une large rangée de canne à sucre par un gros tas de résidus restant après la récolte de maïs, de canne à sucre, de bananes et de millet. Dans la plupart des cas, les haies sont érigées par les paysans grâce au travail familial et à la houe traditionnelle. Les dimensions moyennes estimées sont de 30 m de long, 2 m de large et 1 m de haut. L'espacement varie de 5 m à plus de 20 m et la technique paraît être assez efficace pour contrôler l'érosion des sols.

Bandes de bananiers en courbe de niveau

Le ministère de l'Agriculture recommande l'utilisation de bandes en courbe de niveau enherbées avec du vétiver ou de l'herbe à éléphant (*Tripsacum laxum*). Le vétiver est largement adopté parce qu'il est profondément enraciné, durable et peu apprécié par le bétail alors que l'herbe à éléphant est de saveur agréable et par conséquent peut subir des dégâts (bien qu'on puisse l'utiliser également pour nourrir le bétail).

Les paysans ont modifié cette technique en remplaçant le vétiver ou l'herbe à éléphant par des bananiers plantés en courbe de niveau qui fournissent également de la nourriture pour les familles. Ceux-ci sont plantés très près les uns des autres, séparés par 1 ou 2 m et les bandes sont espacées par un intervalle de 10 à 20 m. La technique n'est pas une réussite complète parce que les bananiers ne sont pas habituellement plantés dans des cuvettes d'infiltration (qui réduiraient davantage le ruissellement). Plus récemment, les paysans ont commencé à planter des arbres fruitiers tels que les agrumes, les papayes, les poires et des plantes légumineuses dans certains endroits pour renforcer les bandes. Les arbres fruitiers sont une importante source de bois de chauffage et de nourriture pour la famille et ils protègent en outre les champs contre l'érosion des sols. Au total, le système fournit potentiellement un rempart efficace contre le ruissellement, piégeant la terre et l'eau venues de l'amont.

Bordures plantées de canne à sucre ou d'herbe à éléphant

Une autre technique courante de conservation (particulièrement dans les *dambo*) consiste à planter de la canne à sucre et de l'herbe à éléphant en bordure de l'exploitation agricole, le long des chemins et des fermes ou dispersées tout autour. La canne à sucre et l'herbe à éléphant sont plantées sur des buttes construites tout autour des champs et en rectangles dans les champs. La canne à sucre peut être utilisée comme nourriture ou peut être vendue pour pourvoir à d'autres besoins de la cellule familiale ; l'herbe à éléphant est employée comme fourrage pour le bétail ou comme matériau de construction quand on la laisse mûrir. Cependant, l'inconvénient majeur des plantations de canne à sucre ou d'herbe à éléphant en bordure est qu'elles font potentiellement concurrence à la croissance des cultures dans les champs.

Plantation d'arbres

La plantation d'arbres a été introduite dans la région dans les années 70 par le programme du département forestier qui encourageait les paysans à posséder leurs propres parcelles forestières. Les paysans ont depuis modifié cette recommandation pour mieux répondre à leurs besoins en matière de conservation des sols et de bois de chauffage ou de faîtage.

Les arbres sont plantés au pied d'une colline et autour des champs de manière à protéger les terres de l'érosion. L'eucalyptus est la plus commune des espèces utilisées parce que cet arbre produit du bon bois de chauffage et des faîtages. Les rangées d'arbres sont serrées, avec un écartement entre les arbres et entre les rangées. L'eucalyptus par lui-même n'est pas efficace pour stopper l'érosion parce que le sous-bois se développe chichement dans la plupart des cas sous cette espèce. Les paysans coupent donc une sous-couche d'herbe pendant 2 ou 3 mois après le début de la saison des pluies pour former un paillage efficace qui réduit l'érosion.

Billons cloisonnés renforcés par du manioc ou de l'arachide

A l'aide de houes, les exploitants agricoles font des billons cloisonnés, à environ 6 m d'intervalle, pour contrôler le ruissellement et pour conserver l'humidité du sol. Beaucoup ont planté du manioc ou de l'arachide sur les billons afin de les renforcer. Cette technique apparaît très efficace sur les pentes douces (jusqu'à 5 %) parce que tout excès d'eau est déversé sans danger dans le trou le plus proche avec un minimum de dégâts pour les billons.

Lignes de pierre et de sacs de sable

De vieux sacs d'engrais remplis de sable et de petites pierres ou une simple rangée de grosses pierres en travers du chemin des eaux sont construits pour stopper le développement de grandes ravines. Dans certains endroits, les pentes sont systématiquement équipées de lignes de pierre afin de provoquer la formation progressive de terrasses par infiltration du ruissellement et sédimentation des limons. Les rangées de pierre sont placées à des intervalles de 10 à 30 m et sont utilisées sur toute pente où les pierres sont facilement disponibles.

Figure 25.1

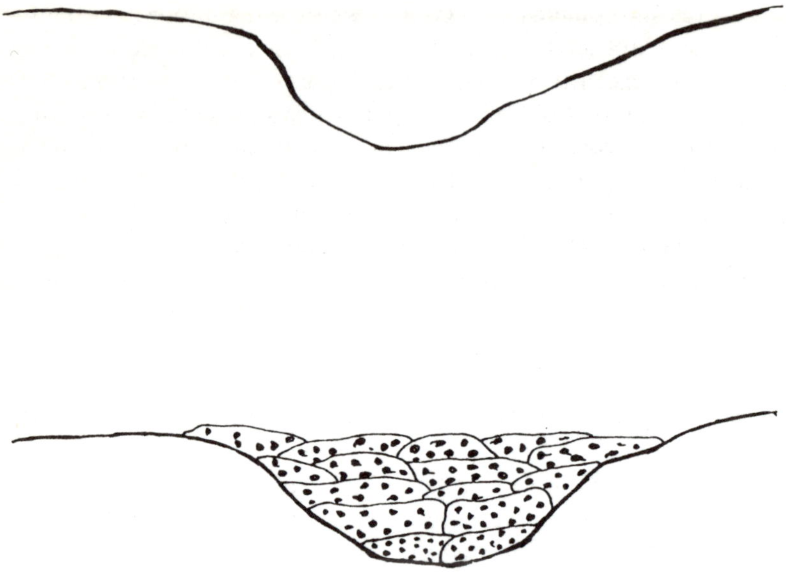

Lignes de pierre ou de sacs de sable dans une ravine

La plantation de bananiers et de canne à sucre dans les ravines

Les paysans considèrent les ravines comme une grave menace pour leurs terres. Ils plantent des bananiers ou de la canne à sucre pour les contrôler ou les récupérer. Dans certains cas, ceci a été assez efficace, comme cela est mis en évidence par le remplissage des ravines. Mais, dans d'autres cas, la simple plantation des bananiers et des cannes à sucre a obligé les eaux à changer de cours et donc a créé d'autres ravines. Les parties limoneuses des ravines sont mises en culture avec des haricots, du maïs et des patates douces. La technique est limitée aux ravines qui occupent dans la plupart des cas moins de 2 % de la surface cultivée mais elle semble plus appréciée récemment, probablement à cause du manque de terres.

Figure 25.2

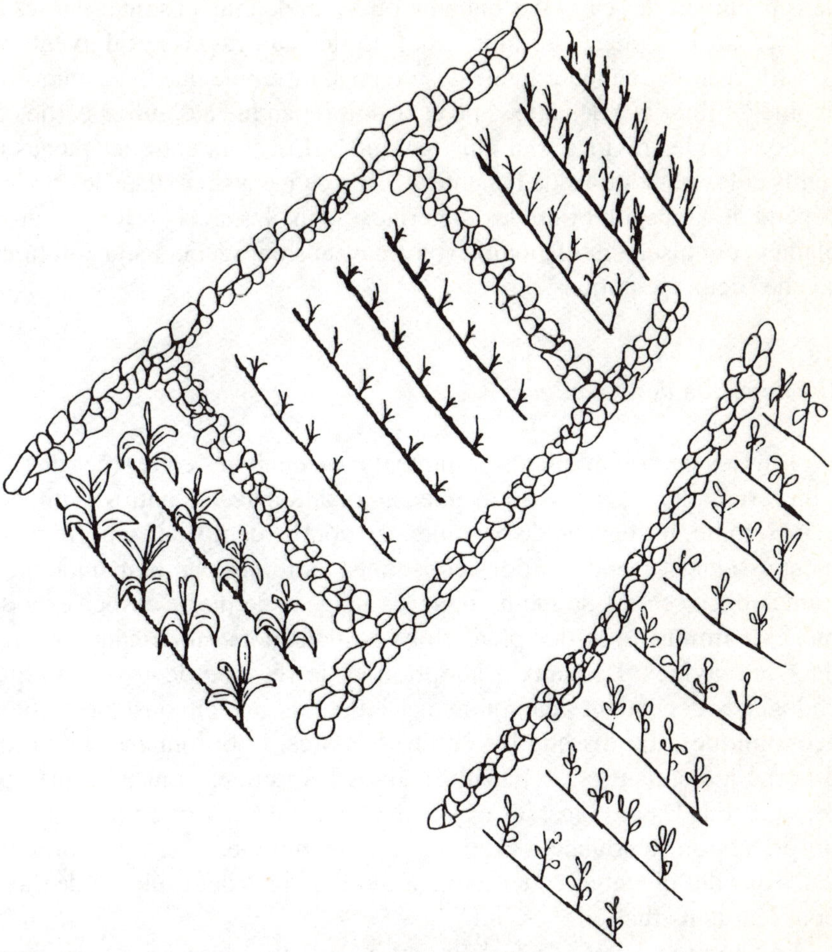

Lignes de pierre

Pièges à limons ou seuils dans les ravines

Les paysans utilisent des pièges à limon quand ils veulent réhabiliter une parcelle dégradée. Pour préparer les pièges à limons, des poteaux sont plantés dans le sol en formant une ligne en travers de la ravine. Ultérieurement, des bambous sont cloués ou attachés sur chaque poteau formant par ce moyen un maillage qui peut aisément piéger le sol provenant de l'amont, permettant en fin de compte le remplissage des ravines.

Les dimensions des pièges dépendent de la taille des ravines, mais, dans la plupart des cas, elles ont au moins 2 m de long et sont espacées de 10 à 15 m. Les pièges à limons sont limités aux ravines et doivent être construits sur la longueur totale des ravines. Il semble que la technique ait évolué à l'intérieur de cette zone et se soit répandue à d'autres parties du Blantyre où les ravines sont plus marquées. Le choix entre les pièges ou seuils et les plantations de bananiers ou de canne à sucre dans les ravines dépend de la disponibilité des matériaux ; dans les sites où les poteaux à planter sont aisément disponibles, les paysans ont recours à la combinaison des deux techniques.

Combinaison des techniques

Tous les petits exploitants pratiquent les techniques endogènes de CES à un certain degré, le plus souvent en association avec d'autres méthodes. Par exemple, les bandes de bananiers en courbe de niveau sont fréquemment associées avec les billons cloisonnés renforcés par du manioc ou de l'arachide ; il en est de même pour les rangées de pierre associées à des pièges à limons avec des plantations de bananiers ou de canne à sucre dans les ravines. Les taux d'adoption et de réussite de ces techniques endogènes dépendent néanmoins partiellement des circonstances socio-économiques. Tandis que les cultures mixtes, le billonnage, la culture d'herbe à éléphant et de bananiers dans les ravines sont pratiqués par presque tous les paysans, les exploitants plus aisés ayant de plus grandes propriétés ont tendance à pratiquer des techniques non traditionnelles telles que des diguettes en terre qui nécessitent plus de surface et de travail pour leur construction.

Les hommes chefs de famille ont adopté les alignements de pierre, l'herbe à éléphant et les plantations de bananiers dans les ravines plus que les femmes chefs de famille, probablement à cause des exigences en terre et en main-d'œuvre : les femmes chefs de famille ont en général des exploitations plus petites et des contraintes de travail plus lourdes. Bien que les femmes participent aux techniques de conservation, leur implication est principalement dans la construction et très rarement dans l'entretien et la culture.

Les agents du gouvernement et les techniques endogènes de conservation

A ce jour, il n'existe pas de données concrètes pour mettre en relief le bénéfice des techniques locales de CES en termes d'amélioration des rendements. Les experts en conservation des sols reconnaissent l'existence de ces techniques mais il y a peu de preuves qu'ils se prononcent en faveur de l'entretien et du développement des mesures localement adoptées. Le Département de la conservation parle rarement des techniques endogènes de CES, et les paysans ont fait remarquer dans l'enquête que les seules techniques endogènes retenues sont le paillage et la plantation d'arbres sur les terres dégradées.

Nous n'avons pas rencontré, dans l'échantillon des personnes questionnées, de paysans ayant eux-mêmes fait des efforts pour améliorer l'efficacité de ces techniques de conservation. La seule chose que les paysans font est de rétablir l'efficacité technique des méthodes existantes au travers d'un entretien constant des techniques de CES qu'ils jugent efficaces.

Des efforts sont faits pour intensifier l'agriculture dans le Blantyre. Les exploitants pratiquent des cultures précoces afin d'avoir une bonne couverture des sols dès le début de la saison des pluies ; ils font un sarclage régulier et ils incorporent des résidus de récoltes afin d'améliorer la structure du sol. Les paysans pratiquent également les cultures associées et dans les parcelles avec légumineuses la fixation d'azote bénéficie aux autres cultures.

Conclusion

Au Malawi, les techniques modernes introduites pour contrôler l'érosion dans les petites exploitations n'ont pas été couronnées de succès. Elles demandent des investissements lourds en capitaux que les paysans ne peuvent pas assumer et elles consomment également beaucoup de terres désespérément indispensables pour les cultures. Par conséquent, il semble nécessaire de recentrer les efforts sur les exploitants et sur les techniques qu'ils pratiquent déjà dans le but d'améliorer leur efficacité. La recherche devrait maintenant s'intéresser aux pratiques endogènes de CES. A ce jour, il n'existe pas de données au Malawi qui puissent mettre en relief les avantages de ces multiples pratiques locales. Cependant, cette étude montre que, pour les paysans, il est plus facile d'améliorer les pratiques traditionnelles de CES qu'ils connaissent déjà plutôt que des techniques modernes habituellement recommandées par le gouvernement, comme les diguettes, les terrasses et les billons réalisés au marquoir qui sont incompatibles, dans de nombreux cas, avec la situation des petits paysans du Malawi.

Le dénominateur commun entre les différentes techniques locales de CES est qu'en dehors de l'utilisation de matériaux locaux, ils procurent de la nourriture à la population ou du fourrage au bétail. Dans une région qui connaît une forte pression de la population sur les terres comme le Blantyre ADD, les paysans retiennent les techniques capables de fournir de la nourriture, du bois de chauffage, des poteaux de faîtage et du fourrage pour les bêtes tout en aidant à conserver les sols et l'eau. Les techniques qui consomment trop de terre et qui n'offrent pas ces avantages n'ont guère d'avenir dans cette zone.

26

L'évolution de l'irrigation par petits bassins du plateau de Jos au Nigeria

Kevin PHILLIPS-HOWARD

Ce chapitre présente une technique de CES, l'irrigation par petits bassins, et son extension rapide sur le plateau de Jos dans le nord du Nigeria pour répondre à des changements sociaux et économiques. L'irrigation par petits bassins a engendré des perspectives nouvelles et avantageuses

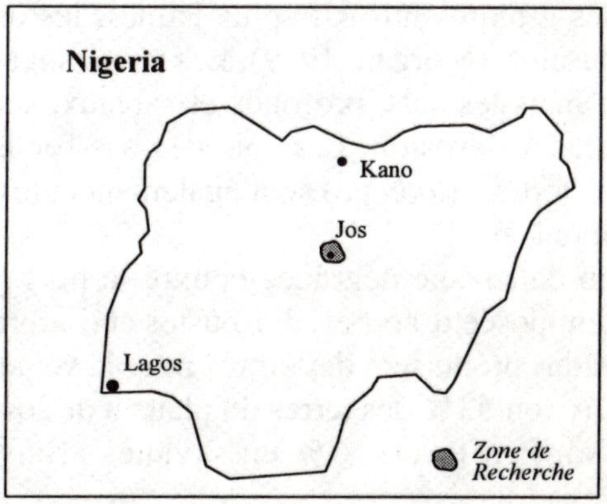

pour la production agricole. Elle a permis de produire des cultures vivrières durant la saison sèche et durant les séquences sèches de la saison des pluies. L'irrigation a induit, depuis quelques années, une importante stratégie agricole dont la technologie et ses applications ont provoqué de profonds changements. En effet, le plateau de Jos offre de grandes potentialités pour l'extension de l'agriculture irriguée par petits bassins mais la contrainte majeure à la mise en œuvre de cette technique est son coût substantiel en main-d'œuvre et en capital.

Présentation de la zone d'étude et de sa population

Le plateau de Jos s'étend sur 8 600 km² de hautes terres de 1 200 m d'altitude moyenne, densément peuplées et caractérisées par la diversité des cultures, la petite agriculture et le pastoralisme. Au début des années 70, les densités de population étaient de l'ordre de 70 à 139 hab/km² dans la partie sud du plateau et de 140 à 279 hab/km² dans la partie nord ; depuis, les densités de population ont continué à augmenter. Dans le nord très peuplé, les sols sont caractérisés par leur fort appauvrissement en éléments nutritifs, une forte pression sur la terre, de courtes jachères (LRDC, 1978) et des niveaux de production permettant juste la subsistance (Morgan, 1979).

Les températures moyennes mensuelles (20 à 24° C) sont basses pour la latitude alors que la hauteur des précipitations annuelles est relativement élevée (de 1 000 à 1 500 mm par an). Le plateau se compose d'une surface ondulée, modelée dans le complexe de base de roches anciennes dont affleurent des granites intrusifs plus jeunes, les ondulations étant formées par des basaltes (Morgan, 1979). Les terres sont cultivables lorsqu'il y a de l'eau mais les sols, profonds et sableux, sont généralement pauvres et sensibles à l'érosion. Les sols des bas-fonds sablo-argileux inondables les plus fertiles (*fadama*) sont également cultivés durant la saison sèche, d'octobre à avril.

Une végétation de savane dégradée couvre la plus grande partie du plateau ; elle est composée d'herbes, d'arbustes et d'arbres. Les exploitations et les plantations produisent des arbres pour la vente, principalement des eucalyptus. Environ 53 % des terres du plateau de Jos sont activement cultivées, 37 % sont en forêts, 6 % en savanes arbustives et 4 % en brousses arbustives.

Au XIXe siècle, le système agricole local était caractérisé par une agriculture mixte incluant une agriculture itinérante dans les plaines et une agriculture intensive en terrasses dans les collines (où était localisée la majorité de la population). Le système de cultures comprenait, entre autres, la production d'*acca* ou « riz des affamés » (*Digitaria exilis*), de *dauro* ou « mil nain » (*Pennisetum americanum*), de *tamba* ou « mil digité » (*Eleusine coracana*) et de la patate douce (*Ipomoea batatas*). En plus, il y avait l'élevage nomade et semi-sédentaire de troupeaux composés de bovins, de chèvres et de moutons. A l'époque coloniale, une partie importante de la population s'est réinstallée dans la plaine et, selon Adepetu (1986), l'agriculture traditionnelle de subsistance de la zone s'est adaptée aux conditions nouvelles créées par l'exploitation des mines d'étain et par la croissance rapide de la population. Il en est résulté un développement de l'agriculture de la région avec un plus grand nombre d'agriculteurs et une plus grande variété des cultures orientées vers une production intensive destinée au marché.

Les changements socio-économiques et le développement rural récent ont renforcé cette tendance sur le plateau de Jos. La croissance, puis le déclin des grandes mines d'étain ont laissé une population de mineurs très réduite et 316 km^2 de vestiges miniers, notamment des terrils et des fosses minières inondées. Entre-temps, dans le cadre du programme d'ajustement structurel de la Banque mondiale (PAS) au Nigeria, il y a eu une réduction des importations et une augmentation de la production nationale. Une chute spectaculaire des revenus réels dans les villes a abouti à l'amélioration des conditions commerciales dans les zones rurales, à l'augmentation de l'emploi rural et au développement rapide du marché dans le secteur agricole. Une forte demande et des prix à la hausse, résultant en partie de l'application du PAS, ont stimulé le marché orienté vers les productions vivrières, spécialement du maïs et des légumes. Ces événements, combinés avec le déclin de l'élevage transhumant comme stratégie de survie, ont provoqué une évolution rapide de la petite agriculture.

L'évolution des petits bassins d'irrigation

L'agriculture irriguée, ou agriculture de saison sèche, est une pratique ancienne et très répandue dans le Nord du Nigeria car elle est traditionnelle dans les plaines d'inondation ou *fadama*. Cette agriculture, désignée par le terme haoussa de *fadama*, comporte la production à petite échelle de légumes associés à d'autres cultures pendant la saison sèche. Ce type d'agriculture était traditionnellement entreprise par le moyen de petits bassins adjacents aux rivières permanentes, et du *chadouf* (un levier avec un contrepoids et une outre). L'eau était conduite dans des bassins plus éloignés par des canaux de terre et de pierre appelés *dokki*. La technique fut introduite sur le plateau de Jos par les Haoussa venus de l'extrême Nord, d'où l'on pense que cette pratique est originaire (Grove, 1961). Beaucoup de Haoussa se sont installés sur le plateau pour travailler dans les mines d'étain et ont apporté avec eux leur savoir-faire associé à leur expérience de l'agriculture *fadama*.

Dans les années 60, les populations locales du plateau (Berom et autres) ont commencé à mettre en œuvre cette technique et un projet d'irrigation a été lancé par l'État près de Riyom (Cox, 1965). Jusqu'aux années 70, cependant, cette activité est restée limitée à quelques zones de *fadama* (Hill et Rackham, 1973). Au début des années 80, les circonstances locales ayant changé, l'irrigation s'est répandue rapidement. Selon Morgan (1985), c'était le résultat, entre autres, de l'expansion rapide du marché des légumes, de l'introduction des motopompes à essence et de l'emploi d'engrais chimiques. Une importante main-d'œuvre était disponible pendant la saison sèche, la « morte saison » agricole, et du fait des fermetures de mines d'étain (Adepetu, 1985).

Les petits bassins d'irrigation du plateau Jos se trouvent le plus souvent dans des exploitations dont la surface moyenne est d'environ 0,5 ha (comprises entre 0,1 et 2 ha). Les bassins, carrés ou rectangulaires, mesurent entre 8 et 12 m^2. La profondeur d'un bassin varie de 20 à 40 cm, chaque bassin étant plus ou moins bien nivelé afin d'assurer partout la même distribution d'eau. Chaque bassin est inondé en utilisant une houe pour ouvrir le passage à l'eau apportée par des canaux qui ont environ 50 cm de large. Ceux-ci sont construits entre des rangées de bassins qu'ils alimentent par gravité avec de l'eau remontée par pompage jusqu'à un point surélevé. Le pompage est réalisé à partir des cours d'eau proches, des lacs ou des fosses minières ; il est fait par une motopompe à essence utilisant des tuyaux d'environ 5 à 8 cm. Les fosses minières sont alimentées par de l'eau de nappe dont le niveau au-dessous du sol varie de un mètre à la fin de la saison des pluies (sept.-oct.) à 5 mètres ou plus à la fin de la saison sèche (mai-juin).

La construction des petits bassins d'irrigation débute par le défrichement des terres, c'est-à-dire l'arrachage des buissons, le déplacement des plantes et des racines, l'extraction des pierres, le sous-solage et le brûlage de la litière morte. Ensuite on procède au creusement des canaux et des bassins, à l'enlèvement des pierres et au travail à la houe de la couche arable. Le système d'irrigation comprend en outre les bassins dans lesquels l'eau va être pompée, la construction de petites terrasses (en terre ou pierre) si nécessaire, et un réseau de canaux d'irrigation. A chaque niveau ou terrasse, on construit des séries de buttes de terre d'environ

20 cm de haut qui se croisent perpendiculairement. Cela donne une série de rangées de bassins séparés par des canaux d'amenée d'eau.

L'entretien consiste à réparer les bassins endommagés en utilisant une houe, mais c'est rarement nécessaire grâce à un travail qualifié et à l'élimination des mauvaises herbes dans les canaux. En réalité, le besoin d'entretien est limité parce que les bassins et la plupart des canaux sont reconstruits annuellement, au début de la saison sèche (à partir d'octobre).

Chez les Haoussa, qui sont surtout musulmans, tous les travaux afférents à l'irrigation sont effectués par les hommes. Sur le plateau de Jos, beaucoup de paysans haoussa se sont plutôt reconvertis comme mineurs ou comme ouvriers agricoles qui migrent en fonction des saisons. Les coutumes des autres populations du plateau, tels que les Berom, sont différentes : les hommes et les femmes participent tous aux travaux et les femmes fournissent la majorité de la main-d'œuvre.

Le remplacement du *chadouf* par la motopompe s'est fait rapidement. Parmi les paysans qui habitent le long de la rivière Delimi, la proportion de ceux qui utilisent des motopompes est passée de 43 % en 1982 à 84 % en 1990 (Phillips-Howard *et al.,* 1990). L'adoption des motopompes a provoqué des modifications techniques dans le système d'irrigation. D'abord, les débits de pompage sont plus importants ; il faut donc que les talus de terre qui entourent les bassins soient plus hauts et plus résistants et que les canaux soient renforcés. Ensuite, le développement de l'irrigation sur des terres plus hautes est devenu possible. Enfin, avec l'effondrement de l'exploitation des mines, on a pu exploiter les 1 000 fosses minières comme bassins de pompage.

En outre, le développement de l'irrigation a été favorisé par le pompage de l'eau sur des points plus hauts et par la construction de *dokki* (canaux) qui conduisent l'eau par gravité jusqu'à des sites plus éloignés. Le pompage relais est une autre technique par laquelle l'eau est pompée dans un point d'eau éloigné et repompée jusqu'à atteindre les hautes terres. Par ailleurs, des secteurs autrefois inaccessibles peuvent être atteints par le creusement de canaux, par la suppression des obstacles topographiques et par l'aménagement de conduites aériennes ou de systèmes de pipes-lines. Lorsque l'exploitant a suffisamment d'argent disponible, il peut employer simultanément deux ou plusieurs motopompes et irriguer des champs de *fadama* plus grands et plus éloignés.

L'introduction des motopompes a entraîné de nombreux ajustements, dont l'augmentation du volume et de la rapidité du travail. En particulier, les paysans ont dû apprendre comment gérer l'écoulement rapide des eaux pour éviter les dégâts sur les cultures et le débordement des bassins. Cela a impliqué l'apprentissage du réglage du débit de la motopompe et l'acquisition d'un savoir accru sur les variations des besoins en eau. Les changements introduits dans le système des petits bassins d'irrigation ont permis aux paysans d'utiliser cette technique pour récupérer sans difficultés des secteurs importants de terres abandonnées après l'exploitation minière du plateau de Jos.

Les bassins d'irrigation sont construits sur des terres minières et non minières, toutes deux généralement infertiles. Même si les décharges minières exigent plus d'engrais, les facteurs les plus importants sont la disponibilité en eau (rivières et fosses minières) et l'accès aux engrais et aux détritus urbains (ceux-ci sont brûlés et épandus sous forme de cendres). En conséquence, les deux types de terre sont utilisés plus intensivement près de Jos et des autres villes que lorsqu'on s'en éloigne. Cependant, à l'avenir cette différence se réduira grâce à l'amélioration des voies d'accès et à l'utilisation croissante de fertilisants divers par les agriculteurs.

La plus grande partie des 47 000 ha de terres de *fadama* du plateau de Jos est irriguée durant la saison sèche, exceptées, peut-être, celles qui sont trop éloignées des villages ou des routes goudronnées. Les terrains miniers irrigables représentent l'équivalent de 9 400 ha dont une faible proportion est actuellement irriguée, seuls étant irrigués ceux qui sont situés près des rivières ou des fosses minières. Le coût estimé de l'irrigation sur les terres minières était d'environ 1 100 FF/ha/année en 1990 (Phillips-Howard et Schoeneich, 1992). L'obstacle principal à son développement est le manque de capitaux de départ pour acheter ou louer une motopompe (dont le coût s'élevait à 1 700 FF environ en 1992) et pour faire face aux frais de main-d'œuvre, d' engrais et de semences.

Le plateau de Jos est la région qui a les plus grandes potentialités de développement de l'irrigation mais celui-ci est actuellement limité par les coûts élevés du pompage. Au total, il y a à peu près 629 800 ha irrigables sur le plateau de Jos et suffisamment d'eau pour les irriguer presque tous. Le manque de main-d'œuvre locale signifie probablement qu'une petite partie seulement sera irriguée, probablement autour de 15 %.

Conclusions

La technique de l'irrigation en petits bassins permet aux paysans du plateau de Jos de se procurer des revenus importants pendant la période creuse de la saison sèche. La technique est appropriée pour la production d'une large gamme de cultures maraîchères (tomates, carottes, choux, laitues, haricots, betteraves, oignons et poireaux) ainsi que d'autres cultures comme la canne à sucre, le blé, le maïs et l'orge. Cette technique a donc été incorporée par certaines exploitations dans un système d'agriculture hautement productif tout au long de l'année.

La croissance rapide de l'intérêt pour les légumes tempérés sur les marchés devrait favoriser encore l'extension de l'agriculture irriguée jusque dans des zones où cela n'était pas possible auparavant. Ces zones sont les terres élevées (même avec des pentes excédant 5 degrés) situées près des *fadama*, les berges escarpées des rivières et des ruisseaux et d'autres zones qui peuvent être irriguées à partir de forages dans les nappes profondes. La principale contrainte de la technique des petits bassins d'irrigation est, dans les conditions actuelles, ses exigences de travail qui sont difficiles à satisfaire en termes de disponibilité et de coût croissant de la main-d'œuvre nécessaire ; l'offre de main-d'œuvre spécialisée sur le plateau de Jos est elle-même insuffisante. Désormais, l'avenir repose sur les migrations saisonnières des ouvriers de l'extrême Nord. Il existe une forte concurrence entre les paysans et ils sont enclins à réserver leur savoir à la formation des membres de leurs familles et de leurs ouvriers. C'est particulièrement vrai chez les Haoussa qui avaient introduit cette technologie lors de leur installation sur le plateau de Jos. Dorénavant, les autochtones du plateau sont exclus du partage du savoir et doivent apprendre en épiant les paysans haoussa dans leurs champs. Ainsi, et jusqu'à un certain point, l'appartenance ethnique était et reste une barrière au développement. Dans la période récente, la population locale a adopté de plus en plus cette technologie car sa rentabilité est devenue évidente. Parallèlement, il y a une tendance à essayer de déplacer les Haoussa et à récupérer les terres qu'ils avaient louées.

Si la demande pour les produits irrigués continue de dépasser l'offre et si les perspectives de développement de l'agriculture de saison sèche restent favorables, il est vraisemblable que l'irrigation progressera. Cependant, cette hypothèse ne se réalisera que si l'on résout les problèmes liés au recrutement et à la formation de la main-d'œuvre ainsi qu'à la mobilisation d'un capital de départ suffisamment conséquent.

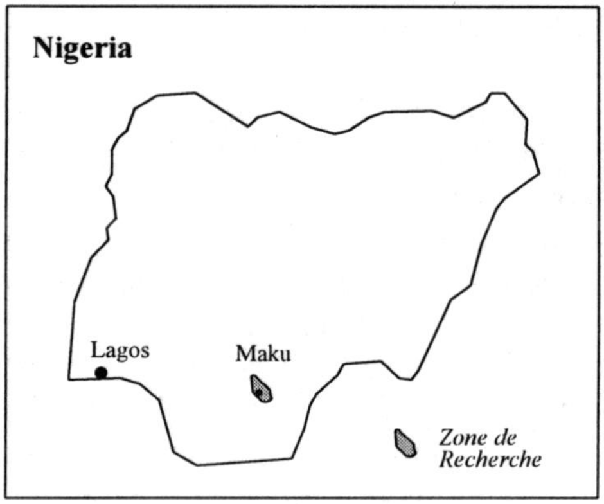
Nigeria
Lagos
Maku
Zone de
Recherche

27

Un système de conservation de l'eau et des sols menacé

Retour à Maku, au Nigeria

E.M. IGBOKWE

A Maku, communauté agricole située à la pointe sud de l'ensemble de collines de Udi-Nsukka dans l'est du Nigeria, les agriculteurs ont développé un système traditionnel de conservation de l'eau et des sols (CES) associant des mesures physiques (terrasses avec murs de pierres) et agronomiques (billons à contrepente avec cloisonnement ou avec des cuvettes d'infiltration) (Floyd, 1969). On observe aujourd'hui des signes de délabrement, d'abandon et de négligence dans le système des terrasses, connues localement sous le nom de *ishi-mgboko*. Ce chapitre analyse les facteurs et les processus qui ont conduit à la désintégration progressive de ce système autrefois durable.

Présentation de la zone d'étude et de sa population

Maku est situé à 50 km au sud d'Enugu, dans le territoire administré par le gouvernement local d'Awgu dépendant de l'État d'Enugu. Il est situé dans l'une des zones les plus peuplées du Nigeria avec une densité rurale moyenne de 335 habitants au km² (Commission de la population nationale, 1992). La population de Maku était de 8 710 habitants en 1963 et devrait avoir doublé en 1994 (Banque mondiale, 1993). Ifite, Otokwu,

Ezioha ont été les premiers villages de la zone et occupent les terres les plus hautes ; Enugwu, Enugwu Eham, Ibite et Eziama sont des villages créés plus récemment.

Situé dans la zone septentrionale de la forêt humide, Maku a quatre mois secs, de novembre à février, le mois le plus sec recevant moins de 29 mm de pluie. Les précipitations annuelles varient autour de 1 600-2 000 mm. Les orages de chaleur surviennent à la fois au début de la saison des pluies (mars-avril) et à la fin (septembre-octobre). Les jours sont longs mais l'ensoleillement réel est réduit par la couverture nuageuse, par les précipitations et par la brume sèche durant l'harmattan (Unamma *et al.,* 1985). La moyenne annuelle des températures est élevée : 25° C dans les collines et plus de 30° C dans le fond des vallées et sur les basses terres.

La végétation est une savane ancienne. Cependant, les arbres et les arbustes sont encore denses dans les bas-fonds et dans les bois sacrés. Sur les collines, les espèces buissonnantes prédominent et sont parsemées de palmiers à huile sauvages. Les sols se sont formés sur des schistes sableux résistants et sur des grès (Floyd, 1969 ; Igwe, communication personnelle). Les noms locaux des sols sont fondés sur la toposéquence : les sols qui recouvrent le haut des pentes les plus fortes sont appelés *ugwu ejirija* par référence à leur nature caillouteuse et superficielle ; les sols qui recouvrent le bas des versants et le pied des collines portent le nom de *ani-nri,* qui signifie « terre riche » ; ces basses terres sont enrichies par des dépôts qui proviennent des hautes terres et sont moins sensibles à la dégradation naturelle ; les sols pauvres des terres basses, à tendance sableuse, sont dénommés *uvom.*

Propriété et types d'exploitation de la terre

Les villages sont principalement situés dans des bosquets de palmiers sur les sommets plats de collines. Les villageois cultivent le haut des collines et les versants escarpés situés à proximité de leurs maisons mais ils peuvent aussi posséder des parcelles éloignées sur le bas des versants en pente plus douces (inférieures à 10°).

La propriété des terres a évolué de la gestion communautaire à la propriété individuelle (des hommes). Les parcelles situées sur les versants ont de 0,01 ha à 0,13 ha alors que des parcelles atteignant 0,3 ha sont communes sur les basses terres. La taille des exploitations agricoles a diminué de génération en génération, la grande taille des familles (le ménage moyen compte six personnes) et les mariages polygames favorisant la fragmentation (Lal, 1993). Le nombre moyen des parcelles par famille est habituellement de six. La plupart des exploitants de Maku sont parfaitement conscients que la fragmentation peut mener à des exploitations peu rentables ; c'est pourquoi, actuellement, des contrats de location sont passés pour consolider les exploitations lorsque c'est possible. En effet, les familles qui manquent de terre peuvent en louer une à l'année ou pour une saison agricole. En outre, les baux à long terme, pouvant atteindre 10 années, sont courants entre les agriculteurs et les immigrants.

Les systèmes agricoles dans les collines de Maku

Près des villages, sur les terrasses des versants, les parcelles individuelles sont cultivées avec des ignames, des macabo, du maïs et des légumes. Un système de rotation des cultures est utilisé pour restaurer la fertilité, surtout pour la culture de l'igname. Le système de rotation est le suivant :

1re année	igname associée au maïs	application d'engrais chimiques
2e année	légumes	forte dose d'engrais organiques et chimiques
3e année	macabo	forte fumure organique

Les agriculteurs ne commencent pas toujours leur rotation en même temps et les pentes des collines ont souvent l'aspect d'un « patchwork » quadrillé. Les ignames sont plantés sur des billons cloisonnés perpendiculaires à la pente. La préparation de la terre commence en septembre ; elle est suivie par les semailles de deux variétés : l'igname blanc au mûrissement précoce et l'igname d'eau en octobre. Les engrais chimiques, dont l'emploi a beaucoup progressé ces dernières années, sont habituellement appliqués peu après la germination. Certaines caractéristiques de la culture de l'igname sur les terrasses des versants sont particulièrement intéressantes. Premièrement, les variétés d'igname sélectionnées ont une maturité précoce si la fertilité des sols est suffisante pendant le cycle de la rotation. Cet igname, complété par du maïs, fournit donc la nourriture pendant les « mois de soudure » entre juin et septembre quand les réserves de nourriture sont réduites. Deuxièmement, les agriculteurs sont conscients du haut niveau d'éléments nutritifs du sol nécessaires à la culture de l'igname : ils commencent donc la fumure organique deux ans avant que la parcelle soit semée. Cependant, beaucoup de paysans pensent que la fumure organique comporte des agents pathogènes qui infestent les tubercules et, surtout, favorisent à l'excès la croissance de la partie aérienne de l'igname au détriment de ses tubercules ; ils préfèrent donc utiliser des engrais chimiques pendant la période de croissance de l'igname.

D'autres cultures sont semées sur les pentes faibles et au pied des collines au moment des pluies régulières de mars : l'igname, le manioc et le macabo sont plantés sur des billons cloisonnés sans aucune rotation stricte ; ces terres en pente douce n'ont pas besoin d'être aménagées avec des terrasses.

La gestion de la fertilité des sols

Sur les pentes faibles et au pied des collines, une jachère arbustive est pratiquée pour maintenir la fertilité et, pendant cette période de régénération naturelle, *Acioa barteri* (en igbo, *oka* ou *ahaba*) aide à stabiliser les sols sur les parcelles et fournit des piquets pour soutenir les tiges d'igname. La fumure organique est largement utilisée sur les terrasses cultivées ; elle est essentiellement constituée de compost (en igbo, *urubi*) et de déjections de moutons, de chèvres mais aussi de volailles. Le nombre moyen de têtes de bétail par famille est de six. Les moutons et les chèvres sont attachés à leur longe pendant toute la période de culture et sont nourris à l'étable avec des cœurs de palmiers et des mélanges d'herbes et de légumineuses. Le compost est préparé à partir de déchets composés d'herbes coupées et de cendres. Ces deux sortes de fumure sont transportées de l'habitation aux champs par les femmes et les enfants pendant la saison sèche (novembre-février) ; elles sont épandues sur les parcelles que la rotation prévoit de planter en macabo et en légumes. Les feuilles de palmier (igbo : *nkwukwo*) et les feuilles d'*Acioa barteri* ramassées dans les jachères des basses terres sont épandues sur les parcelles de macabo ; les feuilles de palmier sont connues pour être riches en potassium, ce qui est essentiel pour la tubérisation.

Traditionnellement, le bétail divaguait librement mais les dégâts qu'il cause aux cultures et aux murs des terrasses sont devenus plus évidents avec le passage à la culture intensive. Les individus et les groupes élèvent maintenant le bétail en petits troupeaux dans des enclos qui facilitent la collecte du fumier.

Engrais chimiques

Plusieurs facteurs expliquent pourquoi les fertilisants chimiques ont été largement adoptés par les agriculteurs des collines de la région d'Awgu (Igbokwe, 1985) : intensification de l'utilisation de la terre, approvisionnement insuffisant en fumure organique, prix réduit des engrais chimiques subventionnés au Nigeria jusqu'à une date récente. Cependant, avec la mise en œuvre par le gouvernement du programme d'ajustement structurel (1985-1993), les subventions pour les engrais ont été graduellement supprimées et les prix actuels sont bien trop élevés pour de nombreux agriculteurs. Il est probable que l'emploi des engrais chimiques est en baisse et que celui de la fumure organique est en accroissement mais les données pour vérifier cette supposition ne sont pas disponibles.

L'érosion

Les fortes précipitations sont la cause principale de l'érosion dans le Maku : leur impact est amplifié par la dégradation de la couverture végétale et par le recul des jachères. De fortes pluies provoquent aussi une perte rapide des éléments nutritifs du sol par lessivage. La plupart des agriculteurs ne reconnaissent pas l'existence et les effets de l'érosion en nappe qui est pourtant généralisée au Maku. Par contre, les effets des ravines d'érosion sont bien connus et la plupart des efforts faits pour la culture sur terrasses sont destinés à les prévenir. Les ravines sont rares sur les champs bien tenus ; par contre, l'érosion sous toutes ses formes, mais surtout le ravinement, est très active dans les parcelles négligées ou abandonnées et dans les parcelles situées sur de fortes pentes.

Le système de CES au Maku

Le système de CES au Maku est principalement utilisé sur les pentes fortes, bien que, dans certains cas, des techniques telles que les billons perpendiculaires à la pente et les diguettes en terre sur courbes de niveau puissent aussi être utilisées sur les pentes faibles. Les origines des techniques de CES au Maku sont vagues. Une version de l'histoire orale soutient que, lorsque les marchands d'esclaves transatlantiques ont intensifié leur trafic, la population locale construisit des murs de pierres et des abris au pied des collines pour fortifier leurs villages contre les raids des esclavagistes. Il est prouvé que cette période de réclusion forcée obligea la population à trouver des solutions pour subsister sur les sols rocailleux.

Les terrasses et leurs murs de pierres sèches

Les murs de soutènement des terrasses sont construits avec des pierres déterrées sur les versants en utilisant des barres à mine, des pioches, des houes et des paniers. Les agriculteurs sélectionnent la courbe de niveau la plus basse bordant leur parcelle et creusent des fondations d'une profondeur d'environ 30 cm. Celles-ci sont formées de deux ou plusieurs couches de pierres. L'épaisseur du mur peut varier de 25 cm à 35 cm. La construction commence tout au début de la saison sèche quand le sol est très meuble. Le chef de ménage et un voisin avec lequel il pratique l'entraide, ou avec sa belle famille, se relaient pour piocher la terre caillouteuse de la colline et la mettre dans les interstices de la base du mur ; cette base est également renforcée en la recouvrant avec des fragments tamisés de rochers. Une autre couche de pierres est posée et le procédé est répété jusqu'à ce que la hauteur désirée de 30 cm environ au-dessus du niveau de la terre soit atteinte. Ensuite, chaque année la terre est binée régulièrement de l'amont vers le mur pour niveler le sol. Les femmes et les enfants tamisent la terre avec des paniers pour en extraire le gravier et recueillir les pierres ; celles-ci sont empilées sur les limites entre les parcelles afin de créer des obstacles pour ralentir la vitesse du ruissellement. L'objectif, à long terme, est d'inverser la pente de la plate-forme de la terrasse et, aidée par les billons cloisonnés et un labour profond, que l'eau s'infiltre peu à peu dans le sol après chaque pluie. Les pierres en excès sont entassées afin d'élever la hauteur du mur lorsque cela est nécessaire ou pour un travail futur de réparation.

Les parcelles étant petites, les terrasses ne forment pas une plate-forme continue tout autour de la colline mais elles sont discontinues et construites à nouveau à intervalles réguliers pour pouvoir s'enrouler comme un ruban autour de la colline. Habituellement, les terrasses ne sont pas cultivées au cours de la première année suivant la construction : elles sont laissées au repos afin de faciliter leur consolidation.

L'entretien des murs est un processus continu d'une importance capitale après les pluies abondantes car des brèches dans les murs ouvrent le passage aux eaux qui peuvent emporter les cultures. Le travail général de réparation est concentré sur la période de fin de la saison des pluies, quand il y a moins de travail à accomplir dans l'exploitation. Ce travail laborieux est habituellement pris en charge par le chef du foyer mais l'aide des voisins et des beaux-parents peut être sollicitée. Les réparations des terrasses nécessitent l'investissement de huit jours de travail par personne pour une longueur de mur de 4 à 5 m.

Les avantages et les inconvénients du système de CES

Pour les terrasses agricoles typiques de Maku, le système a les avantages suivants :

– l'érosion des sols est maîtrisée ;

– la conservation de l'eau permet aux agriculteurs de commencer la culture de l'igname dès le mois d'octobre, tandis que ceux qui vivent dans les basses terres doivent attendre jusqu'aux pluies de mars ; surtout, la culture des légumes est possible tout au long de l'année ; les légumes sont vendus sur les marchés des principaux centres urbains comme Enugu et Onitsha, surtout pendant la saison sèche ;

– le système encourage le travail continu de la terre d'année en année ; cette pratique contribue à l'approfondissement du sol pour la culture de l'igname et facilite les processus de formation des sols.

Les quelques inconvénients sont :

– l'intense effort de travail exigé alors que de nombreuses familles souffrent actuellement du manque de main-d'œuvre ;

– les réparations régulières des murs des terrasses demandent beaucoup de temps ;

– le système consomme des terres agricoles qui sont déjà rares ;

– les murs des terrasses fournissent des niches pour les rongeurs qui détruisent les récoltes, surtout celles des tubercules ; les serpents habitent souvent dans les murs des terrasses et sont dangereux au moment des réparations.

La majorité des villageois qui ont adopté ces techniques de CES sont des paysans qui se consacrent principalement à l'agriculture de subsistance et qui habitent, pour la plupart, dans les premiers villages créés, Ifite, Otokwu et Ezioha. Cependant, même dans ces villages, on ne construit plus de nouvelles terrasses à une échelle significative. L'agriculture sur terrasses est bien moins courante dans les villages créés plus tardivement parce que les paysans utilisent les terres moins pentues dans les vallées et sur les pentes du sud-ouest et de l'est, ce qui leur permet de pratiquer une agriculture plus extensive et la jachère.

Tendances et contraintes liées à l'entretien des terrasses au Maku

En 1969, Floyd écrivait : « Il semble qu'on ne puisse entrevoir aucune autre issue qu'un accroissement progressif de l'émigration des agriculteurs des collines aménagées en terrasses si ceux qui restent n'ont pas d'autres perspectives de vie que les corvées et les privations perpétuelles ».

La situation actuelle n'est pas aussi tranchée que Floyd le suggère : des parcelles bien entretenues avec des murs intacts sont entremêlées avec des terrasses aux murs abandonnés et dégradés. Moins de 0,5 % des parcelles en terrasses existantes ont été construites durant ces dix dernières années alors qu'une parcelle sur dix est abandonnée chaque année. On trouve des parcelles abandonnées dans tous les villages du Maku. L'augmentation des coûts de production de l'igname, en particulier du coût des semences, conduit de plus en plus d'agriculteurs à abandonner ou à réduire leur superficie en igname et à réserver plus de terre à la production du manioc et du macabo.

L'accumulation de richesses pétrolières massives, au début des années 70 a permis un développement rapide de l'éducation, de la santé, de l'industrie et des villes ; ce développement a provoqué une dynamique d'abandon de l'agriculture, particulièrement parmi les classes scolarisées. Face à l'accroissement rapide de la population, les technologies agricoles existantes n'ont pas pu assurer les ressources nécessaires à l'autosubsistance. Le résultat est que, pour de nombreux ruraux, les migrations du travail pour obtenir rapidement des revenus monétaires sont devenues la règle. Les migrations temporaires du Maku peuvent aussi être des mouvements périodiques de familles entières vers des centres urbains comme Enugu et Lagos. Les migrations saisonnières touchent plus fréquemment la population agricole masculine aux ressources limitées et qui émigre d'avril à décembre en direction de villages situés dans les zones périurbaines des grands centres. Cependant, les migrations permanentes sont inconnues dans cette région du fait des croyances prédominantes et de l'attachement sentimental aux ancêtres et à la terre.

La raréfaction de la main-d'œuvre et la dureté d'un travail qu'il faut reprendre sans cesse sont les contraintes majeures de la gestion des terrasses agricoles au Maku. Le système réclame le travail de jeunes hommes ; or, la moyenne d'âge des ruraux masculins du Nigeria oriental (Unamma, 1985) est de 40 ans ; il est donc peu probable que ce système puisse être maintenu. Un deuxième changement réside dans l'attention toute particulière portée par le gouvernement depuis les années 70 à la réalisation de l'éducation primaire pour tous. En conséquence, les enfants qui participaient dès leur jeune âge aux travaux de l'exploitation fréquentent maintenant l'une des quatre écoles primaires et des deux écoles secondaires qui existent à Maku. L'instruction a permis aux jeunes gens d'élargir leur horizon et a développé chez eux de fortes préférences pour les occupations non agricoles.

L'exploitation des carrières de pierres au Maku a attiré des paysans loin de leurs exploitations et a fait naître le chapardage des pierres des murs des terrasses. Les rentrées d'argent dues à cette activité sont importantes (300 naira par tonne excavée). La production de vin de palme est une autre occupation qui a constamment attiré les hommes occupés jusque-là par l'agriculture sur terrasses (d'après la coutume, seuls les hommes peuvent monter sur les palmiers à huile et tirer du vin de palme). Les palmiers sauvages vieillissant et les sols superficiels des collines ne permettant pas le développement à grande échelle des plantations de palmiers, les tireurs de vin migrent saisonnièrement de plus en plus vers les centres suburbains.

Il n'existe aucun système établi d'entraide collective pour le travail agricole parmi les hommes du Maku, système qui aurait pu permettre de remédier à l'insuffisance de la main-d'œuvre agricole ; seule existe l'entraide collective pour la construction des maisons et des routes. La construction des terrasses est une tâche pénible, lente et réclamant beaucoup de temps, ce qui occupe chaque homme du village sur sa propre parcelle au même moment ; de plus, la main-d'œuvre louée n'est pas disponible pour la construction des terrasses.

La migration des hommes ou leur engagement dans des occupations non agricoles laissent souvent la responsabilité de l'entretien des terrasses aux femmes. Or, celles-ci doivent déjà faire face à de lourdes tâches et, souvent, elles ne peuvent pas mener à bien les travaux d'entretien des terrasses et de réparation des murs. Le fait qu'elles ne connaissent pas la technique de construction des terrasses signifie aussi qu'on ne construira plus de nouvelles terrasses.

Les migrations temporaires obligent parfois les migrants à louer leurs terres à d'autres paysans ou à les laisser aux bons soins de parents immédiats. Ces dispositions ne sont que très rarement favorables aux migrants car les parcelles sont souvent cultivées sans fumure. L'approvisionnement décroissant en matières organiques affaiblit la stabilité structurale des sols, ce qui favorise l'accroissement du ruissellement et peut conduire à l'effondrement des murs. De plus, l'investissement à long terme dans la terre, en particulier dans l'entretien des terrasses, tend à être négligé parce que le locataire n'est pas assuré de profiter des fruits et des bénéfices de son investissement. Par contre, dans le cadre des baux à long terme d'une dizaine d'années, un accord mutuel sur la responsabilité du locataire dans l'entretien des murs des terrasses et dans la gestion de la fertilité est passé verbalement et le propriétaire verse à l'utilisateur une petite somme par parcelle. Cette disposition a eu un effet plus positif sur la conservation des sols que les locations à court terme ou les prêts.

Une autre contrainte majeure à propos du maintien de ce système est la raréfaction de l'approvisionnement en matières organiques pour la fumure. Les fortes densités de population ont entraîné le défrichement et la mise en culture d'une grande partie des collines et fait disparaître une source vitale de matériel végétal pour le compost. Les périodes de jachère sur les basses terres reconquises par la culture de l'*Acioa barteri* ont été raccourcies, ce qui réduit l'approvisionnement en feuilles. Les feuilles de palmiers sont plus difficiles à trouver également car les vieilles plantations sont abattues et ne sont pas remplacées. La production de la fumure animale également ne répond plus à la demande au moment où l'attrait des engrais chimiques est contrarié par les prix devenus prohibitifs.

La disponibilité d'autres intrants devient aussi problématique ; c'est le cas pour les herbicides, les insecticides, les semences améliorées et les aliments pour bétail. L'utilisation croissante des fertilisants favorise la multiplication des mauvaises herbes, ce qui accroît les temps de sarclage et détourne l'effort de travail des ménages des autres opérations de gestion de l'exploitation. Des variétés améliorées de manioc sont disponibles et se sont généralisées au Maku ; par contre, les cultures locales telles que l'igname et le macabo n'ont pas fait l'objet d'améliorations génétiques notables et leurs rendements restent relativement bas. L'emploi des insecticides reste inconnu à cause de problèmes de coût et d'approvisionnement alors qu'il y a parfois de graves attaques de nuisibles et de maladies. Aujourd'hui, la plupart des agriculteurs ont renoué avec des méthodes locales telles que l'épandage des cendres de bois ou la sélection minutieuse des semences.

Aucune race améliorée de moutons et de chèvres n'a été introduite et la très faible productivité des animaux ne peut guère encourager leur expansion : pourtant, l'élevage fournit un sous-produit essentiel, la fumure, indispensable pour maintenir la fertilité des sols. Dans ces conditions, les rendements et donc les revenus resteront bas. Ce contexte donne une impulsion supplémentaire à l'émigration. Pourtant, la population locale considère que l'émigration définitive est hors de question ; un paysan a expliqué cette situation comme suit : « Vous ne pouvez pas transférer la terre ; quiconque déchiquette sa natte dort sur un plancher dénudé ».

Le rôle du gouvernement et des ONG

Depuis 1986, le développement des contacts intensifs avec des agriculteurs sélectionnés au Maku s'est poursuivi par le biais du Programme de développement agricole assisté par la Banque mondiale. Cependant, les paquets techniques novateurs vulgarisés ne tiennent toujours pas compte des spécificités écologiques de chaque région et les problèmes locaux de conservation de l'eau et des sols au Maku n'ont pas reçu l'attention souhaitable. Dans ce système de vulgarisation, on suppose que les agriculteurs exposent leurs problèmes spécifiques à l'attention des vulgarisateurs qui peuvent proposer des solutions ou transférer les problèmes aux unités de recherche. Cependant, cette approche n'a pas très bien fonctionné au Maku parce que, comme dans la plus grande partie de l'Afrique de l'Ouest, la conservation des sols se situe hors des préoccupations de nombreux vulgarisateurs (Lal, 1993).

Conclusion

Le système de CES du Maku apparaît comme l'exemple type d'une pratique agricole locale valable mais qui succombe progressivement sous le poids de facteurs écologiques et socio-économiques. La pression sur la terre a pour résultat une intensité croissante de son utilisation et la disparition rapide de la végétation. Les progrès de l'enseignement, la participation croissante à des occupations non agricoles et le fort attrait de la migration du travail chez les jeunes poussent au départ même ceux qui ont l'énergie nécessaire pour entretenir et étendre le système des terrasses. Une leçon importante peut être tirée de cette situation : lorsqu'un système de production et de CES voit sa capacité d'absorption saturée, il entre dans une phase de régression, à moins que des interventions externes arrivent à l'enrayer ; au Maku, aucune intervention de ce type n'a été tentée jusqu'ici.

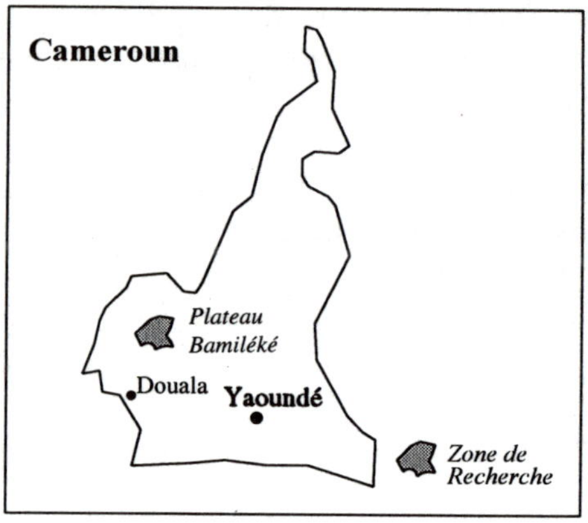
Cameroun
Plateau Bamiléké
Douala
Yaoundé
Zone de Recherche

28

Évolution des techniques traditionnelles de conservation des sols en pays bamiléké (Cameroun occidental)

Paul TCHAWA

Les hautes terres du pays bamiléké forment un milieu bien arrosé et suffisamment fertile pour produire une gamme diversifiée de cultures. Les paysans ont réussi à adapter leurs systèmes agricoles pour les accommoder à de nouvelles cultures et aux possibilités de commercialisation. Billonnage, haies vives, mise en jachère et pratiques agroforestières sont utilisés pour améliorer la fertilité des sols et pour procurer d'importants bénéfices grâce à la conservation de l'eau et des sols (CES).

Présentation du pays bamiléké et de sa population

Les hautes terres du Cameroun occidental s'élèvent au-dessus de plaines ondulées jusqu'à une altitude de 2 700 m dans les monts Bamboutos. Les précipitations diminuent quand on se déplace de l'ouest vers l'est, les versants du sud-ouest recevant plus de 3 600 mm de pluies annuelles. La végétation a été largement affectée par l'occupation humaine qui n'a laissé que quelques îlots de forêt primaire ; ceux-ci sont en passe d'être défrichés pour laisser la place à des champs. Hors de ces îlots, les versants sont cloisonnés par des haies et les basses terres sont presque entièrement recouvertes par les palmiers raphia.

Cette région est principalement habitée par le peuple Bamiléké et les régions qui la composent sont très différentes aux plans physique et socio-économique. La partie septentrionale est montagneuse, densément peuplée et plus variée que la zone méridionale plus basse, au climat plus rude et moins peuplée. La partie septentrionale est représentée ici par Bafou et la zone méridionale par Bakou, les deux sites offrant un contraste suffisant pour cerner la complexité de la région.

Le contexte humain

Bakou fournit l'exemple d'une population à l'habitat relativement dispersé et souffrant du sous-développement. En 1987, la population totale de Bakou était de 1 061 habitants dont 154 seulement appartenaient aux classes d'âge comprises entre 15 et 49 ans. En 1967, la population était supérieure à 2 000 habitants ; Bakou a donc perdu la moitié de sa population en l'espace de 20 ans. La densité moyenne est de 50 habitants au km^2 et varie de 15 à 100 habitants au km^2. La diminution de la pression démographique s'est traduite par une recolonisation des versants par la végétation naturelle.

La population de Bafou a été évaluée à 50 000 personnes environ en 1987 (Ducret et Fotsing, 1987). On estime qu'en 1976, la densité totale de ce site était de 240 habitants au km^2. Aujourd'hui, ce chiffre a probablement atteint 275, mais cette moyenne cache des différences locales considérables.

Propriété foncière, activités économiques et gestion de la terre

Bakou a un système de gestion foncière à la fois difficile et inflexible et dont l'application s'accompagne de nombreux conflits. Dans certaines familles (23 % des cas), il y a une grande incertitude sur le statut de la terre après la mort du chef de famille et avant que le nouvel héritier de la propriété soit installé grâce au rituel traditionnel. De plus, 41 % des chefs de famille vivent dans les villes, loin des terres dont ils ont hérité. De nombreux problèmes de droits fonciers, d'attribution et d'aménagement de la terre demeurent par conséquent en suspens. Il n'est donc pas surprenant de constater que, en 1990, moins de 22 % des concessions des terres de Bakou ont été entièrement exploitées.

L'agriculture est l'activité majeure à Bakou dont les principales cultures sont le maïs, les arachides, les haricots rouges, le manioc, le macabo (*Xanthosoma* spp), le taro (*Colocassia*), l'igname (*Dioscorea* spp), les bananes et les patates douces (photo 31). Ici, comme ailleurs dans le pays bamiléké les terres sont réparties en zones spécifiques pour chaque groupe de cultures. Ainsi, le macabo et le taro occupent généralement le tiers inférieur des pentes, le manioc et les haricots le milieu du versant et l'igname, les arachides et les patates douces sont généralement cultivées sur le tiers supérieur. Ces cultures sont habituellement plantées sous des caféiers. La situation économique actuelle de Bakou est particulièrement fragile car elle est desservie par trop peu de routes, ce qui limite l'accès aux marchés.

A Bafou, comme ailleurs, la population bamiléké fait une différence entre la terre tenue en propriété individuelle et celle qui appartient à la communauté dans son ensemble. Cette dernière est composée de pâturages ouverts à chacun pour faire paître les chèvres. Les agriculteurs peuvent aussi mettre en culture une petite parcelle des terres communautaires pour leurs besoins propres. A Bafou, les terres communautaires étaient très vastes ; ces espaces suscitaient l'envie des populations voisines qui ont cherché à acquérir des parcelles à usage personnel par tous les moyens depuis le XIXe siècle jusqu'à nos jours. Après l'indépendance, ces terres ont été effectivement divisées entre les paysans, les anciens éleveurs nomades et une plantation de thé appartenant à l'État. De nombreux conflits ont éclaté entre les différents groupes et chacun d'eux a développé une stratégie pour pouvoir empiéter sur le territoire des autres, tout en protégeant son bien propre. Cela explique l'extension des friches dans la partie septentrionale de Bafou : dans cette zone, chaque fois que les éleveurs partent en transhumance, les paysans en profitent pour s'installer sur les pâturages, mettre des clôtures de fil de fer barbelé et planter des rangées d'eucalyptus.

La vie à Bafou est centrée sur les activités agropastorales. Les cultures comprennent le maïs, les arachides, les haricots, l'igname, le macabo (*Xanthosoma sagitofolium*), le taro, le manioc, le plantain et les bananes. Le café arabica représente la principale source habituelle de revenus ; il a été introduit en 1920 et s'est répandu rapidement. Le développement de l'horticulture à petite échelle a commencé en 1982 avec la mise en œuvre d'un projet de développement du jardinage dans les fonds plats et humides. Peu à peu, la réussite de cette opération a suscité l'extension de l'horticulture au-delà des basses terres pour coloniser les pentes fertiles des monts Bamboutos (voir photo 32). Ici, l'irrigation peut garantir deux ou trois récoltes annuelles de pommes de terre et de maïs. Les rendements sont élevés pour ces deux types de culture, et peuvent atteindre 6 à 7 t/ha par saison. La production horticole est destinée principalement aux grands marchés urbains du Cameroun (Yaoundé et Douala) ou du Gabon (Libreville). Depuis plusieurs années, les agriculteurs exportent aussi des haricots verts sur les marchés européens.

La commercialisation des produits horticoles est l'élément déterminant des types actuels d'exploitation de la terre. Les palmiers raphia sont en voie de disparition dans les bas-fonds et sont remplacés par les fruits et les légumes. Le café est en recul à cause de l'actuelle chute des prix. Les pasteurs mbororo ont été, pendant des générations, des habitants saisonniers ; ils ont été de plus en plus marginalisés par les changements de statut et de modes d'exploitation des terres et les Bamiléké semblent eux-mêmes avoir investi de plus en plus dans l'élevage du bétail. L'élevage des porcs et celui de la volaille ont été modernisés.

Les mesures traditionnelles pratiquées en pays bamiléké

Les Bamiléké emploient de nombreuses techniques de conservation des sols telles que l'utilisation des engrais verts et du fumier, l'intégration de l'élevage et de l'agriculture, l'application des résidus de culture sur la terre, la mise en jachère, les haies et le billonnage. Presque toutes ces techniques ont pour but premier d'améliorer la fertilité des sols, la protection contre l'érosion par l'eau n'étant qu'un objectif secondaire.

Les billons

La largeur, la hauteur et la pente des billons diffèrent en fonction de la topographie, de la profondeur des sols et du volume des inondations. Le type de culture et le statut de la terre influencent aussi leur taille et leur forme. A l'origine, le billonnage était essentiellement réalisé dans le sens de la plus grande pente mais il existe des variantes en fonction du relief (photo 31).

La taille des billons décroît dans les secteurs où la pente est plus escarpée et le sol superficiel. Les billons sont généralement plus élevés pour les plantes à tubercules, tel que l'igname, qu'ils ne le sont pour les petits pois et les arachides qui sont semés sur des billons de hauteur moyenne ou faible (20-30 cm). Il paraît évident que la longueur des billons semble liée au statut de la terre et aux différents types d'exploitation de la terre tout le long du versant. Dans la plupart des cas, le même billon ne se prolonge jamais sur toute la longueur de la pente ; sa longueur moyenne est d'environ 10 mètres.

La construction des billons est faite en deux étapes principales. La première correspond à la destruction des billons provenant de la culture précédente ; les mauvaises herbes et les résidus de cultures sont totalement enlevés et placés dans les sillons de la culture précédente. La seconde étape a lieu un ou deux mois plus tard et consiste en un binage suffisant de la terre pour couvrir les déchets végétaux étalés dans les anciens sillons ; de cette manière, les nouveaux billons sont construits à l'emplacement des anciens sillons et sur un lit de matières végétales.

Ce sont principalement les femmes qui construisent les billons ; les hommes participent à ce travail seulement dans des cas exceptionnels, par exemple lorsque le billonnage est réalisé sur une terre qui était en jachère. Les jeunes filles âgées de 12 ou 13 ans savent comment construire des billons. Les femmes adultes organisent souvent entre elles des groupes de travail (*seuk*) de trois à six personnes, qui travaillent chacun à leur tour sur les parcelles des autres. Fondés sur des liens familiaux ou d'amitié, ces groupes de travail existent chez les Bamiléké depuis des générations. Dans les familles polygames, lorsque l'entente règne, les femmes forment souvent leur propre groupe.

Les haies

Les haies fournissent un moyen de délimiter les surfaces possédées par la communauté dans son ensemble et par les ménages à l'intérieur d'un groupe familial plus large. Les haies s'étendent tout le long des versants des collines et forment une barrière qui maintient les animaux à l'intérieur du tiers supérieur des versants et qui protègent ainsi les cultures des étages inférieurs des dégâts du bétail. Les espèces qui constituent le plus communément ces haies sont *Dracaena, Markhamia lutea, Polyscia fulva, Vernonia* sp., *Podocarpus milanjenus*. La majorité des haies vives sont plantées à partir de grandes boutures qui forment relativement vite des haies continues. Elles réduisent la vitesse d'écoulement des eaux et fournissent des quantités suffisantes de matières organiques pour le sol.

Association des cultures

Dans le but de tirer le meilleur parti de sa parcelle, l'agriculteur bamiléké associe plusieurs cultures dans la même parcelle, chaque culture étant de hauteur, de forme et de cycle différents. Les cultures associées fournissent une couverture du sol presque permanente et assurent ainsi une bonne protection contre l'érosion ; par exemple, les arachides, le maïs, les haricots et même le macabo sont souvent semés ensemble bien qu'ils soient récoltés à des périodes différentes.

L'agroforesterie

La plantation d'arbres est une autre pratique qui contribue fortement à la relative stabilité des pentes. Les agriculteurs bamiléké sont des arboriculteurs expérimentés et on trouve de nombreux arbres dans leurs parcelles ; Fotsing (1990) en a recensé 130 pieds par hectare. Les cultures vivrières peuvent pousser à l'ombre des caféiers dont les racines aident aussi à fixer le sol. On peut distinguer au moins quatre niveaux différents dans ces systèmes de culture : le plus bas est constitué par les patates douces ou les arachides et les haricots ; le second est composé par le maïs, le manioc et les caféiers ; le troisième comprend principalement les bananiers et l'étage final, le plus élevé, est celui des arbres fruitiers surtout. Le soin apporté à l'exploitation de la terre, du sommet à la base du versant, fait partie d'un schéma préétabli de culture pour assurer une remarquable stabilité des sols dans les zones de collines.

Bakou : du changement progressif à la résistance à l'innovation

Les jachères

A Bakou, d'une part, la durée des jachères a diminué considérablement et, d'autre part, les responsables qui la réglementent ont également changé au cours des deux dernières décennies. Ce n'est plus la femme se trouvant à la tête de la famille qui décide de la durée et du choix des terres à laisser en jachère et on observe un certain désordre dans la hiérarchie sociale. Si les terres en jachère étaient, comme par le passé, réglementées par une seule personne reconnue comme responsable local légitime, tout le monde se plierait aux règles ; mais, aujourd'hui, la terre est rarement mise en jachère autrement que dans la rotation avec l'igname (2 à 3 années de jachère après 2 ans de mise en culture) ou avec le macabo (4 années de jachère après 2 à 3 ans de culture).

Les haies

Les haies ne semblent jamais avoir été utilisées dans le but de conserver les sols et sont elles-mêmes en déclin, comme on peut le constater sur les photos aériennes. La destruction des haies a commencé à Bakou avec l'enlèvement de celles qui suivaient les courbes de niveau et qui servaient autrefois à contraindre les chèvres à rester sur les hauts des versants des collines. Plus tard, les haies hautes entourant les exploitations ont été aussi progressivement coupées.

Le billonnage

Les techniques du billonnage ont très peu évolué et les billons sont toujours construits dans le sens de la pente la plus forte ; la durée de la préparation du sol et les outils utilisés ne semblent pas avoir changé de manière significative. Récemment, certains agriculteurs ont édifié de petits billons au travers des sillons qui sont fréquemment fixés par une plante placée dedans à cette fin (banane, manioc ou igname).

La fertilisation

Les techniques de fertilisation ont très peu changé. Le fumure se raréfie car l'élevage des bovins a beaucoup diminué. Les résidus de l'égrenage du café local servent à fertiliser les caféiers et profitent également aux plantes cultivées sous eux ; ce résidu organique est maintenant utilisé sur des parcelles où poussent seulement des cultures annuelles.

Bafou

Les jachères

Les jachères sont en voie de disparition complète à Bafou au terme d'une réduction continue durant les 20 dernières années : 17 % seulement des agriculteurs laissent des terres en jachère ; non seulement la terre ne peut plus se reposer mais il y a plus de trois cultures par an dans certaines zones horticoles.

Les haies

Une comparaison des photographies aériennes de 1964 et 1985 montre de petits changements dans la densité des haies dans les secteurs de peuplement ancien de la partie méridionale de Bafou. A Baghonto par exemple, en 21 ans, les bordures de haies se sont allongées de 34 m à 41 m par ha ; ceci indique une situation de relative stabilité et une légère amélioration. A Feumok, plus au nord, il y a eu par contre un fort accroissement des haies au cours de la même période, de 1,5 m à 26,5 m par ha ; il est essentiellement dû à l'extension d'*Eucalyptus saligna.* Dans les zones horticoles, les haies récentes sont souvent composées de *Cupressus sempervirens* et de *Dracaena deisteliana.*

Le billonnage et la fertilisation

Cette technique a subi des changements considérables en termes d'orientation, de taille, de construction technique et d'outils utilisés. Ici, comme ailleurs dans le pays bamiléké, les billons étaient originellement disposés dans le sens de la pente. Mais, depuis les années 70, les agriculteurs ont commencé à construire des billons selon les courbes de niveau et, aujourd'hui, cette nouvelle méthode est utilisée sur environ 70 % de la superficie cultivée de Bafou. En outre, on ne construit plus de grands billons et ceux que l'on peut voir aujourd'hui mesurent environ 15 cm de haut avec des sillons de 12 à 15 cm de large ; ils sont construits pour les cultures de pommes de terre et de choux. La technique utilisée pour l'élaboration de ces nouveaux billons a aussi changé : en premier lieu, la terre est simplement retournée sans aucune préparation et quelques semaines plus tard, l'agriculteur trace les sillons sur cette surface ameublie ; en second lieu, il sème ou repique et il répand en même temps du fumier de volaille ; losqu'il s'agit de semences de pommes de terre, il les recouvre légèrement de terre ; s'il s'agit de choux ou de carottes, il attend 3 ou 4 jours, puis il répand un engrais chimique dans les sillons et le fertilisant est appliqué à nouveau 3 ou 4 semaines plus tard avant de combler les sillons ; les sillons deviennent donc les billons et vice versa. Ces changements ont conduit les paysans à utiliser une houe dont la lame ne dépasse pas 10 cm de largeur. Ce changement de technique dans la construction des billons ne permet plus la pratique traditionnelle de l'enfouissement des matières organiques et, en conséquence, la production agricole repose plus sur les engrais manufacturés que sur le recyclage de la biomasse.

Conclusion

Au fil du temps, cette région a dû faire face à de nouveaux défis : la croissance démographique dans certaines zones ou l'exode rural dans d'autres et des changements agricoles notables qui sont intervenus dans une période où les problèmes fonciers sont devenus de plus en plus complexes. Cependant, il y a de bonnes raisons de rester optimiste car la plupart des techniques traditionnelles de conservation offrent de réelles possibilités d'adaptation, sous réserve que celle-ci soit progressive car elles sont allergiques aux transformations trop brusques. Le témoignage du passé montre que les agriculteurs sont tout à fait capables de s'adapter à l'évolution des conditions comme on a pu le voir, par exemple, au travers de leur réussite avec les plantations de café dans une zone agricole qui était pourtant considérée comme déjà saturée. De même, à Bafou, les agriculteurs sont devenus des producteurs horticoles faisant un bon usage des basses terres qui n'avaient jamais été cultivées dans les systèmes traditionnels. Dans ces deux cas, les paysans ont simplement agi en fonction de leurs propres intérêts. Dans l'avenir, ils devront affronter le double défi de l'augmentation de la production agricole et de la conservation et amélioration des sols ; l'expérience récente montre que ces défis peuvent être gagnés à Bafou comme à Bakou et dans tout le pays bamiléké.

Bibliographie

Adepetu A.A. (1985), *Farmers and their farms on four fadamas on the Jos Plateau,* JPERDP Interim Report, n° 2, Département de Géographie, University of Durham, Durham.

(1986), *Agricultural practices and adjustments in the region,* JPERDP Final Report, chapitre 20, pp. 342-355, Département de Géographie, University of Durham.

African National Congress (1994), *The Reconstruction and Development Programme,* Umanyano Publications, Johannesburg.

Alvord E. (1958), *Development of native agriculture and land tenure in Southern Rhodesia,* non publié, University of Zimbabwe.

Anderson D. (1984), "Depression, dust bowl, demography and drought : the colonial state and soil conservation in East Africa during the 1930s", *African Affairs,* 83, pp. 321-43.

Anon (1925), "The dangers of soil erosion and methods of prevention", *Rhodesian Agricultural Journal,* vol. 22, pp. 533-42.

ARPT (Northern Province) (1986), *A Report on the Identification of Zones for Agricultural Research in the Northern Province of Zambia,* ARPT, Kasama, Zambie.

(1987), *Informal Survey and Area Reconnaissance Report Zone 1 Kaputa District, Northern Province,* ARPT, Kasama, Zambie.

Atampugre N. (1993), *Behind the Stone Lines : The Social Impact of a Soil and Water Project in the Sahel,* OXFAM, Oxford.

Aubreville A. (1949), *Climats, forêts et désertification de l'Afrique tropicale,* Société d'édition de géographie maritime et coloniale, Paris.

Barbier J.-C. (1988), « Expansion et limite d'un bocage d'altitude tropicale, le cas du Pays Bamiléké au Cameroun », *L'Homme et la montagne tropicale,* 19e séminaire SEPANRIT, Yaoundé, 1983, Talence, pp. 159-171.

Barbier E. (1991), *The role of smallholder producer prices in land degradation. The case of Malawi,* LEEC Discussion Paper 91-05, IIED, Londres.

Barning N.M. et Dambré J.B. (1994), *Les styles d'exploitation ; une classification des exploitations dans la province du Sanmatenga, Burkina Faso,* Étude PEDI/CRPA, Kaya, Burkina Faso.

Barrett S. (1991), "Optimal soil conservation and the reform of agricultural pricing policies", *Journal of Development Economics*, vol. 36, pp. 167-187.

Beinart W. (1982), *The Political Economy of Pondoland*, Cambridge University Press, Cambridge.

(1984), "Soil erosion, conservationism and ideas about development : a southem African exploration, 1900-1960", *Journal of Southern African Studies*, vol. 11, pp. 52-83.

Bembridge T.J. (1987a), "Some aspects of household diet and family income problems", *South African Medical Journal*, vol. 72, pp. 425-428.

(1987b), "Crop farming system constraints in Transkei : implications for research and extension", *Development Southern Africa*, vol. 4 (1), pp. 67-89.

Bishop J. et Allen J. (1989), *The on-site costs of soil erosion in Mali*, Environment Department, Working Paper 21, Banque mondiale, Washington DC.

Blaikie P. (1985), *The Political Economy of Soil Erosion in Developing Countries*, Longman, Londres.

Bojo J. (1991), *The Economics of Land Degradation : Theory and Application to Lesotho*, Stockholm Environment Institute, Stockholm.

Bojo J. et Cassells D. (1995), *Land degradation and rehaltilitation in Ethiopia : a reassessment*, AFTES Working Paper 17, Banque mondiale, Washington DC.

Boserup E. (1965), *The Conditions of Agricultural Growth : The Economics of Agrarian Change Under Population Pressure*, Allen & Unwin, Londres.

Boutrais J. (1984), « Entre nomadisme et sédentarité, les Mbororos à l'ouest du Cameroun », in *Le développement rural en question*, Éditions de l'ORSTOM, Paris, pp. 225-256.

Bromley D. (1992), *Making the Commons Work : Theory, Practice and Policy*, Institute of Contemporary Studies, San Francisco.

Bromley D. et Cernea M. (1989), *The management of common property resources : some conceptual and operational fallacies*, Discussion Paper 57, Banque mondiale, Washington DC.

Bundy C. (1988), *The Rise and Fall of the South African Peasantry*, David Philip, Le Cap.

Bureau of Statistics (1988), *1988 Population Census Preliminary Report*, Ministry of Finance, Economic Affairs and Planning, Dar-es-Salaam.

Chambers R. (1990), *Développement rural. La pauvreté cachée*, Karthala, Paris (éd. angl. : 1983, *Rural Development : Putting the Last First*, Longman, Londres.

(1993), *Challenging the Professions : Frontiers for Rural Development*, IT Publications, Londres).

(1994), "Foreword", in I. Scoones et J. Thompson (eds), *Beyond Farmer First : Rural People's Knowledge, Agricultural Research and Extension Practice*, IT Publications, Londres.

Chambers R., Pacey A. et Thrupp L.-A. (1990), *Les paysans d'abord. Innovations des agriculteurs et recherches agronomiques*, Karthala, Paris (éd. angl. : 1989, *Farmer First : Farmer Innovation and Agricultural Research*, IT Publications, Londres).

Cheatle R. (1993), "Next steps towards berner land husbandry", in N. Hudson et R. Cheatle (eds), *Working with Farmers for Better Land Husbandry*, IT Publications, Londres.

Cohen R. (1967), *The Kanuri of Bornu*, Holt, Rinehart and Winston, New York.

Collinson M.P. (1972), *The economic characteristics of Sukuma farming systems*, Paper n° 72, Economic Research Bureau, Dar-es-Salaam.

Cox P.G. (1965), "Observations on the agriculture of the Jos Plateau", *The Nigerian Field*, vol. 30, pp. 84-94.

Critchley W., Reij C. et Wilcocks T. (1994), "Indigenous soil and water conservation : a review of the state of knowledge and prospects for building on traditions", *Land Degradation and Rehabilitation*, vol. 5, pp. 293-314.

Culwick A. et Culwick G. (1935), *Ubena of the Rivers*, Allen & Unwin, Londres.

David R. (1995), *Changing Places ? Women, Resource Management and Migration in the Sahel*, SOS Sahel, Londres.

Dessalegn R. (1994), "Neither feast nor famine : prospects for food security", pp. 192-208 in A. Zegeye et S. Pausewang (eds), *Ethiopia in Change. Peasantry, Nationalism and Democracy*, British Academic Press, Londres.

Dongmo J.L. (1981), « Le dynamisme bamiléké », vol. 1, *La maîtrise de l'espace agraire*, CEPER, Yaoundé, p. 424.

Ecologist The (1971), *A Blueprint for Survival*, Penguin, Harmondsworth.

Ehrlich P. (1968), *The Population Bomb*, Ballantine, New York.

Elwell H. (1985), *An assessment of soil erosion in Zimbabwe*, Zimbabwe Science News, vol. 19, pp. 27-33.

(1993), *Development and adoption of conservation tillage practices in Zimbabwe. Soil tillage in Africa : needs and challenges*, Soils Bulletin 69, Rome.

FAO (1983), *Keeping the land olive : soil erosion – its causes and cures*, Soils Bulletin 50, FAO, Rome.

(1986), *Ethiopia Highland Reclamation Study*, Final Report, Ministry of Agriculture, Addis Abeba.

Faulkner D.E. (1944), *Soil erosion and the conservation of soil and water in Swaziland*, Veterinary and Agricultural Department, Mbabane.

Floyd B. (1969), "Terrace Agriculture in Eastern Nigeria : The Case of Maku", *The Nigerian Geographical Journal*, vol. 7 (2), pp. 91-108.

Fotsing J.M. (1990), « Transformations des pratiques pastorales en milieu densément peuplé : Les monts Bamboutos au Pays bamiléké (Ouest-Cameroun) », *Cahier de la Recherche Développement*, n° 27, Montpellier, pp. 32-37.

Frost P., Medina E., Menaut J.-C., Solbrig O., Swift M. et Walker B. (1986), "Responses of savannas to stress and disturbance : a proposal for a collaborative programme of research", *Biology International*, n° spécial 10, IUBS, Paris.

Graham J. (1979), *Historical Background to the Wanging'ombe Rural Water supply Project*, BRALUP Research Report n° 39 (New series), University of Dar-es-Salaam.

Grove A.T. (1961), "Population densities and agriculture in Northern Nigeria", in K.M. Barbour et R.M. Prothero (eds), *Essays on African Population,* Routledge and Kegan Paul, Londres.

(1985), "Water characteristics of the Chari system and Lake Chad", in Grove A.T. (ed.), *The Niger and its neighbours : environmental history and hydrobiology, human use and health hazards of major West African rivers,* A.A. Belkaman, Rotterdam.

Grove R. (1995), *Green Imperialism : Colonial Expansion, Tropical Island Edens and the Origins of Environmentalism, 1600-1860,* Cambridge University Press, Cambridge.

Gubbels P. (1994), "Populist pipe-dream or practical paradigm ? Farmer driven research and the projet agroforestier in Burkina Faso", pp. 238-243, in I. Scoones et J. Thompson (eds), *Beyond Farmer First : Rural People's Knowledge, Agricultural Research and Extension Practice,* IT Publications, Londres.

Hagmann Jurgen (1991), *The Soils of Dizi/Illubabor. Their Genesis, Potential and Constraints for Cultivation,* Soil Conservation Research Project, Research Report 18, Berne.

(1996), "Mechanical soil conservation with contour ridges : cure for or cause of rill erosion – which alternatives ?", in S. Twomlow, J. Ellis-Jones, J. Hagmann et H. Loos, *Land Degradation and Rehabilitation,* Belmont Press, Masvingo, Zimbabwe (sous presse).

Hailey L. (1957), *An African Survey,* Oxford University Press, Londres.

Hawkins Associates (1980), *The Physical and Spatial Basis for Transkei's First Five Year Development Plan,* Hawkins Associates, Salisbury.

Herweg K. (1992), *Major constraints to effective soil conservation. Experiences in Ethiopia,* 7[e] conference ISCO, Sydney, Australie.

Hill I.D. et Rackham L.J. (1973), *The Land Resources of Central Nigeria. Interim Report on the Landforms, Soils and Vegetation on the Jos Plateau. Landforms and Soils,* Miscellaneous report n° 153, vol. 1, Land Resources Division, Ministry of Overseas Development, Londres.

Hoben A. (1995), "Paradigms and politics : the cultural construction of environmental policy in Ethiopia", *World Development,* vol. 23, pp. 1007-1021.

Holden S.T. (1993), "Peasant Household Modelling : Farming Systems Evolution and Sustainability in Northern Zambia", *Agricultural Economics.*

Hudson N.W. (1957), "Erosion central research", Progress report on experiments at Henderson Research Station, 1953-56, *Rhodesian Agricultural Journal,* 54, 297-323.

(1987), *Soil and water conservation in semi-arid areas,* Soils Bulletin 57, FAO, Rome.

(1991), *A study of the reasons for success or failure of soil conservation projects,* Soils Bulletin 64, FAO, Rome.

(1992), *Land Husbandry,* Batsford, Londres.

Hudson N.W. et Cheatle R. (eds) (1993), *Working with Farmers for Better Land Husbandry,* IT Publications, Londres.

Hunting Technical Services Ltd (1983), *Review of the Rural Development Areas Programme,* rapport final et annexes.

Hurault J. (1970), « L'organisation du terroir dans les groupements bamiléké », *Études rurales,* n° 37-39, pp. 232-256.

Humi H. (1986), *Guidelines for Development Agents on Soil Conservation in Ethiopia,* CFSCDD, Ministry of Agriculture, Addis Abeba.

Hurni H. et Kebede Tato (1992), *Erosion, conservation and Small-Scale Farming,* ISCO/Geographia Bemensia, Berne.

ICRA (1991), *Farming Systems Study of the Matengo Highlands, Mbinga District, Tanzania,* ICRA, Wageningen.

IFAD (1990), *Upper East Region land conservation and smallholder rehabilitation project,* appraisal report, International Fund for Agricultural Development, dactylographié.

(1992), *Soil and water conservation in sub-Saharan Africa : Towards sustainable production by the rural poor,* International Fund for Agricultural Development, Rome.

IFPRI (1995), *A 2020 Vision for Food, Agriculture and the Environment,* IFPRI, Washington DC.

Igbokwe E.M. (1985), *Acceptance of Agricultural Innovations and Its Socio-economic Impact on Farmers in Awgu L.G.A., Nigeria,* thèse, Nsukka, Department of Agricultural Extension, University of Nigeria.

IUCN (1990), *Ethiopian Natural Resources Conservation Strategy,* IUCN, Gland.

IUCN/UNEP/WWF (1991), *Caring for the Earth : A Strategy for Sustainable Living,* IUCN, Gland.

Kolawole A. (1988), "Cultivation of the Floor of Lake Chad : A Response to Environmental Hazards in Eastem Bomo, Nigeria", *Geographical Journal,* vol. 154, n° 2, pp. 243-250.

Lal R. (1993), "Soil Erosion and Conservation in West Africa", in D. Pimentel (ed.), *World Soil Erosion and Conservation,* Cambridge University Press, Cambridge.

Lipton M. (1987), "Limits to price policy for agriculture. Which way for the World Bank ?", *Policy Development Review,* vol. 5, pp. 197-215.

Lowdermilk W. (1935), "Civilization and soil conservation", *Rhodesia Agriculture Journal,* vol. 32, pp. 553-557.

LRDC (1978), *Land Resources of central Nigeria : Agricultural Development Possibilities,* vol. 2A, The Jos Plateau Land Resources Study 29, LRDC, Ministry of Overseas Development, Londres.

Lutz E., Pagiola S. et Reiche C. (1994), "The costs and benefits of soil conservation : the farmers' viewpoint, *The World Bank Research Observer,* vol. 9, pp. 273-295.

McAllister P. (1992), "Rural production, land use and development planning in Transkei : a critique of the Transkei Agricultural Development Study", *Journal of Contemporary African Studies*, vol. 11, n° 2, pp. 200-222.

McDaniel J.B. (1966), "Some government measures to improve African agriculture in Swaziland", *Geographical Journal*, vol. 13, pp. 506-513.

McIntosh A., Quinlan T. et Vaughan A. (1993), *Promoting Small Scale Irrigation Enterprises in the Transkei : Possibilities and constraints*, Institute for Social and Economic Research, University of Durban-Westville, Durban.

McKenzie B. (1984), *Ecological Considerations of Some Past and Present Land Use Practices in Transkei*, thèse non publiée, University of Cape Town, Le Cap.

Malawi Government (1992), *Smallholder Agricultural Services, Project Preparation Exercise, Final Report*, Ministry of Agriculture, Lilongwe.

Mando A., van Driel W.F. et Zombré N.P. (1993), *Le rôle des termites dans la restauration des sols ferrugineux tropicaux encroutés au Sahel*, publication de l'Antenne sahélienne, Université agricole de Wageningen, Pays-Bas.

Mansfield J.E., Bennet G., King R.B. et Lawton R.M. (1976), *Land Resources of the Northem and Luapula Provinces, Zambia : A Reconnaissance Assessment*, vol. 4, *The Bio-Physical Environment*, Government Printers, Lusaka, Zambie.

Meadows D. *et al.* (1972), *The Limits to Growth. A Report for the Club of Rome's Project on the Predicament of Mankind*, Earth Island, Londres.

Millar D. (1992), "Understanding rural peoples' knowledge and its implications for intervention : "from the roots to the branches". Case studies from Northern Ghana ", thèse, Agricultural University, Wageningen, Pays-Bas.

Million Alemayehu (1992), *The Effect of Traditional Ditches on Soil Erosion and Production. On-Faim Trials in Western Gojam, Dega Damot Awraja*, Soil Conservation Research Project, Research Report 22, Berne, Suisse.

Milne G. (1947), "A soil reconnaissance journey through parts of Tanganyika territory, December 1935-February 1936", *Journal of Ecology*, vol. 35, n°s 1-2, pp. 192-265.

Ministère de l'Agriculture (1978), *Overgrazing and livestock development*, rapport de séminaire, Mbabane.

Ministère de l'Agriculture/Shawel Consult (1988), *Study of traditional conservation practices*, Ministère de l'Agriculture, Addis Abeba.

Morgan W.T.W. (1979) (ed.), *The Jos Plateau : a survey of environment and land use*, Occasional Publications (new series), n° 14, Département de Géographie, University of Durham, Durham.

(1985), "Foreword", in A.A. Adepetu, *Farmers and their farms on four fadamas on the Jos Plateau*, JPERDP Interim Report, n° 2, Département de Géographie, University of Durham, Durham, pp. i-ii.

Morin S. (1988), *Colonisation agraire, dégradation des milieux et refus d'innovation dans les hautes terres de l'Ouest-Cameroun*, Journées de géographie tropicale, Bordeaux, p. 26.

Mortimore M. et Tiffen M. (1995), "Population and environment in time perpective : the Machakos story", pp. 69-90, in T. Binns (ed.), *Population and Environment in Africa*, Wiley, Chichester.

Mukanda N. et Mwjinga R. (1993), "Soil and water management in Zambia", pp. 37-40, in N. Hudson et R. Cheatle (eds), *Working with Farmers for Better Land Husbandry*, IT Publications, Londres.

Murdoch G. (1970), *Soils and land capability in Swaziland*, Ministère de l'Agriculture, Mbabane.

Mwenda E. (1963), "Historia na Maendeleo ya Ubena", *Swahili*, XXXIII, n° 2.

Myers R.J.K. et Foale M.A. (1981), "Row Spacing and Population Density in Grain Sorghum : A Simple Analysis", *Field Crops Research*, vol. 4, pp. 147-154.

Nachtigal G. (1980), *Sahara and Sudan*, vol. II : *Kawar, Bornu, Kanem, Borku, Ennendi 1879-1889*, Hurst & Co, Londres.

National Population Commission (1992), *Census News*, 3, n° 1, National Population Commission, Lagos.

Ngapgue J.N. (1994), *Mutations des milieux agraires en pays bamiléké : L'exemple des vallées à raphiales du village Bafou dans le département de la Menoua (Ouest-Cameroun)*, mémoire de géographie, University of Yaounde I, p. 119.

Ngoufo R. (1989), *Les monts Bamboutos, environnement et utilisation de l'espace*, doctorat, Université de Yaoundé, p. 349 + 1 atlas.

Norman M.J.T., Pearson C.J. et Searle P.G.E. (1984), *The Ecology of Tropical Food Crops*, Cambridge University Press, Cambridge.

North R. (1995), *Life on a Modern Planet. A Manifesto for Progress*, Manchester University Press, Manchester.

Norton A.J. (1987), *Conservation Tillage : what works*, présenté lors de l'atelier sur le labour de conservation, Natural Resources Board, Institute for Agricultural Engineering, Harare.

Oldeman L., Hakkeling R. et Sombroek W. (1990), *World map of the status of human induced soil degradation*, International Soil Reference Centre, Wageningen.

Oppong C. (1973), *Growing up in Dagbon*, Ghana Publishers Corporation, Tema, Ghana.

Ostberg W. (1986), *The Kondoa Transformation : Coming to Grips with Soil Erosion in Central Tanzania*, Research Report 76, SIAS, Uppsala.

Ostrom E. (1990), *Governing the Commons. The Evolution of Institutions for Collective Action*, Cambridge University Press, Cambridge.

Page S.L.J. et Page H.E. (1991), "Western hegemony over African agriculture in Southern Rhodesia and its continuing threat to food security in independent Zimbabwe", *Agriculture and Human Values*, vol. 8, pp. 3-18.

Painter T. (1993), "Getting it Right : Linking Concepts and Action for Improving the Use of Natural Resources in Sahelian West Africa", *Drylands Network Programme*, Issues paper n° 40, IIED, Londres.

Phillips-Howard K.D., Adepetu A.A. et Kidd A.D. (1990), *Aspects of change in fadama farming along the Delimi River, Jos LGC (1982-1990),* JPERDP Interim Report n° 18, Département de Géographie, University of Durham, Durham.

Phillips-Howard K.D. et Schoeneich K. (1992), *The irrigation potential of water resources on the Jos Plateau : a preliminary analysis,* JPERDP Interim Report n° 27.

Pike A.H. (1938), "Soil conservation among the Matengo tribe", *Tanganyika Notes and Records,* 6 : 79-81.

Pimentel D. *et al.* (1995), "Environmental and economic costs of soil conservation and conservation benefits", *Science,* vol. 267, pp. 1117-1123.

Place F. et Hazell P. (1993), "Productivity effects of indigenous land tenure systems in sub-Saharan Africa", *American Journal of Agricultural Economics,* vol. 75, pp. 10-19.

Porter G. et Phillips-Howard K.D. (sous presse), "Farmers, labourers and the company : exploring relationships on a Transkei contract farming scheme", *Geoforum.*

Pretty J. et Shah P. (1994), *Soil and water conservation in the twentieth century : a history of coercion and control,* Research series 1, Rural History Centre, University of Reading.

Pretty J. et Chambers R. (1994), "Towards a learning paradigm : new professionalism and institutions for agriculture", pp. 182-202, in I. Scoones et J. Thompson (eds), *Beyond Farmer First : Rural People's Knowledge, Agricultural Research and Extension Practice,* IT Publications, Londres.

Reardon *et al.* (1994), "Links between non-farm income and farm investment in African households : adding the capital market perspective", *American Journal of Agricultural Economics,* 76, 1172-1176.

Reij C. (1983), *Évolution de la lutte anti-érosive en Haute-Volta depuis l'indépendance : vers une plus grande participation de la population,* TES, Free University, Amsterdam.

(1991), *Indigenous soil and water conservation in Africa,* Gatekeeper series 27, sustainable Agriculture Programme, IIED, Londres.

(1994), "Building on Traditions : The Improvement of Indigenous Soil and Water Conservation Techniques in the West African Sahel", in T.L. Napier, S.M. Camboni et S.A. El-Swaify, *Adopting Conservation on the Farm : An International Perspective on the Socioeconomics of Soil and Water Conservation,* Soil and Water Conservation Society, Ankeny, Iowa, pp. 143-156.

Reij C., Mulder P. et Begemann L. (1988), *Water Harvesting for Plant Production,* World Bank Technical Paper 91, Banque mondiale, Washington DC.

Repetto R. (1988), *Economic policy reform for natural resource conservation,* Environment Department Working Paper 4, Banque mondiale, Washington DC.

Richards P. (1985), *Indigenous Agricultural Revolution : Ecology and Food Production in West Africa,* Hutchinson, Londres.

(1989), "Agriculture as a Performance", in R. Chambers et L.-A. Thrupp (eds), *Les paysans d'abord,* Karthala, Paris.

Roe E. (1991), "Development narratives, or making the best of blueprint development", *World Development*, vol. 19, pp. 287-300.

(1995), "Except Africa : Postscript to a special section in development narratives", *World Development,* vol. 23, pp. 1065-1069.

Roose E. (1988), « Diversité des stratégies traditionnelles et modernes de conservation de l'eau et des sols en milieu soudano-sahélienne d'Afrique occidentale ; influence du milieu physique et humain », in *L'aridité, une contrainte au développement,* coll. Didactique, ORSTOM, Paris, pp. 487-506.

(1989), « Méthodes traditionnelles de gestion de l'eau et des sols en Afrique occidentale soudano-sahélienne ; définitions, fonctionnements, limites et améliorations possibles », *Bulletin Réseau Érosion,* n° 10, pp. 98-107, Montpellier.

Roose E., Dugué P. et Rodriguez L. (1992), « La G.C.E.S. Une nouvelle stratégie de lutte anti-érosive appliquée à l'aménagement de terroirs en zone soudano-sahélienne du Burkina Faso », *Revue Bois et Forêts des Tropiques,* n° 233, pp. 49-63.

Roose E., Kaboré V. et Guénat C. (1994), *The Zaï practice : a West African traditional rehabilitation system for semi-arid degraded lands. A case study in Burkina Faso,* présenté au séminaire sur la réhabilitation des terres dégradées, Tunisie, novembre 1994.

Rotenhan D.F. von (1966), *Bodennutzung und Viehhaltung im Sukumaland, Tanzania : die Organisation des Landbewirtschaftung in Afrikanischen Bauernbetrieben,* Afrika Studienstelle, IFO-Institut für Wirtschaftsforschung (Munich), Springer, Berlin.

Runge-Metzger A. (1988), *Variability in agronomic practices and allocative efficiency among farm households in Northern Ghana : A case study in on-farm research,* Nyankpala Agricultural Research Report, n° 2, Margraf Scientific Publishers, Weikersheim.

Scoones I. (1991), "Wetlands in drylands : key resources for agricultural and pastoral production in Africa", *Ambio,* vol. 20, pp. 366-371.

Scoones I. *et al.* (1996), *Hazards and Opportunities. Farming Livelihoods in Dryland Africa. Lessons from Zimbabwe,* Zed Books, Londres.

Scoones I. et Thompson J. (eds) (1994), *Beyond Farmer First : Rural People's Knowledge, Agricultural Research and Extension Practice,* IT Publications, Londres.

Scott P. (1951), "Land policy and the native population in Swaziland", *Geographic Journal,* vol. CXVII, part. 4, pp. 435-457.

SCRP (1987), *Soil Conservation Progress Report,* Ministère de l'Agriculture, Addis Abeba.

Shah P. (1994), "Participatory watershed management in India : the experience of the Aga Khan Rural Support Programme", pp. 117-123, in I. Scoones et J. Thompson (eds), *Beyond Farmer First : Rural People's Knowledge, Agricultural Research and Extension Practice,* IT Publications, Londres.

Shaxson T.F., Hudson N., Sanders D., Roose E. et Moldenhauer W. (1989), *Land Husbandry : A Framework for Soil and Water Conservation*, Soil and Water Conservation Society, Ankeny, Iowa.

Showers K. (1989), "Soil erosion in the kingdom of Lesotho : origins and colonial response, 1830s-1950s", *Journal of Southern African Studies*, vol. 15, pp. 263-289.

Slingerland M.A. et Masdewel H. (1993), *Impact du paillage à Tagalla*, publication Antenne sahélienne, Université agronomique de Wageningen, série violet, n° 47, Ouagadougou, Burkina Faso.

Soil Conservation, Land Use and Water Programming Administration (SCLUWPA) 1986-90, divers rapports administratifs, Ministère de l'Agriculture, Khartoum.

Southall R. (1982), *South Africa's Transkei : The Political Economy of an "Independent" bantustan*, Heinemann, Londres.

Spaargaren (1977), "Estimated soil loss due to sheet erosion", Ministère de l'Agriculture, Land Use Planning Division, Mbabane.

Stenhouse (1944), "Agriculture in the Matengo Highlands", *East African Agricultural Journal*, vol. X, juillet.

Stocking M. (1985), "Soil conservation policy in colonial Africa", *Agricultural History*, vol. 59, pp. 148-161.

(1986), *The cost of soil erosion in Zimbabwe in terms of the loss of three major nutrients*, AGLS Working Paper 3, FAO, Rome.

(1993), *Soil erosion in developing countries : where geomorphology fears to tread !*, School of Development Studies, Discussion Paper 241, University of East Anglia, Norwich.

(1996), "Challenging conventional wisdoms about soil erosion in Africa", in M. Leach et R. Mearns (eds), *The Lie of the Land : Challenging Received Wisdom in African Environmental Change and Policy*, James Curry, Londres.

Swift J. (1996), "Desertification : narratives, winners and losers", in M. Leach et R. Mearns (eds), *The Lie of the Land : Challenging Received Wisdom in African Environmental Change and Policy*, James Curry, Londres.

Tanzania/Netherlands Farming Systems Research Project (1989), *Diagnostic survey of Maswa and Meatu Districts (Phase 1 : Informal Survey)*, Agricultural Research Institute, Ukiruguru, Royal Tropical Institute, Amsterdam, Working Paper n° 4.

Tchawa P. (1991), *La dynamique des paysages sur la retombée méridionale des hauts plateaux de l'Ouest-Cameroun*, doctorat, Université de Bordeaux III.

Thrupp L.A. (1987), *Building Legitimacy of Indigenous Knowledge. Empowerment for Third World People, or Scientised Packages to be Sold by Development Agencies ?*, IDS, University of Sussex, Brighton.

Tiffen M., Mortimore M. et Gichuki F. (1994), *More People, Less Erosion : Environmental Recovery in Kenya*, John Wiley, Chichester.

Toulmin C. (1993), "Combating Desertification : setting the agenda for a global convention", Drylands Network Programme, Issues Paper n° 42, IIED, Londres.

(1994), *Gestion de terroirs : concept and development*, United Nations Sudano-Sahelian Office.

Trapnell C.G. (1953), *The Soils, Vegetation and Agriculture of North-eastern Rhodesia*, Government Printer, Lusaka.

Turner B., Hyden G. et Kates R. (eds), (1993), *Population Growth and Agricultural change in Africa*, University of Florida Press, Gainesville.

UN (1992), *Agenda 21 : The United Nations Plan of Action from Rio*, United Nations, New York.

Unamma R.P.A. *et al.* (eds) (1985), *Farming Systems in Nigeria : Report of the Bench Mark Survey of the Farming Systems of the Eastern Agricultural Zone of Nigeria*, AERLS, National Root Crops Research Institute, Umudike.

UNCOD (1977), *Round up, Plan of Action and Resolutions*, Conférence sur la désertification, 29 août-9 septembre 1977, United Nations, New York.

UNEP (1984), *General Assessment of Progress in the Implementation of the Plan of Action to combat Desertification, 1978-1984*, Report of the Executive Director, UNEP, Nairobi.

URT/EEC (1987), *Regional Agricultural Development Plan. Iringa Region. Final Report*, EEC Project n° 5100.33.50.007, Agrar-und Hydrotechnik GMBH, Essen.

USAID (1978), Swaziland RDA Infrastructure Support Project (Paper 645-0068) Mbabane.

Veterinary and Agricultural Department (1942-1946), *Annual reports*, Government Printer, Mbabane.

Walling D. (1988), "Measuring sediment yield from river basins", in R. Lal (ed.), *Soil Erosion Research Methods*, Soil and Water Conservation Society, Angkeny, pp. 39-74.

Wardell A. (1991), *DANIDA/GOT Identification Mission on Soil and Water Conservation/Agroforestation in Njombe and Makete Districts, Iringa Region, Tanzania. Identification Report and Preliminary Project Proposals for Njombe and Makete Districts*, DANIDA, Dar-es-Salaam.

Warren D. (1991), *Using indigenous knowledge in agricultural development*, Discussion Paper 127, Banque mondiale, Washington DC.

Whitlow J.R. (1988), "Soil Conservation History in Zimbabwe", *Journal of Soil and Water Conservation*, vol. 43, n° 4, pp. 299-303.

Williams G.J. et Eades N.W. (1939), *Explanation of the geology of degree. Sheet n° 18 (Shinyanga)*, Department of Land and Mines, Geological Division Bulletin n° 13.

Wilson K. (1988), *Indigenous conservation in Zimbabwe : soil erosion, land use planning and rural life*, présenté en septembre 1988, African Studies Association Conference, Cambridge.

World Bank (1993), *Social Indicators of Development 1993*, Johns Hopkins University Press, Baltimore, MD.

Wright P. (1982), *La gestion des eaux de ruissellement*, OXFAM/ORD du Yatenga (Burkina Faso).

Yohannes G. Michael (1989), *Land Use, Agricultural Production and Soil Conservation methods in the Andit Tid Area Shewa Region*, Soil Conservation Research Project Research Report 17, Berne, Suisse.

Index

C

D

E

F

G

H

N

O

P

R

S

W

Y

Z

Liste des auteurs

H. El-Abbassi	Département de Géographie, Université de El Jadida, Maroc.
J.K. Adewumi	Department of Agricultural Engineering, Ahmadu Bello University, Zaria, Nigeria.
M. Ait Hamza	Faculté des lettres et sciences humaines, Université Mohammed V, Rabat, Maroc.
Ben Anamoh	Northern Region Rural Integrated Programme, Tamale, Ghana.
Kebede Asrat	Christian Relief and Development Association, Addis Abeba, Éthiopie.
Roy Ayariga	Upper Region Agricultural Development Programme, Ghana.
S. Bisanda	Southern Highlands Zonal Research and Training Center, Mbeya, Tanzanie.
M. Chaker	Faculté des lettres et sciences humaines, Université Mohammed V, Rabat, Maroc.
Ousmane Cissé	CARE International, Djenné, Mali.
S.M.A. Dabloub	Institute for Environmental Studies, University of Khartoum, Soudan.
Gouro Dicko	CARE International, Djenné, Mali.
Yaya Doumbia	CARE International, Djenné, Mali.
Berhanu Fantaw	Soil Conservation Research Project, Addis Abeba, Éthiopie.
J. Hagmann	Agritex/GTZ Conservation Tillage Project, Masvingo, Zimbabwe.
Abdou Hassan	Programme spécial national FIDA/Niger, Illéla, Niger.
E. Hiol-Hiol	Department of Forestry, University of Dschang, Cameroun.
Kederalah Idris	Christian Relief and Development Association, Addis Abeba, Éthiopie.
E.M. Igbokwe	Department of Agricultural Extension, University of Nigeria, Nsukka, Nigeria.
M.B. Jilambu	Borno State Agricultural Development Programme, Maiduguri, État du Bornou, Nigeria.
Vincent Kaboré	Appui-Recherche-Coopération, Ouagadougou, Burkina Faso.

Kajela Kefeni	Soil Conservation Research Project, Addis Abeba, Éthiopie.
Armand Kassogué	Projet hydraulique, Bandiagara, Mali.
Are Kolawole	Center for Social and Economic Research, Ahmadu Bello, University, Zaria, Nigeria.
Mamadou Komota	Service des Eaux et Forêts, Bandiagara, Mali.
Hans-Joachim Krüger	Soil Conservation Research Project, Addis Abeba, Éthiopie.
A. Laouina	Département de géographie, Université Mohammed V, Rabat, Maroc.
Anderson Lema	Department of Geography, University of Dar es Salaam, Tanzanie.
J.H. Mangisoni	Department of Rural Development, Banda College of Agriculture, Lilongwe, Malawi.
Mouga Masdewel	Antenne sahélienne, Agricultural University of Wageningen, Ouagadougou, Burkina Faso.
A.C. Mbegu	HADO Project, Kondoa, Tanzanie, (actuellement à Sumbawangu, Tanzanie).
Yohannes G. Michael	Soil Conservation Research Project, Addis Abeba, Éthiopie.
David Millar	Tamale Archdiocesan Agricultural Programme, Tamale, Ghana.
Alemayehu Million	Soil Conservation Research Project, Debre Berhan, Éthiopie.
K. Murwira	ITDG Chivi Food Security Project, Chivi, Zimbabwe.
T.N. Mwambazi	Soil Productivity Research Programme, Kasama, Zambie.
D. Ndoum Mbeyo	Department of Rural Education, University of Dschang, Cameroun.
J.A. Ngailo	National Soil Service, Tanga, Tanzanie.
Chris Oche	Department of Geography, University of Transkei, Umtata, Afrique du Sud.
P.E. Odo	Department of Crop Science, University of Maiduguri, Maduguri, Nigeria.
M. Osunade	Obafemi Awolowo University, Ife-Ife, Nigeria.
M. Ouédraogo	Projet agro-forestier, Ouahigouya, Burkina Faso.
K. Phillips-Howard	Department of Geography, University of Transkei, Umtata, Afrique du Sud.
G.S. Phiri	Blantyre Agricultural Development Division, Blantyre, Malawi.
Chris Reij	Center for Development Cooperation Services, Vrije, Universiteit Amsterdam, Pays-Bas.
Justin Sagara	Développement en harmonie au Sahel, Bandiagara, Mali.
M.O. El-Sammani	Institute for Environmental Studies, University of Khartoum, Soudan.

Boubacar Sanogo CARE International, Djenné, Mali.
Ferdinand Schutgens Projet hydraulique, Bandiagara, Mali.
Ian Scoones Institute of Development Studies, University of Sussex, Brighton, Grande-Bretagne.
Mesfin Semegn Ministry of Agriculture, Eastern Harerge Office, Éthiopie.
J.M. Shaka National Soil Service, Tanga, Tanzanie.
Patrick M. Sikana Adaptive Research Planning Team, Kasama, Zambie.
Maja Slingerland Antenne sahélienne, Agricultural University of Wageningen, Ouagadougou, Burkina Faso.
F. Tchala Abina Department of Rural Education, University of Dschang.
Paul Tchawa Department of Geography, University of Yaoundé, Cameroun.
A.E.M. Temu Southern Highlands Zonal Research and Training Centre, Mbeya, Tanzanie.
Camilla Toulmin International Institute for Environment and Development, Londres, Grande-Bretagne.
Joanna Wedurn CARE International, Djenné, Mali.
J.M. Wickama National Soil Service, Tanga, Tanzania.
A.M. Yagoub Institute for Environmental Studies, University of Khartoum, Soudan.
M.I. Yakamba Borno State Agricultural Development Programme, Maiduguri, État du Bornou, Nigeria.

Table des matières

ÉDITIONS KARTHALA

(extrait du catalogue)

Collection *Méridiens*

Bernard LEHEMBRE, *L'île Maurice.*
Christian RUDEL, *La République Dominicaine.*
Philippe DAVID, *La Côte-d'Ivoire.*
Marie-Paule DE PINA, *Les îles du Cap-Vert.*
Attilio GAUDIO, *Le Mali.*
Philippe L'HOIRY, *Le Malaŵi.*
Catherine BELVAUDE, *La Mauritanie.*
Alain et Denis RUELLAN, *Le Brésil.*
André LAUDOUZE, *Djibouti.*
Pierre VÉRIN, *Madagascar.*
Antonio RALUY, *La Nouvelle-Calédonie.*
P. MOUREN-LASCAUX, *La Guyane.*
Christian RUDEL, *Le Paraguay.*
Catherine BELVAUDE, *L'Algérie.*
J.-P. LOZATO-GIOTARD, *Le Maroc.*
Michel POUYLLAU, *Le Venezuela.*
Christian RUDEL, *L'Équateur.*
Catherine FOUGÈRE, *La Colombie.*
Yvonne FRANÇOIS, *Le Togo.*
Marc MANGIN, *Les Philippines.*
Robert AARSSE, *L'Indonésie.*
Patrick PUY-DENIS, *Le Ghana.*
Marc-Antoine DE MONTCLOS, *Le Nigeria.*
Mihaï E. SERBAN, *La Roumanie.*
Pierre VÉRIN, *Les Comores.*
Marie LORY, *Le Botswana.*
Leonas TEIBÉRIS, *La Lituanie.*
Daniel JOUANNEAU, *Le Mozambique.*
Christian RUDEL, *La Bolivie.*
Marc LAVERGNE, *La Jordanie.*
Pierre PINTA, *Le Liban.*
Guy FONTAINE, *Mayotte.*
Attilio GAUDIO, *Les îles Canaries.*
Jane HERVÉ, *La Turquie.*

Collection ***Les Afriques***

Bernard LANNE, *Tchad-Libye : la querelle des frontières.*
Amadou DIALLO, *La mort de Diallo Telli.*
Jacques GIRI, *Le Sahel au XXIe siècle.*
Jacques GIRI, *Le Sahel demain. Catastrophe ou renaissance ?*
Marcel AMONDJI, *Félix Houphouët et la Côte-d'Ivoire.*
Moriba MAGASSOUBA, *L'islam au Sénégal. Demain les mollahs ?*
Comi M. TOULABOR, *Le Togo sous Eyadéma.*
Tidiane DIAKITÉ, *L'Afrique malade d'elle-même.*
René OTAYEK, *La politique africaine de la Libye.*
François CONSTANTIN, *Les voies de l'islam en Afrique orientale.*
Pascal LABAZÉE, *Entreprises et entrepreneurs au Burkina Faso.*
Gilles DURUFLÉ, *L'ajustement structurel en Afrique.*
Christian COULON, *Les musulmans et le pouvoir en Afrique noire.*
Abdoulaye WADE, *Un destin pour l'Afrique.*
Olivier VALLÉE, *Le prix de l'argent CFA.*
C. GEFFRAY, *La cause des armes au Mozambique.*
S. ELLIS, *Un complot colonial à Madagascar.*
Pierre CLAUSTRE, *L'affaire Claustre.*
Ahmed ROUADJIA, *Les frères et la mosquée.*
M.-C. DIOP et M. DIOUF, *Le Sénégal sous Abdou Diouf.*
Bernard BOTIVEAU *et al.*, *L'Algérie par ses islamistes.*
Claudine VIDAL, *Sociologie des passions (Côte-d'Ivoire, Rwanda).*
David B. COPLAN, *In Township Tonight.*
Éric DE ROSNY, *L'Afrique des guérisons.*
Jean-Claude WILLAME, *L'automne d'un despotisme (Zaïre).*
J.-F. BAYART *et al.*, *Le politique par le bas en Afrique noire.*
Fabien ÉBOUSSI BOULAGA, *Les conférences nationales en Afrique.*
Jean-Pierre WARNIER, *L'esprit d'entreprise au Cameroun.*
Bogumil JEWSIEWICKI, *Naître et mourir au Zaïre.*
J.-F. BAYART, *Religions et modernité politique en Afrique noire.*
Emmanuel S. NDIONE, *Dakar, une société en grappe.*
Gilles DURUFLÉ, *Le Sénégal peut-il sortir de la crise ?*
F. REYNTJENS, *L'Afrique des Grands Lacs en crise.*
Peter GESCHIERE, *Sorcellerie et politique en Afrique.*
Béatrice HIBOU, *L'Afrique est-elle protectionniste ?*
Gerrie ter HAAR, *L'Afrique et le monde des esprits.*
René BUREAU, *Le peuple du fleuve. Sociologie de la conversion des Douala.*
René BUREAU, *Le prophète de la lagune. Les harristes de Côte d'Ivoire.*
Florence BERNAULT, *Démocraties ambiguës en Afrique centrale.*

SANTÉ, MÉDECINE ET PLANTES MÉDICINALES
A KARTHALA

Afrique et le monde des esprits (L'), par Gerrie ter HAAR.
L'Afrique des guérisons, par Éric de ROSNY.
Anthropologie et sida, par Jean BENOIST et Alice DESCLAUX.
Arbres et arbustes guérisseurs au Mali, par Denis MALGRAS.
Carences nutritionnelles dans les PVD, sous la dir. de Daniel LEMONNIER.
Guide de la santé au village, par Franck SILLONVILLE.
Kalanchoe de Madagascar, par P. BOITEAU et L. ALLORGE-BOITEAU.
Manuel de nutrition africaine, par H. AGBESSI DOS-SANTOS.
Médecine populaire à la Guadeloupe (La), par Christiane BOUGEROL.
Médecine traditionnelle au Rwanda (La), Pierre-Claver RWANGABO.
Mères, pouvoir et santé en Haïti, par Johanne TREMBLAY.
Plantes médicinales de Madagascar, par Pierre BOITEAU et Lucile ALLORGE-BOITEAU.
Plantes médicinales et médecine traditionnelle d'Afrique, par Abayomi SOFOWORA.
Quête de la thérapie au Bas-Zaïre (La), par John M. JANZEN.
Santé et médecine populaire en Bolivie, par Edgar VALDEZ.
Se soigner au Mali, sous la dir. de J. BURNET-SAILLY.
Se soigner au pluriel, sous la direction de Jean BENOIST.
Sida en Haïti, par Paul FARMER.

(Pour obtenir un catalogue complet et recevoir régulièrement les informations, écrire aux Éditions KARTHALA, 22-24, boulevard Arago, 75013 PARIS. Tél. 01 43 31 15 59 - Fax 01 45 35 27 05).

Achevé d'imprimer par Corlet, Imprimeur, S.A.
14110 Condé-sur-Noireau (France)
N° d'imprimeur : 20586 - Dépôt légal : novembre 1996 - *Imprimé en C.E.E.*

Enrichissement typographique, mise en pages :
Vire-Graphic
Z.I., rue de l'Artisanat, 14500 Vire